Forschungsberichte der Interdisziplinären Arbeitsgruppen
der Berlin-Brandenburgischen Akademie der Wissenschaften

Epigenetik

Implikationen für die Lebens- und Geisteswissenschaften

Herausgegeben von
Jörn Walter | Anja Hümpel

Diese Publikation erscheint mit Unterstützung des Regierenden Bürgermeisters von Berlin – Senatskanzlei Wissenschaft sowie des Ministeriums für Wissenschaft, Forschung und Kultur des Landes Brandenburg.

Interdisziplinäre Arbeitsgruppen
Forschungsberichte, Band 37

Herausgegeben von der Berlin-Brandenburgischen Akademie der Wissenschaften

Die Deutsche Nationalbibliothek verzeichnet diese Publikation in der Deutschen Nationalbibliografie; detaillierte bibliografische Daten sind im Internet über http://dnb.d-nb.de abrufbar.

ISBN 978-3-8487-2739-1 (Print)
ISBN 978-3-8452-7083-8 (ePDF)

1. Auflage 2017
© Nomos Verlagsgesellschaft, Baden-Baden 2017. Gedruckt in Deutschland. Alle Rechte, auch die des Nachdrucks von Auszügen, der fotomechanischen Wiedergabe und der Übersetzung, vorbehalten. Gedruckt auf alterungsbeständigem Papier.

Vorwort

Die Epigenetik ist ein Forschungsgebiet von großer Relevanz für verschiedenste Zweige der Biologie, Biomedizin und Biotechnologie. Sie ist es deshalb, weil sie molekulare Kontrollmechanismen, die nicht auf der Ebene des genetischen Codes im Genom festgelegt sind, beschreibt. Im Zentrum der Epigenetik stehen strukturelle Veränderungen an der Erbsubstanz, die der Genetik nachgeschaltet sind und die die Aktivität einzelner Gene steuern. Epigenetische Muster sind – im Gegensatz zu konkreten Mutationen von Genen – aber veränderlich. Sie werden durch äußere Faktoren wie Umwelteinflüsse beeinflusst. Solche von der Umwelt geprägten Eigenschaften können auch auf die nachfolgenden Generationen vererbt werden, denn epigenetische Muster werden mit der Erbsubstanz weitergegeben. Die Bedeutung und Auswirkung vererbbarer und veränderbarer biologischer Prozesse im Menschen werden zudem in den Geistes-, Rechts- und Gesellschaftswissenschaften diskutiert, da die Ergebnisse der Epigenetik und deren Rezeption von großer gesellschaftspolitischer Brisanz sein könnten. Offen bleibt derzeit, wie die neuen Erkenntnisse Handlungsrelevanz bekommen und ob Individuen neue Formen von epigenetischer Verantwortung zugeschrieben werden können.

Die Entwicklung dieser Disziplin genauso wie ihre über die Wissenschaft hinausreichende Relevanz frühzeitig zu beobachten, ist Aufgabe der Interdisziplinären Arbeitsgruppe (IAG) *Gentechnologiebericht* der Berlin-Brandenburgischen Akademie der Wissenschaften (BBAW). Seit 2005 publiziert die von Ferdinand Hucho 2002 initiierte Interdisziplinäre Arbeitsgruppe regelmäßig Berichte über unterschiedliche Anwendungen der Gentechnologie in Deutschland. Mit ihren systematischen Arbeiten will die Arbeitsgruppe zu mehr Transparenz im öffentlichen Diskurs beitragen. Ihr Anliegen ist ein langfristiges und unabhängiges Monitoring der Hochtechnologie. Neben der fortlaufenden Berichtsreihe publiziert sie zusätzliche Themenbände, die einzelne Bereiche der Gentechnologie – wie hier erstmalig die Epigenetik – detailliert in den Fokus nehmen.

Mit dem vorliegenden Themenband „Epigenetik" bietet die Interdisziplinäre Arbeitsgruppe *Gentechnologiebericht* in diesem Sinn eine Übersicht über neue Entwicklungen dieses wichtigen Forschungsfeldes und ihre Anwendungen. Der Band liefert eine umfassende Darstellung des aktuellen Forschungsstands sowie eine interdisziplinäre Analyse, die neben naturwissenschaftlichen Gesichtspunkten auch soziokulturelle und ethisch-philosophische Perspektiven einbezieht. Die inhaltliche Auseinandersetzung mit dem Thema wird durch die Darstellung von Indikatoren abgerundet, mit denen aktuelle Entwicklungen und Trends im Kontext der Epigenetik abgebildet und im Vergleich zum „Dritten Gentechnologiebericht" (2015) fortgeschrieben werden.

Namentlich gekennzeichnete Beiträge geben nicht unbedingt die Meinung der Herausgeber oder der Arbeitsgruppe wieder. Die IAG verantwortet gemeinsam die Kernaussagen und Handlungsempfehlungen (Kapitel 1). Sie stellen die Meinung der IAG dar, die nicht notwendigerweise von allen Mitgliedern der Berlin-Brandenburgischen Akademie der Wissenschaften vertreten wird; die Akademie steht jedoch hinter der Qualität der geleisteten Arbeit.

Ein herzlicher Dank gebührt allen Mitwirkenden an diesem Band. Dieser gilt in erster Linie den Autorinnen und Autoren. Gedankt sei auch Julia Diekämper und Lilian Marx-Stölting gemeinsam mit Edward Ott und Sara Chrzanowski-Lange für ihre vielfältige Unterstützung beim Management des Buchprojekts sowie für das Lektorat des finalen Manuskripts, ferner dem Nomos Verlag für Satz und Druck und hier besonders Martin Reichinger für die gute Zusammenarbeit sowie Michael Scherf für das Korrektorat. Auch Ute Tintemann gebührt Dank für ihre Unterstützung bei der Fertigstellung des Buches.

Die Interdisziplinäre Arbeitsgruppe wird ihr Monitoring auch in den kommenden Jahren fortsetzen; in Vorbereitung sind unter anderem ein Themenband zur Stammzellforschung und der „Vierte Gentechnologiebericht".

Martin Korte
Sprecher der Interdisziplinären Arbeitsgruppe *Gentechnologiebericht* der
Berlin-Brandenburgischen Akademie der Wissenschaften
Braunschweig, im November 2016

Inhalt

Vorwort 5

K. Viktoria Röntgen
Zusammenfassung 11

Interdisziplinäre Arbeitsgruppe Gentechnologiebericht
1. Kernaussagen und Handlungsempfehlungen 23
   1.1 Biologischer Hintergrund und Bedeutung der Epigenetik 23
   1.2 Epigenetik und individuelle Anpassung 24
   1.3 Epigenetische Vererbung 25
   1.4 Epigenetische Diagnostik 26
   1.5 Epigenetische Therapie- und Interventionsansätze 27
   1.6 Epigenomforschung 27
   1.7 Epigenetik und Ethik 28
   1.8 Epigenetik in den Medien 29

Lilian Marx-Stölting
2. Einführung: Problemfelder und Indikatoren zur Epigenetik 31
   2.1 Motivation und Zielsetzung 31
   2.2 Problemfelder und Indikatoren im Bereich der Epigenetik ... 32
   2.3 Struktur des Themenbands 37
   2.4 Literatur 38

Jörn Walter, Anja Hümpel
3. Epigenetik: Hintergrund und Bedeutung des Forschungsgebietes .. 39
   3.1 Vorbemerkung 39
   3.2 Grundprinzipien, Verbreitung und Bedeutung der Epigenetik . 39
   3.3 Der Begriff „Epigenetik" in der gegenwärtigen Forschung ... 41

3.4	Grundlegende Mechanismen epigenetischer Kontrolle	42
	3.4.1 DNA-Methylierung	43
	3.4.2 Histon-Modifikationen	47
	3.4.3 Epigenetik „nicht codierender" RNA	51
3.5	Epigenomforschung	54
	3.5.1 Kartierung von Histon-Modifikationen mithilfe von Chromatin-Immunpräzipitation und genomweiter Sequenzierung (ChIP-Seq)	55
	3.5.2 Kartierung von DNA-Methylierung durch Bisulfitsequenzierung	56
	3.5.3 Bestimmung offener Chromatinstellen	57
	3.5.4 Vermessung der Chromosomenanordnung in Zellen	58
	3.5.5 Funktionelle Interpretation durch RNA-Seq	58
	3.5.6 Epigenomik und Bioinformatik (Computational Epigenomics)	59
	3.5.7 Epigenomik: Von den Anfängen bis zur Anwendung	59
	3.5.8 Datenschutz in der Epigenomik	62
	3.5.9 Perspektiven der Epigenomforschung	62
3.6	Epigenetik und Anpassung	63
3.7	Konzepte epigenetischer Vererbung im Menschen	64
3.8	Perspektiven epigenetischer Forschung	65
3.9	Literatur	66

Michael Wassenegger

4.	Epigenetik in der Pflanzenzüchtung	69
4.1	Einleitung	69
4.2	DNA-Methylierung und Chromatin-Modifikationen	70
4.3	RNA-dirigierte DNA-Methylierung	76
4.4	Epigenetische Variationen und deren umweltbedingte Änderungen	81
4.5	Entwicklung Epigenetik-basierter Züchtungsverfahren für Pflanzen	83
	4.5.1 Charakterisierung epigenetischer Regulationsphänomene	83
	4.5.2 Epigenetische Kontrolle mobiler genetischer Elemente	84
	4.5.3 Epigenetische Kontrolle von Stresseffekten	86
	4.5.4 Züchtung mithilfe epigenetischer Manipulationen: RdDM-Technologie	87
	4.5.5 Züchtung mithilfe epigenetischer Marker: Genome Editing	88
4.6	Fazit	89
4.7	Literatur	89

Stefan Knapp, Susanne Müller

5. Chemische Open-Access-Sonden für epigenetische Zielstrukturen 95
   - 5.1 Was ist Open Access? 96
   - 5.2 Definition einer chemischen Sonde 98
   - 5.3 Beispiele chemischer Sonden 99
     - 5.3.1 Histon-Demethylasen 99
     - 5.3.2 Histon-Methyltransferasen 101
     - 5.3.3 Bromodomäne-Proteine 101
   - 5.4 Der Einfluss chemischer Sonden auf die Grundlagenforschung 106
   - 5.5 Der Einfluss chemischer Sonden für die Entwicklung neuer Pharmazeutika 108
   - 5.6 Ausblick 110
   - 5.7 Literatur 110

Christoph Rehmann-Sutter

6. Zur biophilosophischen Bedeutung der Epigenetik 115
   - 6.1 Zum Begriff „Epigenetik" 116
   - 6.2 Responsive Evolution 120
   - 6.3 Die Verflochtenheit von Evolution und Entwicklung 125
   - 6.4 Philosophie der Genomik 127
   - 6.5 Konklusionen 131
   - 6.6 Literatur 131

Vanessa Lux

7. Kulturen der Epigenetik 135
   - 7.1 Bedeutungswandel der Epigenetik – begriffs- und wissenschaftsgeschichtliche Perspektive 137
   - 7.2 Vererbung und Transgenerationalität 141
   - 7.3 Traumata und Erinnerungsspuren 145
   - 7.4 Neue Perspektiven auf die Traumaforschung 148
   - 7.5 Epigenetik als Schwellenkunde 150
   - 7.6 Literatur 153

Reinhard Heil, Philipp Bode
8. Was sollen? Was dürfen?
Ethische und rechtliche Reflexionen auf die Epigenetik 159
8.1 Einleitung 159
8.2 Ethische Grundlagen 160
8.3 „Vererbung" 161
8.4 Psychosomatik und Suizid 163
8.5 Umweltgerechtigkeit 167
8.6 Gesellschaftliche und politische Relevanz 168
    8.6.1 „Epigenetische Eugenik" 168
    8.6.2 Epigenetische Medikalisierung 169
8.7 Rechtliche Aspekte 170
8.8 Fazit 173
8.9 Literatur 174

Julia Diekämper
9. Du musst Dein Leben ändern! Epigenetik als printmedialer
Verhandlungsgegenstand 177
9.1 Aufmerksamkeit für Epigenetik 179
9.2 Der lange Schatten. Trauma 185
9.3 Schwere Geburt? Schwangerschaften im Fokus der Epigenetik 188
9.4 Ausblick 192
9.5 Literatur 193
9.6 Medienbeiträge 195

Lilian Marx-Stölting
10. Daten zu ausgewählten Indikatoren 197
10.1 Einführung und Übersicht 197
10.2 Daten zur öffentlichen Wahrnehmung, Realisierung
wissenschaftlicher Zielsetzungen und zum Forschungsstandort
Deutschland 201
10.3 Zusammenfassung 217
10.4 Literatur 217

11. Anhang 219
11.1 Abbildungen und Tabellen 219
11.2 Autorinnen und Autoren 221

K. Viktoria Röntgen

Zusammenfassung

Die Epigenetik gehört zu den neuen Forschungsfeldern der Biologie, die in den letzten Jahren immer wieder Aufmerksamkeit in den Medien erzeugen. Sie untersucht die dynamischen Schnittstellen zwischen der Umwelt und dem Genom sowie deren Einfluss auf die Entwicklung, Gesundheit und Krankheit von Organismen.

Obwohl die Grundlagenforschung der epigenetischen Zusammenhänge mittlerweile alle Fachgebiete der Biologie erreicht hat, stehen in der öffentlichen Diskussion die möglicherweise direkt auf die menschliche Gesundheit einwirkenden Mechanismen im Vordergrund. Je nach Kontext werden epigenetische Zusammenhänge weitgehend spekulativ als neue Möglichkeit gefeiert, direkt Einfluss auf Gesundheit und persönliche Entwicklung zu nehmen, oder als weitere Beweise für die Abhängigkeit des Menschen von seiner unmittelbaren Umwelt zitiert. Während der Gedanke, sich aus dem als schicksalhaft empfundenen Rahmen genetischer Zusammenhänge zumindest teilweise zu befreien, verlockend erscheint, wirken andere Erkenntnisse der Epigenetik eher als Bedrohung der persönlichen Autonomie, die gesellschaftlich als eines der höchsten Güter eingeschätzt wird.

Vor diesem Hintergrund wendet sich der neue Themenband der Interdisziplinären Arbeitsgruppe *Gentechnologiebericht* der Berlin-Brandenburgischen Akademie der Wissenschaften der Epigenetik zu und kann durch sein weit gefasstes Spektrum an Beiträgen zum aktuellen Forschungsstand dazu beitragen, den Diskurs über mögliche Einflüsse epigenetischer Erkenntnisse auf unsere Lebenswelt verständlicher zu machen und zu versachlichen.

Dem Band sind Kernaussagen und Handlungsempfehlungen der IAG *Gentechnologiebericht* vorangestellt, die diese gemeinsam verantwortet (Kapitel 1). Nach einer Darstellung der vielfältigen Problemfelder und Deutungsmöglichkeiten der Epigenetik (Kapitel 2) erfolgt eine Zusammenfassung des naturwissenschaftlichen Forschungsstands, der weiter vertieft wird durch Erläuterung funktionaler Zusammenhänge auf molekularbiologischer Ebene (Kapitel 3). Die Erläuterung der Wirkmechanismen für potenzielle Anwendungen im Bereich der Pflanzenzüchtung (Kapitel 4) und in der Pharmazie (Kapitel 5) rundet den naturwissenschaftlichen Teil ab und vermittelt ein umfassendes Bild der aktuell bestehenden Chancen der Nutzung epigenetischer Grundlagenforschung. Die interdisziplinäre Zusammensetzung der Autorinnen und Autoren des Themenbandes ermöglicht darüber hinaus einen Blick auf die philosophische Bedeutung (Kapitel 6) und den wissenschaftsgeschichtlichen und kulturellen Hintergrund (Kapitel 7) unseres heutigen Epigenetikbegriffs. Die unerlässliche Diskussion der Chancen und Risiken der Integration epigenetischer Anwendungen und Erkenntnisse in unsere Lebenswelt aus wissenschaftsethischer Sicht (Kapitel 8) wird unterstützt durch die Aufarbeitung der medialen und populärwissenschaftlichen Rezeption des Forschungsfeldes (Kapitel 9). Die fachspezifischen Beiträge werden untermauert durch sozialwissenschaftlich aufgearbeitete quantitative Daten in Form von Indikatoren (Kapitel 10).

Kapitel 2: Einführung: Problemfelder und Indikatoren zur Epigenetik (Lilian Marx-Stölting)

Die Epigenetik fällt als neue Entwicklung der Gentechnologie in das Arbeitsfeld der Gruppe *Gentechnologiebericht* der Berlin-Brandenburgischen Akademie der Wissenschaften. Die von der Arbeitsgruppe erarbeiteten Ergebnisse dienen zugleich als Informationsquelle und können den öffentlichen Diskurs durch quantitative Daten und repräsentative Argumente befördern. Zur Aufschlüsselung des Diskursfeldes dient die sozialwissenschaftlich motivierte Problemfeld- und Indikatorenanalyse als bewährte Methode. Obgleich das Thema „Epigenetik" bereits im „Zweiten" und „Dritten Gentechnologiebericht" aufgegriffen wurde, rechtfertigt seine zunehmende Komplexität einen eigenen Themenband, der sich weiterführend und umfassend mit den Spezifika des Fachgebiets befasst.

In der aktuellen Indikatorenanalyse, die als aufbauend auf die veröffentlichten Untersuchungen im „Dritten Gentechnologiebericht" betrachtet werden kann, lässt sich eine zunehmende Fokussierung auf die Krankheitsrelevanz epigenetischer Zusammenhänge feststellen. Dabei fällt auf, dass diese häufig im Zusammenhang mit einer angeblich zunehmend erforderlichen Eigenverantwortung des Einzelnen für seine Gesundheit genannt werden. Demgegenüber werden auffallend selten Argumente gefunden, wie sich diese geforderte Eigenverantwortung rechtfertigt oder in welchem Rechtsrahmen diese verortet sein sollte. Selten wird eine mögliche Instrumentalisierung der wissenschaftlichen Hypothesen hinterfragt.

Vor diesem Hintergrund wurde das interdisziplinäre Konzept des Themenbandes erarbeitet, der sich nach einem einführenden Teil der qualitativen Auseinandersetzung mit naturwissenschaftlichen, wissenschaftstheoretischen und geisteswissenschaftlichen Aspekten der Epigenetik und ihrem Diskurs widmet.

Kapitel 3: Epigenetik: Hintergrund und Bedeutung des Forschungsgebietes (Jörn Walter, Anja Hümpel)

Epigenetische Eigenmuster existieren in allen eukaryontischen Organismen. Das bedeutet, dass die Erweiterung der biologischen Paradigmen zur Steuerung und Vererbbarkeit biologischer Prozesse alle Gebiete der Biologie betrifft. Auf die immense Bedeutung dieser vielfältigen Prozesse weisen Jörn Walter und Anja Hümpel hin und widmen das dritte Kapitel der ausführlichen Erläuterung der bisher bekannten allgemeinen, zell- und genspezifischen Prozesse der Epigenetik sowie den aktuellen Kernfragen der Epigenomforschung.

Trotz der vielfältigen Verwendung des Begriffs in den verschiedenen Teilbereichen des Forschungsfeldes lohnt es sich, zum besseren Verständnis der zugrunde liegenden Mechanismen die ursprüngliche Bedeutung der Epigenetik, nämlich „zusätzlich zum Genom", im Gedächtnis zu behalten, denn sie impliziert, dass es sich nicht um ein völlig neues Verständnis der Vererbungslehre handelt, sondern um eine vertiefte Erkenntnis ihrer Funktionsweise.

Grundlegende Mechanismen epigenetischer Kontrolle sind zunächst epigenetisch wirksame Enzymklassen, nicht codierende RNAs, DNA-Methylierungen und Histon-Modifikationen (also von Proteinen, welche für die Verpackung der DNA zentral sind). Die Wirkmechanismen können von der Beeinflussung der dreidimensionalen Struktur des Chromatins über die räumliche oder zeitliche Veränderung der Transkription einzelner Abschnitte des DNA-Strangs bis zur Basenmodifikation reichen.

Aus den bisher bekannten Mechanismen ergeben sich die derzeit aktuellen Fragen der Epigenomik, die sich zu einer der Kerndisziplinen für die funktionelle Genomforschung entwickelt hat.

Die Autoren verweisen anhand von vielen Beispielen auf die hervorragenden Perspektiven der Epigenomik in allen Bereichen der Grundlagenforschung und auch in der Medizin, lassen dabei jedoch nicht außer Acht, dass eine Begleitung des neuen Forschungsgebiets durch einen öffentlichen Diskurs unerlässlich ist, um beispielsweise Problemen des Datenschutzes frühzeitig entgegenzutreten. Dabei mahnen sie eine enge Anlehnung an die naturwissenschaftliche Faktenlage an und geben zu bedenken, dass gerade in Bezug auf Reizthemen, wie die transgenerationale Vererbung oder individuelle Prozesssteuerung, die Datenlage derzeit noch eingeschränkt bewertbar ist.

Kapitel 4: Epigenetik in der Pflanzenzüchtung (Michael Wassenegger)

Der Übersichtsartikel von Michael Wassenegger fasst den Wissensstand über die Epigenetik der Pflanzen zusammen und zeigt Parallelen und Unterschiede epigenetischer Mechanismen zwischen pflanzlichen und nicht pflanzlichen Organismen auf. Als Perspektive für die Zukunft beschreibt der Autor, wie die Kenntnis und Modifikation dieser Mechanismen gezielt für die Züchtung von Nutzpflanzen eingesetzt werden könnten.

Die Epigenetik spielt in Pflanzen eine noch größere Rolle als in anderen Eukaryonten, da ihre Einflüsse, häufiger als in der Tierwelt nachweisbar, zu vererbbaren phänotypischen Veränderungen, den sogenannten Epi-Mutanten führen können. Dafür verantwortlich ist die außerordentlich komplexe Reprogrammierung des pflanzlichen Organismus während des Generationswechsels, bei dem sich haploide und diploide Generationen abwechseln (also solche mit einfachem und solche mit doppeltem Chromosomensatz).

Bisher ausschließlich bei Pflanzen bekannt und besonders ausgeprägt ist der RNA-dirigierte DNA-Methylierungsmechanismus (RdDM), der aus drei funktionellen Komponenten besteht: der Synthese von kurzen, interferierenden RNAs, der Setzung neuer Methylierungsmuster (De-novo-Methylierung) und der Modifikation von Histonen. Durch Umwelteinflüsse ausgelöste epigenetische Effekte können sowohl somatische (nur das Individuum betreffende) als auch transgenerationale (auf die Nachkommen übertragene) Auswirkungen haben. Betroffen sind zahlreiche genregulatorische Prozesse, was die Zuordnung von direkten und indirekten Auswirkungen epigenetischer Effekte zu bestimmten Auslösern schwierig gestaltet.

Trotz dieser Hindernisse besteht der ausgeprägte Wunsch, Epigenetik-basierte Züchtungsverfahren zu etablieren. Doch auf diesem Weg sind noch erhebliche Hindernisse zu beseitigen. Zunächst müssen die regulationsauslösenden Phänomene genauer charakterisiert werden, damit die gezielte Impulssetzung zur Veränderung möglich wird. Es stellt sich die Frage, welche Gene überhaupt gezielt veränderbar sein könnten. Angestrebt wird auch die epigenetische Kontrolle funktioneller mobiler genetischer Elemente (Transposons), die zu den treibenden Kräften der Evolution gehören.

Da Stressoren zu den sehr wirksamen Effekten auf die epigenetischen Mechanismen zählen, gehört es ebenfalls zu den Zielen, diese gezielt einzusetzen. In diesem Zusammenhang muss jedoch auf die Reversibilität der meisten Stresseffekte hingewiesen werden, sodass die Nutzung von Stresseffekten in den meisten Fällen die Aufrechterhaltung des Umweltdrucks durch technische Mittel voraussetzen würde.

Deshalb werden dauerhafte Veränderungen des Epigenoms durch gezielten technischen Einsatz des RdDM oder des Genome Editings angestrebt. In diesem Zusammenhang ist die noch offene rechtliche Einstufung epigenetischer Veränderungen bei

Pflanzen nach den Kriterien für grüne Gentechnik besonders interessant und sollte ein Thema für zukünftige Diskurse sein.

Kapitel 5: Chemische Open-Access-Sonden für epigenetische Zielstrukturen (Stefan Knapp, Susanne Müller)

Epigenetische Regulationsmechanismen bestimmen in erheblichem Maß die Gesamtheit der Proteine einer Zelle, das sogenannte Proteom. Die Zusammensetzung des zellulären Proteoms spielt bei Krankheitsprozessen eine erhebliche Rolle, da sie Grundlage für die Funktionalität der Zelle ist. So stehen die Entwicklung von Krankheiten und Veränderungen des Proteoms untrennbar in Wechselwirkung. Verändert sich die Funktion der epigenetischen Regulationsmechanismen zum Nachteil des Proteoms, haben diese also einen direkten Einfluss auf das Krankheitsgeschehen. Aus diesem Grund können selektive chemische Inhibitoren, die spezifische epigenetische Prozesse unterbinden, indirekt einen positiven Einfluss auf den Gesundheitszustand einer Zelle und damit eines Organismus haben und sind potenziell pharmakologisch interessante Substanzen.

Stefan Knapp und Susanne Müller erläutern die Organisation und Zielsetzung eines Konsortiums aus akademischen und industriellen Forschungseinrichtungen, welches solche Substanzen, hergestellt nach den hohen Qualitätskriterien für chemische Sonden, einer breiten Öffentlichkeit zur Verfügung stellt. Es handelt sich vorwiegend um die Vorläufer möglicherweise patentierbarer pharmakologisch wirksamer Substanzen, deren Veröffentlichung in diesem „Open-Access"-Modell eine breitere Nutzung und damit eine Beschleunigung des Forschungsprozesses herbeiführen soll. Ihre hohe Qualität soll unkontrollierte, unerwünschte Aktivitäten der Substanz im Zielorganismus reduzieren und dadurch zügig zu guten Ergebnissen führen. Verfügbar sind zum Beispiel chemische Sonden, die als Inhibitoren für Histon-Demethylasen wirken, Sonden für Histon-Methyltransferasen und für Bromodomäne-Proteine, die ebenfalls spezifische Histon-Modifikationen beeinflussen.

Am Beispiel des frei verfügbaren Bromodomäne-BET-Inhibitors JQ1 zeigen die Autoren, welchen erheblichen Einfluss das Open-Access-Modell auf das Publikationsvolumen zu einem bestimmten Thema in der Grundlagenforschung haben kann: Seit seiner freien Verfügbarkeit im Jahr 2010 sind über 800 Arbeiten zu diesem Molekül erschienen. Diese positive Tendenz lässt sich auch im medizinischen Bereich nachzeichnen, die freie Verfügbarkeit von BET-Inhibitoren hat ungewöhnlich schnell zu einer Annäherung an den klinischen Einsatz in Form von präklinischen und klinischen Studien geführt.

Im Interesse einer weiteren Beschleunigung wissenschaftlicher Entwicklung kann vereinfachtes Teilen von Information und unbürokratischer Austausch zwischen öffentlichen und privaten Forschungsinstitutionen als zukünftiges Erfolgsmodell, nicht nur für epigenetische Projekte, angesehen werden. Die Teilhabe am gemeinsamen Erfolg für alle Beteiligten sollte jedoch nicht aus den Augen verloren werden.

Kapitel 6: Zur biophilosophischen Bedeutung der Epigenetik
(Christoph Rehmann-Sutter)

Christoph Rehmann-Sutter beschäftigt sich mit der Frage, inwiefern die Ergebnisse der Epigenetik mit verbreiteten Konzepten der Biophilosophie in Einklang zu bringen sind und an welcher Stelle sie eine neue Sichtweise auf das theoretische Verständnis von Entwicklung und Vererbung provozieren.

Der Autor geht davon aus, dass die Epigenetik ein molekulares Paradigma für eine „lamarckistische" Vererbung darstellt und beschreibt die sich dadurch ergebende Notwendigkeit, die Ablehnung der von J.-B. de Lamarck (1744–1829) ausformulierten Theorie der Vererbung erworbener Eigenschaften zugunsten der von Charles Darwin (1809–1882) postulierten Evolutionstheorie neu zu überdenken. Das darwinistische Grundkonzept ist seit der Entstehung der Disziplin der Genetik eng mit dieser verflochten und entwickelte sich weiter, während die Lamarck'sche Theorie in jüngerer Zeit kategorisch abgelehnt und als redundant betrachtet wurde. Die verständnistheoretische Verflechtung der Evolutionstheorie mit der Molekularbiologie, auf Grundlage der Mutation, unterstützte einen sehr eng gefassten Genbegriff und ein mechanistisches Bild des gengesteuerten Organismus als Produkt starrer genetischer Programme. In diesem genzentristischen Weltbild, das zum Beispiel von Richard Dawkins (1976) in „Das egoistische Gen" ausformuliert wurde, hat die Plastizität und Responsivität von Organismen, wie sie durch die Epigenetik nachgewiesen werden kann, keinen Platz.

Es wird eingeräumt, dass die Vererbungslehre im Sinne der Evolution durch die Epigenetik nicht infrage gestellt werden kann. Doch zu Recht erfolgt der Hinweis, dass eine Öffnung hin zu einer pluralistischen Sichtweise erfolgen muss, um die heutigen Ergebnisse der Epigenetik verstehen zu können.

Christoph Rehmann-Sutter schlägt vor, sich von der Sichtweise des „genetischen Programms" und damit vom Gendeterminismus zu distanzieren und sich stattdessen einer „System-Genomik" zuzuwenden, ein Begriff, der allerdings noch weiter mit Inhalten gefüllt werden muss, um als substanzielles neues Konzept der Biophilosophie gelten zu können. Um dieser aktuellen Aufgabe gerecht werden zu können, sieht der Autor die Notwendigkeit der interdisziplinären Zusammenarbeit der Genetik mit den

Geisteswissenschaften, da diese methodisch weniger auf reduktionistische Vorgehensweisen angewiesen sind als die Naturwissenschaften und durch hermeneutische Betrachtung neue Impulse zum Verständnis beitragen können.

Kapitel 7: Kulturen der Epigenetik (Vanessa Lux)

Vanessa Lux greift zur Veranschaulichung ihrer Rekonstruktion der kulturellen und wissenschaftshistorischen Rahmenbedingungen der Debatte um die Epigenetik auf ein besonderes Beispiel der transgenerationellen Konstanz des Phänotyps zurück, die Übertragung von Stress- und Traumasymptomatiken.

Anhand der Problematik, diese zu erklären, erläutert sie die Krise des bisherigen Vererbungsmodells und stellt fest, dass frühere Hinweise auf die Plastizität der Vererbung, wie sie aus der Entwicklungsbiologie bekannt waren, von der Molekulargenetik weitestgehend ignoriert oder durch den Vorwurf des Lamarckismus diskreditiert wurden. Während die Vereinfachung, dass die DNA als allein verantwortlicher „Code des Lebens" zu betrachten sei, über einen langen Zeitraum wissenschaftlich sehr produktiv gewesen sei, stoße diese nun an ihre Grenzen und bedürfe einer dringenden Überarbeitung und der Integration der Konzepte der Epigenetik und einer kulturellen Vererbung.

Um sich dieser Aufgabe anzunähern, geht der Artikel zunächst den Konzepten der Genetik und der Epigenetik wissenschaftsgeschichtlich und -theoretisch nach, um sie in ihrer Vielschichtigkeit zu erfassen und Gemeinsamkeiten und Unterschiede offenzulegen. Besonderes Augenmerk wird auf die begriffsgeschichtlichen Aspekte gelegt, dabei wird hervorgehoben, dass die Formulierung „Epigenetik" ursprünglich als Brückenschlag zwischen der Entwicklungsbiologie und Embryologie mit ihren schwer zu erklärenden Phänomen und der Genetik dienen sollte. Der inhaltliche Fokus hat sich seitdem verändert, als der Begriff gegenwärtig nahezu alle Phänomene der Genregulation, die nicht direkt auf die DNA-Sequenz zurückzuführen sind, bezeichnet.

Die Autorin plädiert für ein erweitertes Verständnis der Epigenetik als Schwellenkunde zwischen biologisch gefassten Entwicklungsprozessen und Kultur. Sie vertritt die Auffassung, dass der biologisch gefasste Entwicklungsprozess nicht einfach durch eine nachgetragene Enkulturation ergänzt wird, sondern von Beginn an in einem materiellen Austauschprozess mit der Kultur steht.

Dazu werden Beispiele zu kulturellen und psychosozialen Übertragungsmechanismen angeführt, wie die Weitergabe von Stresssymptomen und -verhaltensmustern an die Nachfolgegenerationen von Holocaust-Überlebenden. Die offensichtliche Stabilität dieser Muster lässt sich mithilfe der klassischen Genetik nicht erklären. Auch wird die Beteiligung epigenetischer Mechanismen an der Gedächtnisbildung angenommen. Obwohl diese Beispiele und ihre Datenlage aus Sicht der biologischen Vererbung bisher potenziell fragil sind, könnten sie durch ein erweitertes Konzept der Epigenetik der Traumaforschung neue Perspektiven eröffnen und zur Erforschung der Transgenerationalität von Kultur dienen.

Denn will man die Erkenntnis der Epigenetik ernst nehmen, dass Kultur- und Lebensweise nicht nur passive Auswirkungen auf unsere Biologie haben, sondern diese auch mit hervorbringen, sind die darin sichtbar werdenden Übergänge zwischen Natur und Kultur systematischer in den Blick zu nehmen als dies bisher geschieht.

Kapitel 8: Was sollen? Was dürfen? Ethische und rechtliche Reflexionen auf die Epigenetik (Reinhard Heil, Philipp Bode)

Die Epigenetik ist an ihre naturwissenschaftliche Betrachtungsweise gebunden, aber sie hat die Biologie empfänglicher gemacht für philosophische Deutungen. Die Philosophie kann ergänzend zur Biologie stehen und zusätzliche Interpretationen für Sinnzusammenhänge geben.

Der Artikel von Reinhard Heil und Philipp Bode vermittelt einen Überblick über die schon heute vielfältigen Berührungspunkte der Ergebnisse epigenetischer Grundlagenforschung mit unserer Lebenswelt. Epigenetische Forschung hat gesellschaftliche und politische Relevanz sowie ein enormes Innovationspotenzial. Dies führt zu großen Hoffnungen, beispielsweise für die Bekämpfung von Volkskrankheiten. Aber es führt auch zu einer Fülle von ethischen Fragen bezüglich der Integration des neuen Wissens in den Alltag. Die betroffenen ethischen Fragestellungen lassen sich großteils bereits vorhandenen Diskursen um Gerechtigkeit und Verantwortung zuordnen, doch erweitern sie diese um bisher nicht im Fokus der Aufmerksamkeit stehende Aspekte.

So geht es zunächst um den Umgang mit dem epigenetischen Wissen selbst, den sogenannten epigenetischen Daten. In welcher Form diese gespeichert, gesammelt, verarbeitet und weitergegeben werden dürfen, bedarf der Klärung, hier sind Fragen der Privatsphäre, der Verteilungsgerechtigkeit und auch der möglichen Diskriminierung von Personengruppen einzubeziehen.

Ein ebenfalls neuer Aspekt ist der Umgang mit inter- oder transgenerationalen Einwirkungen sowie multigenerational wirkenden Umweltveränderungen. Hier verleiht die Epigenetik der Diskussion um Generationengerechtigkeit in vielen Fachbereichen neuen Schwung. Zu diesem Diskursfeld gehört auch der Komplex um Verantwortung für krankheitsrelevante epigenetische Veränderungen. Dieser reicht von der persönlichen Verantwortung für das Handeln des Einzelnen im Alltag bis zur gesellschaftlichen und politischen Verantwortung für die Umweltbedingungen, unter denen zukünftige Generationen werden leben müssen.

Ein heikler Punkt sind mögliche Auswirkungen auf das Rechtssystem. Bisher gibt es kaum Ansätze, Schlussfolgerungen aus epigenetischer Forschung in die Rechtsprechung zu übernehmen. Mit zunehmender Integration der Epigenetik in den Alltag wird sich dies auf Dauer jedoch kaum vermeiden lassen. Mit hoher Wahrscheinlichkeit werden der Datenschutz, die Gleichstellung und das Haftungsrecht betroffen sein.

Doch ist hier in Anbetracht des Entwicklungsstandes der Epigenetik aufmerksame Geduld eher geboten als übereiltes Handeln. Der derzeitige Wissensstand zwingt die verschiedenen involvierten Disziplinen momentan zum Überdenken ihrer Begrifflichkeiten und Hypothesen, er eröffnet neue Wege. Mithilfe begleitender interdisziplinärer Technikfolgenabschätzung kann die Integration epigenetischer Techniken in den Alltag zu gegebener Zeit gelingen. Eine Einschätzung der gesetzgeberischen Notwendigkeiten muss sich jeweils am Stand der Forschung orientieren und kann nur iterativ erfolgen.

Kapitel 9: Du musst Dein Leben ändern! Epigenetik als printmedialer Verhandlungsgegenstand (Julia Diekämper)

Die in den letzten zehn Jahren in ausgewählten überregionalen, auflagenstarken Printmedien (FAZ, SZ, der Spiegel und die Zeit) erschienenen Artikel zum Forschungsfeld Epigenetik hat Julia Diekämper dokumentiert und untersucht, um die Form der Berichterstattung nachzuzeichnen, die das öffentliche Verständnis der Wissenschaftsdisziplin nachhaltig prägt. Allgemein lässt sich anhand der 192 ausgewerteten Beiträge ein anhaltendes öffentliches Interesse an der Epigenetik feststellen. Die kontinuierliche Berichterstattung schöpft aus dem regen internationalen Forschungsgeschehen und so wird die Epigenetik auch als wissenschaftliche Spezialdisziplin bezeichnet.

Dabei finden die verschiedenen Aspekte der Epigenetik, unabhängig von ihrer Bedeutung für das jeweilige wissenschaftliche Feld, sehr unterschiedliche Beachtung. Zum Beispiel werden Ergebnisse mit humanmedizinischen Bezügen deutlich häufiger journalistisch reproduziert und bearbeitet als Ergebnisse aus der Botanik. Dies steht im Kontrast zu der Tatsache, dass die Epigenetik in Pflanzen nach derzeitigem wissenschaftlichem Kenntnisstand eine höhere Bedeutung hat als in höheren Wirbeltieren.

Darüber hinaus werden Ergebnisse, die möglicherweise einen lebenspraktischen Bedeutungshorizont für den Menschen beinhalten könnten, wie die „Befreiung vom Gendeterminismus" oder Bedrohungsszenarien für die kindliche Entwicklung im Themenfeld Schwangerschaft und Geburt, überproportional häufig und ausführlich behandelt.

In den journalistischen Texten werden Korrelationen zwischen Gesundheit, Verhalten, Umwelt und Erfahrung gebildet oder auch frei assoziiert. Daraus entwickeln sich in den Artikeln Narrative von Risiko und Verantwortung, die nicht selten in „epigenetischen Handlungsempfehlungen" münden.

So wird die ursprünglich gefeierte Befreiung von einer mechanistischen Evolutionstheorie journalistisch zu einer neuen paternalistischen Herausforderung für die Lebenspraxis umgemünzt. Der Körper wird zu einem Instrument, das zum eigenen Vorteil oder dem der nachfolgenden Generationen zu gestalten ist.

Die Auswirkungen der möglichen Inbesitznahme der Epigenetik durch ein Weltbild, das immer neue Optimierungsanforderungen an das Subjekt stellt und Phänomene der Ungleichheit und Ungerechtigkeit weitgehend außer Acht lässt, sollte scharf beobachtet und interdisziplinär begleitet werden.

Kapitel 10: Daten zu ausgewählten Indikatoren (Lilian Marx-Stölting)

In den Themenbänden der Arbeitsgruppe *Gentechnologiebericht* soll nicht nur ein Überblick über die verschiedenen inhaltlichen Aspekte neuer Felder der Gentechnologie in Deutschland gegeben werden, sondern die Bedeutung dieser Felder soll in messbarer und repräsentativer Form aufgezeigt werden. Deshalb werden über die Artikel der Sachverständigen hinaus aktuelle Problemfelder und Indikatoren erfasst und mithilfe sozialwissenschaftlich etablierter Methoden, soweit dies möglich ist, quantifiziert.

Im Fall des hier vorliegenden Themenbandes zur Epigenetik können die präsentierten Daten als Erweiterung und Fortsetzung der erstmalig im „Dritten Gentechnologiebericht" veröffentlichten Zahlen betrachtet werden. Zu folgenden, zunächst gründlich beschriebenen Problemfeldern werden Indikatoren präsentiert: Öffentliche Wahrnehmung, Realisierung wissenschaftlicher Zielsetzungen und Forschungsstandort Deutschland.

Es ergibt sich in der Gesamtschau folgendes Bild für den Themenbereich Epigenetik:

▶ Die Berichterstattung zur Epigenetik hat in den letzten Jahren zugenommen. So hat sich die Anzahl der Artikel in den ausgewählten Leitmedien von 9 im Jahr 2001 auf 26 im Jahr 2015 mehr als verdoppelt. Auch die Zahl an populären Neuveröffentlichungen, wie sie im Katalog der Deutschen Nationalbibliothek verzeichnet werden, ist angestiegen.
▶ Die öffentliche Auseinandersetzung mit der Epigenetik spiegelt sich auch in der relativen Anzahl der Suchanfragen zur Epigenetik in Google.

- Die Anzahl an jährlich veröffentlichten Fachartikeln zum Thema Epigenetik in der Scopus-Datenbank hat sich im beobachteten Zeitraum von 2001 bis 2015 mehr als verzehnfacht. Im internationalen Vergleich liegt Deutschland mit 3.131 Artikeln mit deutscher Beteiligung in Scopus an vierter Stelle.
- Die Deutsche Forschungsgemeinschaft fördert in stetig zunehmendem Umfang Projekte mit Bezug zur Epigenetik. Ihren bisherigen Höchststand erreichte die DFG-Förderung im vergangenen Jahr 2015 mit insgesamt 213 laufenden Projekten. Damit hat sich die Projektanzahl von 2001 bis 2015 mehr als verzehnfacht.
- Seit 2001 werden in stetig zunehmendem Umfang Fördermaßnahmen für Projekte mit Bezug zur Epigenetik von der Europäischen Union durchgeführt. 2015 flossen 67,9 Millionen Euro an Fördergeldern für den Bereich in Projekte mit deutscher Beteiligung. Dies entspricht dem bisherigen Höchststand.

Interdisziplinäre Arbeitsgruppe Gentechnologiebericht

1. Kernaussagen und Handlungsempfehlungen

1.1 Biologischer Hintergrund und Bedeutung der Epigenetik

Die Epigenetik umschreibt ein Spektrum von Mechanismen, die zur Funktion von Genomen und zur Steuerung von Genen in allen Organismen beitragen. Epigenetische Mechanismen führen entweder zu direkten, langfristig über Zellteilungen hinweg stabil weitergegebenen biochemischen Veränderungen an Genen oder beeinflussen kurzzeitig die Menge der Genprodukte über Mechanismen der RNA-Interferenz.

Vererbbare genspezifische epigenetische Modifikationen finden in Eukaryonten auf zwei Ebenen statt: Methylierung von DNA-Basen und Modifikationen der chromosomalen Gerüstproteine, der Histone. Beide Formen epigenetischer Modifikationen zusammen funktionieren als regulatorische Genschalter. Einmal gesetzte epigenetische Modifikationen werden über Zellteilungen hinweg meist stabil beibehalten („vererbt"). Sie können aber auch wieder entfernt werden. Durch das Setzen und Entfernen kommt es zu einem An- und Abschalten von Genen, das heißt, die Genprogramme verschiedener Zellen eines Organismus werden nachhaltig epigenetisch gesteuert. Eine geregelte, zellspezifische Verteilung epigenetischer Modifikationen ist essenziell für eine geordnete Entwicklung und Zelldifferenzierung eines Organismus.

Zusätzlich zu einer Genomanalyse eröffnet die Epigenetik als wissenschaftliche Disziplin ein deutlich tieferes Verständnis der Steuerung von Genen in gesunden und kranken Zellen. Epigenetische Analysen erweitern dabei nicht nur unser Verständnis der Regulation proteincodierender Genabschnitte, sondern geben auch neue umfangreiche Erkenntnisse im Bereich der „nicht codierenden" Abschnitte unseres Genoms. Die Kenntnis epigenetischer Modifikationen liefert uns zudem wichtige Einblicke in die räumlich-funktionelle Organisation von Chromosomen und deren Bedeutung für die Zellfunktion. In Verbindung mit anderen „omics"-Daten (vor allem Transkriptom-Daten) bieten epigenetische Daten direkte molekulare Einblicke in die normale und veränderte Regulation von Genen. Beim Menschen ergeben sich daraus ganz neue Perspektiven für die Beurteilung zellbezogener Aspekte der Entwicklung sowie der Entstehung und Ausprägung von Krankheiten. Der Vergleich von genetischen und epigenetischen Daten erlaubt es, den Einfluss der individuellen genetischen Grundausstattung auf den Krankheitsverlauf besser zu verstehen und Aspekte des Alterns und die Wirkung äußerer Einflüsse (Stress, Schadstoffe, Ernährung u. a.) zu bestimmen.

Die Epigenetik erweitert die bisherigen Konzepte der Vererbungslehre und ergänzt hier unsere Vorstellung von einer exklusiv genetisch bestimmten Regulation der Gene. Sie bietet tiefe Einblicke in die individuelle und zellspezifische Nutzung der Genome und eröffnet ein tieferes Verständnis genregulatorischer Veränderungen in Prozessen der Entwicklung, des Alterns und bei Erkrankungen. Sie ist ein Kernthema der Lebenswissenschaften und sollte in weiten Bereichen der biomedizinischen Forschung berücksichtigt werden.

1.2 Epigenetik und individuelle Anpassung

Vergleiche epigenetischer Muster erlauben eine Unterscheidung veränderter (z. B. erkrankter) und unveränderter (z. B. gesunder) Genregulation in Zellen – im Extremfall sind diese Unterschiede in eineiigen, genetisch identischen Zwillingen beobachtbar. Epigenetische Muster kann man in einzelnen Zellen bestimmen. Sie geben daher eine direkte Auskunft über anpassungs- oder krankheitsassoziierte Prozesse in betroffenen Zellen oder Geweben. In Pflanzen werden epigenetische Daten genutzt, um Anpassungsmechanismen an veränderte Umweltbedingungen (Salz-, Temperatur- oder Trockenstress), Paramutationen (epigenetische mutationsähnliche Phänomene) und Mechanismen der Infektionsabwehr (RNA-Viren) besser zu verstehen.

Die individuelle Ausprägung der genetischen Grundausstattung eines Organismus wird durch Umweltfaktoren und Lebensführung beeinflusst. Die Epigenetik bietet hier neue weiterreichende Konzepte, die Beziehung zwischen Genom und Umwelt zu untersuchen und zu verstehen. Äußere Einflüsse, wie Ernährung, Klima oder Schadstoffe, können epigenetische Veränderungen verursachen. Viele funktionelle und vergleichende Studien untersuchen solche epigenetischen Anpassungsveränderungen im Menschen. Sie verfolgen das Ziel, den molekularen Ursachen umweltbedingter und chronischer Erkrankungen des Menschen auf die Spur zu kommen. Gleiches gilt auch für Prozesse des Alterns. Jüngste Befunde zeigen, dass man mithilfe epigenetischer Signaturen das biologische Alter eines Menschen sehr genau bestimmen kann. Alterung, aber auch psychosoziale und traumatische Ereignisse können nachhaltige epigenetische Veränderungen im Gehirn auslösen. Epigenetische Studien eröffnen so eine neue Sichtweise auf Spielräume genetisch bedingter Persönlichkeitsausbildung und deren Veränderbarkeit. Die bislang jedoch meist epidemiologisch ausgerichteten vergleichenden epigenetischen Studien ermitteln Wahrscheinlichkeiten, ob die messbaren körperlichen oder psychischen Merkmale mit epigenetischen Veränderungen korrelieren. Diese Ergebnisse geben häufig keinen direkten Aufschluss über die funktionellen Konsequenzen der epigenetischen Veränderungen. Trotz dieser Einschränkungen werden die Daten oft für weitgehende Interpretationen und Verallgemeinerungen herangezogen.

Generell sind epigenetische Studien zur Abschätzung der Risiken von Umwelteinflüssen von großer Bedeutung. Sie bieten den derzeit besten molekularen Ansatz, den Einfluss von Umweltfaktoren auf unsere Gene zu bestimmen. Es ist wichtig, epigenetische Vergleichsstudien auf geeigneten, gut kontrollierten, standardisierten und hinsichtlich ihrer Zusammensetzung analogen Proben/Populationen aufzubauen, um eine valide Abschätzung gesundheitlicher Risiken und Risikofaktoren zu erhalten. Initiativen wie die „Nationale Kohorte zur Erforschung von Volkskrankheiten, ihrer Früherkennung und Prävention" bieten hierzu den passenden Rahmen.

1.3 Epigenetische Vererbung

Die Möglichkeit der transgenerationellen Vererbbarkeit epigenetischer Modifikationen erweitert unser Verständnis einer rein genetisch bestimmten Vererbung. Für Menschen und Pflanzen wurde gezeigt, dass epigenetische Informationen weniger bestimmter Gene von Eltern an die Nachkommen vererbt werden. Man bezeichnet dies als „elterliche Prägung" (Imprinting). Es gibt darüber hinaus Hinweise, dass auch „spontan" erworbene epigenetische Veränderungen im geringen Ausmaß über mehrere Generationen vererbt werden können. Für Pflanzen und einige Wirbellose kann man diese epigenetisch gesteuerten Anpassungen an veränderte Umweltbedingungen experimentell nachweisen. Hier gilt die Möglichkeit epigenetischer Vererbung als gesichert. Pflanzen „nutzen" die Mechanismen der epigenetischen Steuerung, um genetische Programme generationsübergreifend an veränderte Standortbedingungen zu adaptieren.

Auch für Säugetiere, speziell für den Modellorganismus „Maus", gibt es einige wenige, allerdings häufig zitierte Beobachtungen, die analoge Mechanismen der Vererbbarkeit epigenetischer Veränderungen andeuten. Bei näherer Betrachtung sind diese epigenetischen Veränderungen jedoch (meist) nicht von genetisch bedingten Veränderungen zu trennen. Bei Säugetieren und beim Menschen werden epigenetische Muster der „Elterngeneration" in der Regel in den Keimzellen (Eizellen und Spermien) und während der frühen Embryonalentwicklung mehrfach gelöscht – die einzige bislang bekannte Ausnahme stellen hier die erwähnten elterlichen Prägungen und die Vererbung epigenetischer Muster einiger im Genom verteilter viraler Elemente („Junk-DNA") dar.

Trotz der noch dünnen Faktenlage haben Konzepte möglicher transgenerationeller epigenetischer Vererbung bereits einen Einfluss auf verschiedene Gesundheitsforschungsprogramme in der EU und in den USA. So untersucht man zum Beispiel, inwieweit sich eine veränderte Ernährungslage und die Exposition zu Schadstoffen während der Schwangerschaft oder der Keimzellbildung epigenetisch auf folgende Generationen auswirken.

Auch in der Persönlichkeitsforschung werden Konzepte der Vererbbarkeit epigenetischer Prägungen bereits als eine wichtige Arbeitshypothese genutzt. Belastende Lebensumstände (Hunger, Gewalt, Krieg, Terror) und die aus ihnen möglicherweise folgenden epigenetischen Veränderungen werden als Ursache für eine mögliche transgenerationelle Übertragung psychodynamischer und sozialer Erfahrungen in Betracht gezogen. Die Möglichkeit, dass epigenetische Informationen an die nächste Generation vererbt werden, kann nicht komplett ausgeschlossen werden, aber bisher auch nicht als gesichert betrachtet werden.

Die bisherigen Daten zu einer epigenetischen Vererbbarkeit erworbener Merkmale im Menschen bieten bislang nur wenige konkrete Hinweise. Es ist wichtig, die Bedeutung epigenetischer Prozesse für die Ausbildung persönlicher und generationsübergreifender (transgenerationeller) Merkmale genauer zu untersuchen und hier die Datenlage zu verbessern, um nachhaltige Aussagen treffen zu können.

1.4 Epigenetische Diagnostik

Im Verlauf des Lebens finden natürlich bedingte Veränderungen (Alterung) und durch die Umwelt ausgelöste epigenetische Veränderungen im Menschen statt. Die Epigenetik bietet hier einen vollkommen neuen Ansatz für eine personenbezogene Diagnostik. Mithilfe epigenetischer Daten können mögliche Ursachen und die molekularen Zusammenhänge veränderter Genfunktionen in den betroffenen Zellen des menschlichen Körpers festgestellt werden. Hieraus ergeben sich neue Möglichkeiten der molekularen Diagnose, die das Verständnis und die Behandlung von Erkrankungen und altersabhängigen Leiden deutlich erweitern werden. Die zukünftige Krankheitsdiagnostik wird epigenetische Daten im Verbund mit genetischen und anderen „omics"-Daten (Nutrigenomics, Proteomics, Metabolomics u. a.) nutzen, um zu einer personenbezogenen Bewertung zu kommen. Epigenetische Diagnostik wird derzeit vor allem für eine Differenzierung von Krebserkrankungen eingesetzt. Sie ist hier bereits ein integraler Bestandteil der klinisch-medizinischen Praxis. Erste Testverfahren für eine epigenetische Krebsfrüherkennung wurden durch die US-amerikanische Aufsichtsbehörde Food and Drug Administration (FDA) zugelassen.

Die Entwicklung epigenetisch basierter Diagnostikverfahren ermöglicht eine spezifischere Erkennung betroffener erkrankter Zellen. Sie eröffnet neue Wege in der personenbezogenen Diagnose.

1.5 Epigenetische Therapie- und Interventionsansätze

Epigenetische Veränderungen sind „von außen" modulierbar und potenziell umkehrbar. Die Entwicklung von Therapieansätzen, die fehlerhafte epigenetische Programme auf unterschiedlichen Ebenen gezielt verändern, steht zunehmend im Fokus der biomedizinischen und pharmazeutischen Forschung. Erste Erfolge und Anwendungen gibt es in der Behandlung von Krebserkrankungen. Gegenwärtig befindet sich eine Vielzahl neuer epigenetisch-therapeutischer Ansätze (Enzymhemmung, Enzymstimulation) in der klinischen Erprobungsphase mit teilweise sehr vielversprechenden Anfangserfolgen. Für viele dieser Therapieansätze wird eine personenbezogene Anwendung wichtig sein.

Die Entwicklung neuer epigenetisch basierter Verfahren birgt große Potenziale für eine spezifischere Behandlung komplexer Erkrankungen durch Umprogrammierung erkrankter Zellen. Epigenetische Verfahren werden in Zukunft ein integraler Bestandteil der Gesundheitsversorgung und -vorsorge in Deutschland sein.

1.6 Epigenomforschung

Die genaue Kenntnis der Verteilung epigenetischer Modifikationen in gesunden und erkrankten Zellen ist die Basis für die oben genannten anwendungsorientierten Aspekte der Epigenetik. Die Epigenomforschung hat sich in den letzten fünf Jahren als eine Forschungsrichtung etabliert, die sich der vergleichenden genomweiten Kartierung epigenetischer Muster gesunder und erkrankter Zellen verschrieben hat. Epigenomische Karten werden dabei analog zu den genomischen Karten erstellt. Sie enthalten eine Fülle neuer molekularer Informationen, die tiefe Einblicke in die Steuerung gesunder und kranker Zustände eines Organismus eröffnen. Das internationale humane Epigenomkonsortium IHEC erstellt einen umfangreichen Katalog epigenetischer Profile gesunder und erkrankter Zellen des Menschen. Dieser Katalog dient als Referenzdatenbank für viele Vergleichsstudien. Im Zentrum der expandierenden Epigenomforschung stehen derzeit umfangreiche vergleichende Studien zu Krebs, Morbus Crohn, Adipositas, Alzheimer, Parkinson, muskulären Dystrophien, Psoriasis, Diabetes, Rheuma und Asthma.

In jüngster Zeit hat sich herauskristallisiert, dass epigenomische Daten immer wichtiger werden, um die Fülle krankheitsbezogener genetischer Daten zu interpretieren.

Die Epigenetik bietet hier neue Ansätze, krankheitsassoziierte genetische Veränderungen funktionell zu verstehen und zudem die Auswirkungen dieser individuellen genetischen Vielfalt in den verschiedenen Zelltypen und Zellzuständen (auch altersbedingte) des Menschen zu bestimmen. Es entstehen aus dieser Kombination von Genetik und Epigenetik ganz neue methodische Ansätze, die Risiken eines Menschen für bestimmte Erkrankungen besser zu bestimmen.

Deutschland leistet als Partner im IHEC einen wesentlichen Beitrag für die Schaffung dieser Grundlagen der vergleichenden Epigenomforschung. Es wird notwendig sein, diese neue Forschungsaktivität national und international stärker zu vernetzen und ihre Erkenntnisse breiter in der biomedizinischen Forschung und der medizinischen Anwendung zu nutzen.

1.7 Epigenetik und Ethik

Mit der Epigenetik sind keine grundsätzlich neuen ethisch-rechtlichen Fragestellungen verbunden. Sie verstärkt allerdings bestehende Diskurse in den Lebenswissenschaften. Der ethisch vertretbare Umgang mit epigenetischem Wissen sowie das Recht auf Nichtwissen und auf informationelle Selbstbestimmung (z. B. über mögliche Erkrankungsrisiken), aber auch die Generierung, Interpretation, Weitergabe und Aufbewahrung epigenetischer Daten werden wesentliche Themen des wissenschaftlichen und gesellschaftlichen Diskurses sein müssen. Epigenetische Daten könnten Ansatzpunkte für die Einteilung nach epigenetischen Risikofaktoren liefern, kritische Stimmen sehen hier die Gefahr neuer Diskriminierungserfahrungen. Es wird in der ethischen Auseinandersetzung mit der Epigenetik auch um die Frage gehen, inwieweit sich unsere individuelle Lebensgestaltung auf epigenetische Phänomene und damit auf die Gesundheit und unser Wohlergehen auswirkt. Die Epigenetik könnte einer „Lifestyle-Optimierung" und Medikalisierung des persönlichen Verhaltens Vorschub leisten. Die Mitverantwortung für die eigene Gesundheit könnte schnell in eine moralische Verpflichtung umschlagen, womöglich bevor aussagekräftige Daten vorliegen. Besondere Brisanz hat die Frage, in welchem Maß es eine epigenetische Verantwortung des Individuums für die Gestaltung der Lebensumstände nachfolgender Generationen gibt. Direkt betroffen wären hier Fragen der Umwelt- und Generationengerechtigkeit, der Schutz der Privatsphäre und der gerechte Zugang zur Gesundheitsversorgung. In diesen Bereichen sind zukünftig Regulierungen denkbar, die auch epigenetische Faktoren berücksichtigen, zum Beispiel, um einen Missbrauch epigenetischer Daten zu unterbinden. Eine solide empirische Datenbasis für konkrete Handlungsanweisungen fehlt allerdings, weshalb Erkenntnisse der Epigenomforschung bisher auch noch keinen Einfluss auf die Rechtsprechung haben.

Die mit epigenetischen Phänomenen verbundenen ethischen, rechtlichen und soziologischen Fragen sollten einem kritischen wissenschaftlichen Diskurs unterzogen werden. Dieser Diskurs sollte interdisziplinär sein und auf nationaler und internationaler Ebene gefördert werden.

1.8 Epigenetik in den Medien

Die Epigenetik hat in den letzten zehn Jahren verstärkt öffentliche Aufmerksamkeit erlangt. In Deutschland ist sie, aus journalistischer Perspektive, noch sehr als wissenschaftliches Spezialthema einzuordnen, dessen medienwirksame Verwertbarkeit vornehmlich von der Veröffentlichung „spektakulärer" Forschungsergebnisse abhängt. In der medialen Darstellung dominieren einzelne wissenschaftliche Diskurse mit wenigen Akteuren, zivilgesellschaftliche und politische Stimmen fehlen dagegen. Die mediale Themenpalette umfasst die Beschreibung epigenetischer Phänomene, ihre Bedeutung für Erkrankungen bis hin zu Fragen individueller Selbstfürsorge: Jeder könne durch den „richtigen" individuellen Lebensstil sein genetisches Erbe aktiv beeinflussen und sich (und möglicherweise auch seine Nachkommen) gesund erhalten. Allerdings werden den Aussagen zur Vorbeugung gegen Krankheiten (z. B. Krebs) und zur Verantwortung gegenüber der nächsten Generation aufgrund der unzureichenden Datenlage durchaus auch kritisch in der Presse hinterfragt. Der Einfluss psychosozialer Faktoren auf epigenetische Phänomene wird erst seit wenigen Jahren thematisiert: Inzwischen werden Angststörungen, Depressionen, Posttraumatische Belastungsstörungen und die erhöhte Anfälligkeit für Stress mit epigenetischen Ursachen erklärt, die sich aus nachteiligen Lebensumständen (z. B. Vernachlässigung, Traumatisierung) ergäben. In diesem Zusammenhang wird den Genen in der öffentlichen Berichterstattung häufig eine große Flexibilität zugesprochen: Durch frühzeitige Intervention ließen sich nachteilige epigenetische Muster auf den Erbanlagen wieder verändern. Die potenzielle sozialpolitische Sprengkraft – so könnte der Gesetzgeber zum Beispiel zum Schutz des Kindeswohls zukünftig stärker in die frühkindliche Erziehung eingreifen wollen – wird in der Presse nur vereinzelt angesprochen.

Ein sachlich fundierter und kritischer Dialog über epigenetische Themen in der Wissenschaft und mit der Öffentlichkeit ist verstärkt zu fördern, um eine differenziertere Einschätzung der Bedeutung der Epigenetik zu erreichen, die auch über naturwissenschaftliche Aspekte hinausgeht und gesellschaftliche Fragen in den Blick nimmt.

Lilian Marx-Stölting[1]

2. Einführung: Problemfelder und Indikatoren zur Epigenetik

2.1 Motivation und Zielsetzung

Die IAG *Gentechnologiebericht* hat als langfristiges und interdisziplinäres Monitoring-Projekt der Berlin-Brandenburgischen Akademie der Wissenschaften die Aufgabe, neue Entwicklungen der Gentechnologie im Blick zu behalten und im Rahmen von Publikationen und Veranstaltungen zu begleiten. Ziel ist dabei, ihre Ergebnisse als Informationsquelle und Grundlage für den öffentlichen Diskurs anzubieten. Neben der qualitativen Auseinandersetzung mit den verschiedenen Aspekten der Gentechnologie ist es eine besondere Aufgabe und ein Alleinstellungsmerkmal der IAG *Gentechnologiebericht*, das komplexe Feld der Gentechnologie in Deutschland in einer messbaren und repräsentativen Form für den fachlich interessierten und vorgebildeten Laien aufzuschließen (Diekämper/Hümpel, 2015:16). Hierzu werden quantitative Daten zusammengetragen, die eine Beurteilung aktueller Entwicklungen ermöglichen sollen: Die sogenannte Problemfeld- und Indikatorenanalyse bildet das zentrale Instrument, um die wegen ihrer Komplexität schwer zu fassenden Themen- und Anwendungsfelder der Gentechnologie strukturiert aufzuschlüsseln und Aussagen über die Bedeutung der gesamten Gentechnologie in Deutschland herauszuarbeiten (Diekämper/Hümpel, 2015:16 u. 2012:51–60; siehe auch Hucho et al., 2005:19f.).[2] Die Ergebnisse ihrer Analysen stellt die IAG in den turnusmäßig erscheinenden „Gentechnologieberichten", die die gesamte Bandbreite der Themen der IAG abzudecken suchen, sowie in auf einzelne Themen

---

1 Da es sich um ein zentrales Instrument der IAG handelt, wurden die allgemeinen Überlegungen zur Methodik der Indikatorenanalyse so teils im Wortlaut, teils inhaltlich ähnlich bereits in anderen Publikationen der IAG beschrieben (siehe etwa: Diekämper/Hümpel, 2015 u. 2012; Müller-Röber et al., 2013; Köchy/Hümpel, 2012; Fehse/Domasch, 2011; Domasch/Boysen, 2007; Wobus et al., 2006; Hucho et al., 2005). Der Dank der IAG gilt allen Autorinnen und Autoren, die an der Entwicklung und Weiterentwicklung des Ansatzes im Laufe der Zeit mitgearbeitet haben (siehe auch Kapitel 10).
2 Für eine ausführliche Darstellung des sozialwissenschaftlich motivierten Ansatzes der Problemfeld- und Indikatorenanalyse siehe Diekämper/Hümpel, 2015:13–20.

fokussierten Themenbänden vor. Der vorliegende Band nimmt mit nun bewährter Methodik die Epigenetik in den Blick. Obwohl das Thema bereits im „Zweiten" und „Dritten Gentechnologiebericht" aufgegriffen wurde, so ist dies doch der erste Themenband der IAG, der sich ausschließlich mit diesem Thema befasst.

2.2 Problemfelder und Indikatoren im Bereich der Epigenetik

Um die komplexen Diskussionsstränge in der öffentlichen Debatte rund um die Epigenetikforschung sichtbar und mittels belastbarer Indikatoren auch quantitativ messbar zu machen, erfolgte analog zu der im „Dritten Gentechnologiebericht" (Müller-Röber et al., 2015:16–20; zuvor auch Fehse/Domasch, 2011:37) detailliert beschriebenen Methodik die Erhebung eines Textkorpus: Für die Printmedien (a) wurde am 19.07.2016 für den Zeitraum vom 01.04.2015 bis 01.04.2016 eine Volltextsuche (Stichwort: „Epigenetik") in den Leitmedien *Süddeutsche Zeitung, Frankfurter Allgemeine Zeitung, Der Spiegel* sowie *Die Zeit* durchgeführt (siehe Tabelle 1). Für die Internetrecherche (b) wurde am 19.07.2016 via der Suchmaschine Google eine Suche nach dem Stichwort „Epigenetik" durchgeführt; berücksichtigt wurden die ersten zehn Treffer (siehe Tabelle 2). Mögliche Stellungnahmen (c) wurden ebenfalls online via Stichwortsuche („Epigenetik" und in Verbindung mit „Stellungnahme", aber auch „Analyse" und „Position") am 19.07.2016 via Google recherchiert; berücksichtigt werden sollten diejenigen Texte unter den ersten zehn Treffern, die als Stellungnahmen im engeren Sinne identifiziert wurden. Es lagen zu diesem Termin keine so identifizierbaren Stellungnahmen vor.

Tabelle 1: Printmediale Recherche zum Stichwort „Epigenetik" (Korpus A)

Quelle	Datum	Artikel
Die Zeit	01.04.2015	Schalter für die sexuelle Orientierung
FAZ	05.04.2015	Nicht nur die Leber
FAZ	22.04.2015	Früherziehung für Roboterkinder
SZ	25.04.2015	Jucken, Niesen, Husten
SZ	06.06.2015	Mahlzeit
SZ	23.06.2015	ACGT plus X
FAZ	28.06.2015	Mehr Ballaststoffe
FAZ	08.07.2015	Wie entwickelt sich die Persönlichkeit?
FAZ	26.07.2015	Die Lust der Frauen
FAZ	05.08.2015	Wie die Seele das Leben formt

2. Einführung: Problemfelder und Indikatoren zur Epigenetik

Quelle	Datum	Artikel
Die Zeit	10.09.2015	Zeichen aus dem Blut
FAZ	21.10.2015	Fehlerhafte Programmierung in der Retorte
SZ	05.11.2015	Kopiermaschinen
SZ	05.11.2015	Herzrasen und Flashbacks
FAZ	06.11.2015	Risikofaktor Übergewicht vor und in der Schwangerschaft
FAZ	06.11.2015	Vom Forschungslabor bis zum Patienten – wie ein langer Weg beschleunigt werden soll
SZ	07.11.2015	Auferstehung im Labor
FAZ	08.11.2015	Das Fremde und das Vertraute
FAZ	29.11.2015	Glaube, Liebe, Hoffnung
SZ	01.12.2015	Fischen im Schwarm
FAZ	18.02.2016	Wegen seiner DNA musste er die Schule verlassen
FAZ	02.03.2016	Die Tumortherapie nach Maß
SZ	01.04.2016	Doppelt schädlich

Quelle: Recherche für Zeitraum 01.04.2015–01.04.2016 zum Suchbegriff „Epigenetik" in den Online-Archiven von „FAZ" unter www.faz.net/archiv, „SZ" unter www.sueddeutsche.de, „Die Zeit" unter www.zeit.de und „Der Spiegel" unter www.spiegel.de, 23 Artikel.

Tabelle 2: Internetrecherche zum Stichwort „Epigenetik" (Korpus B)

Webseite	Jahr	Suchergebnis
Universität Saarland	2016	Artikel: Epigenetik – Forschung in Deutschland
Wikipedia	2016	Artikel: Epigenetik
Spektrum der Wissenschaft	2016	Artikel: Wie die Umwelt unser Erbgut beeinflusst: Epigenetik
Planet-Wissen	2016	Artikel: Forschung – Epigenetik
Wissensschau	2016	Artikel: Epigenetik – Gene haben ein Gedächtnis
Wissensschau	2016	Artikel: Epigenetik und Umwelt: Was wird vererbt?
DocCheck Flexikon	2016	Artikel: Epigenetik
Lexikon online	2016	Artikel: Epigenetik
Meine Moleküle – Deine Moleküle	2016	Artikel: Epigenetik – Alternative Steuerung der Vielfalt
Umweltbundesamt	2016	Artikel: Epigenetik – Umwelt und Genom – ein Zusammenspiel mit Folgen

Quelle: Recherche unter www.google.de [25.07.2016], erste zehn Suchergebnisse.

Die recherchierten Texte wurden inhaltsanalytisch ausgewertet, verschlagwortet und zu Problemfeldern zusammengefasst.[3] Als Problemfelder gelten im Sinne der Problemfeldanalyse der IAG thematisch zugespitzte Fragestellungen im Kontext der Gentechnologie, die öffentlich virulent diskutiert und breitenwirksam wahrgenommen werden. Abbildung 1 zeigt die so eruierten Problemfelder sowie deren quantitative Gewichtung in den untersuchten Texten innerhalb der gesetzten vier Leitdimensionen des „Gentechnologieberichts": wissenschaftliche Dimension, ethische Dimension, soziale Dimension und ökonomische Dimension, die einen Orientierungsrahmen vergleichbar einem Koordinatensystem bilden. Innerhalb dieses Orientierungsrahmens werden die Problemfelder so angeordnet, dass erkennbar wird, welche Dimensionen das Problemfeld besonders berührt. So steht etwa die Krankheitsrelevanz im Zentrum, weil alle vier Dimensionen in gleicher Weise vorhanden sind. Die quantitative Gewichtung spiegelt sich in der Größe und Färbung der Problemfelder wider: Je häufiger ein Problemfeld in den Texten des Korpus aufgegriffen wird, desto größer und dunkler das entsprechende Textfeld.

Abbildung 1: Erhobene Problemfelder zur Epigenetik in Deutschland

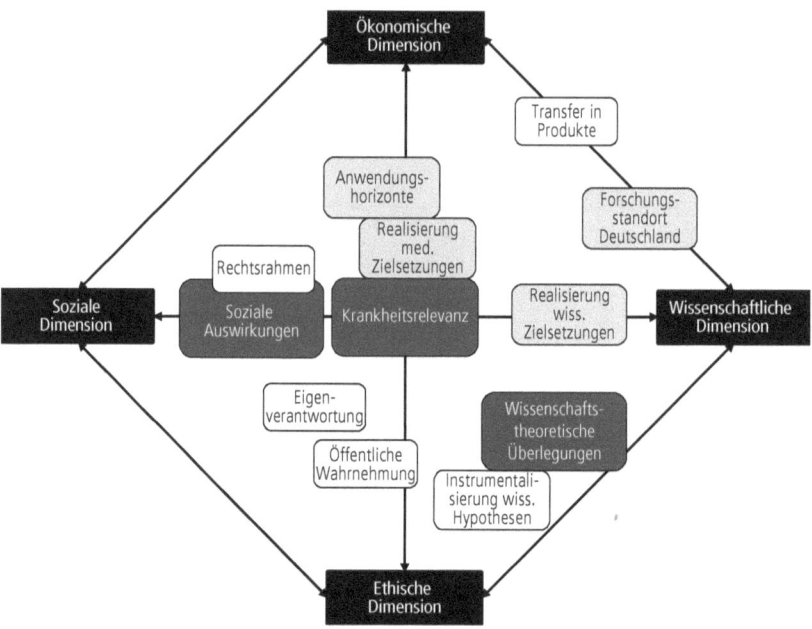

---

3   Aus Gründen der Vergleichbarkeit wurden bei der Zuordnung die zuerst im „Dritten Gentechnologiebericht" (Walter/Hümpel, 2015:65) publizierten Bezeichnungen für die Problemfelder im Bereich der Epigenetik nach Möglichkeit beibehalten (siehe unten).

Die Abbildung illustriert dabei die Komplexität und Vernetzung der verschiedenen Diskussionsstränge, auch wenn die Darstellung immer eine Momentaufnahme bleiben muss, da Themen- und Anwendungsfelder für die Epigenetik und Epigenomik – wie in diesem Themenband dargelegt – gegenwärtig von großer Dynamik geprägt sind. Die Komplexität liegt unter anderem darin, dass viele Problemfelder mehr als eine Dimension aufweisen und eine exakte Zuordnung im Koordinatensystem schwierig ist. Die räumliche Anordnung der Problemfeldblasen stellt daher lediglich eine Tendenz dar.

Für den vorliegenden Themenband wurde die mit der oben beschriebenen Methodik zuerst für den „Dritten Gentechnologiebericht" (Walter/Hümpel, 2015:65) erstellte Abbildung der Problemfelder aktualisiert. Das bedeutet, dass mit derselben Methode und nach Möglichkeit mit denselben Kategorien (also etwa Benennungen und inhaltliche Fassung der Problemfelder) gearbeitet wurde, aber unter Verwendung eines aktuelleren Textkorpus, sodass sich sowohl die Anzahl der Problemfelder als auch deren Gewichtung (die Größe der Problemfeldblasen) ändern konnten (siehe Abb. 1). Solche Verschiebungen im Diskurs durch den Vergleich von Momentaufnahmen möglich zu machen, ist ein Ziel des Monitorings der IAG.

Insgesamt lässt sich seit der letzten Erhebung eine zunehmende Fokussierung auf die *Krankheitsrelevanz* der Epigenetik feststellen. Epigenetische Regulation erlaubt ein grundsätzlich neues Verständnis biologischer Entwicklungsprozesse und innovative Ansätze für Diagnose und Therapie von Krankheiten. Es werden dabei vor allem individuelle Gesundheitsrisiken im Zusammenhang mit Umwelteinflüssen und Lebensstil und daraus abgeleitete präventive Maßnahmen betont, was auch das ebenfalls sehr prominente Problemfeld der *sozialen Auswirkungen* berührt. Das Problemfeld der *Eigenverantwortung für gesundheitliche Risiken* wurde ebenfalls in diesem Zusammenhang angesprochen.

Die *Realisierung wissenschaftlicher Zielsetzungen* sowie die *Realisierung medizinischer Zielsetzungen* sind ebenfalls noch von Bedeutung. Im Zusammenhang mit der Epigenetik wird oft ein Paradigmenwechsel in der Genetik ausgerufen, der in den Genen nicht mehr unser „Schicksal" sieht, mit weiterer Konsequenz für unser Verständnis von Evolution, was im Problemfeld *wissenschaftstheoretische Überlegungen* zusammengeführt wurde. Mit Blick auf den Fachdiskurs ist vor allem der Fokus der populären Medien auf die Vererbung von erworbenen epigenetischen Veränderungen auffällig, der gegenwärtig das Individuum nicht nur für seine eigene Gesundheit, sondern auch für die seiner zukünftigen Kinder in die Pflicht nehmen will.

Auffallend selten erwähnt wird der *Rechtsrahmen*, in dem sich die Epigenetik entwickelt, ebenso wie die Frage des *Transfers* epigenetischen Wissens in *Produkte*. Auch die öffentliche Wahrnehmung ist (wie auch schon im letzten Bericht) relativ gering ausgeprägt, was angesichts der möglichen ethischen Brisanz des Themas überrascht. Auch eine mögliche *Instrumentalisierung wissenschaftlicher Hypothesen* wird so gut wie nicht thematisiert.

Die ermittelten Problemfelder werden in Kapitel 10 (Tabelle 1) mittels Thesen inhaltlich beschrieben und eingegrenzt. Ihre tabellarische Listung ergibt sich aus ihrer Verortung innerhalb der gesetzten Leitdimensionen (vgl. Abbildung 1). Den Problemfeldern sind in einem zweiten Schritt ausschließlich diejenigen Indikatoren zugeordnet, die sie real quantitativ ausleuchten können und die in Kapitel 10 in standardisierten Datenblättern aufbereitet sind. Indikatoren sind dabei statistische Kenngrößen, die eine quantitative Beschreibung gesellschaftlich relevanter Sachverhalte, die sich nicht direkt messen lassen, ermöglichen. Indikatoren sind im Idealfall über die Jahre fortschreibbar und bilden langfristige Entwicklungen ab. Ihre Auswahl basiert auf Verlässlichkeit, Vergleichbarkeit und Beschaffenheit (Hucho et al., 2005:19f.). Das Material zur Füllung der Indikatoren erhebt die IAG nicht selbst, sondern bezieht sie mehrheitlich aus öffentlich zugänglichen Datenbanken, wie sie auch der Öffentlichkeit für die Informationssuche zur Verfügung stehen (Diekämper/Hümpel, 2015:20). Dabei ist zu beachten, dass die unterschiedlichen Problemfelder zum einen in Abhängigkeit vom zugrunde liegenden Sachverhalt unterschiedlich mit Indikatoren gefüllt werden können, zum anderen sind nicht für alle *denkbaren* Indikatoren für ein jeweiliges Problemfeld tatsächlich belastbare und transparente Daten zugänglich. Da die IAG primär auf externe Daten zurückgreift, kann zudem kein Einfluss auf Modus und Intervall ihrer Erhebung genommen werden – mit entsprechenden Konsequenzen für die Fortschreibung. Berücksichtigt werden allgemein also nur diejenigen Problemfelder, die sich quantitativ präzisieren lassen. Die hier nicht mit Indikatoren ausgeleuchteten Aspekte müssen qualitativ beschrieben werden und werden, wo möglich, an anderer Stelle im Themenband aufgegriffen. Folgende Problemfelder wurden dabei schwerpunktmäßig in den nachfolgenden Textbeiträgen beschrieben:

- Transfer in Produkte (siehe Beiträge von Wassenegger, Kapitel 4; Knapp und Müller, Kapitel 5; Heil und Bode, Kapitel 8)
- Forschungsstandort Deutschland (siehe Beitrag von Walter und Hümpel, Kapitel 3)
- Anwendungshorizonte (siehe Beiträge von Wassenenger, Kapitel 4; Knapp und Müller, Kapitel 5)
- Realisierung medizinischer Zielsetzungen (siehe Beiträge von Knapp und Müller, Kapitel 5; Lux, Kapitel 7)
- Realisierung wissenschaftlicher Zielsetzungen (siehe Beitrag von Walter und Hümpel, Kapitel 3)

- Krankheitsrelevanz (siehe Beiträge von Knapp und Müller, Kapitel 5; Lux, Kapitel 7)
- Soziale Auswirkungen (siehe Beiträge von Lux, Kapitel 7; Heil und Bode, Kapitel 8)
- Rechtsrahmen (siehe Beitrag von Heil und Bode, Kapitel 8)
- Eigenverantwortung (siehe Beitrag von Heil und Bode, Kapitel 8)
- Öffentliche Wahrnehmung (siehe Beitrag von Diekämper, Kapitel 9)
- Wissenschaftstheoretische Überlegungen (siehe Beiträge von Walter und Hümpel, Kapitel 3; Rehmann-Sutter, Kapitel 6; Lux, Kapitel 7)
- Instrumentalisierung wissenschaftlicher Hypothesen (siehe Beitrag von Heil und Bode, Kapitel 8)

Die im „Dritten Gentechnologiebericht" zuerst vorgelegten und mittels standardisierter Datenblätter präsentierten Indikatoren (Walter/Hümpel, 2015:63–86) wurden im vorliegenden Band aktualisiert (siehe Kapitel 10). Quantitativ beschrieben werden dort folgende Problemfelder:

- Öffentliche Wahrnehmung
- Realisierung wissenschaftlicher Zielsetzungen
- Forschungsstandort Deutschland

2.3 Struktur des Themenbands

Der Themenband basiert vom Aufbau her auf dem bewährten Konzept der IAG für ihre Themenbände und besteht aus einem einführenden Teil, einer qualitativen Auseinandersetzung mit der Epigenetik aus verschiedenen inhaltlichen Perspektiven und den Indikatoren.

Nach einer Zusammenfassung folgen zunächst die zentralen Kernaussagen und Handlungsempfehlungen der IAG *Gentechnologiebericht* zur Epigenetik (Kapitel 1). Diese werden von der gesamten IAG getragen. Daran schließt sich die hier vorliegende methodische Einführung an (Kapitel 2). Es folgt eine inhaltliche Einführung in die Epigenetikforschung des Herausgeberteams Jörn Walter und Anja Hümpel (Kapitel 3). Michael Wassenegger leuchtet daran anschließend die Bedeutung der Epigenetik für die Pflanzenforschung aus (Kapitel 4), während Stefan Knapp und Susanne Müller den medizinischen Bereich im Blick haben, dem sie sich mit dem Thema „Chemische Open-Access-Sonden für epigenetische Zielstrukturen" nähern (Kapitel 5). Die biophilosophische Bedeutung der Epigenetik wird von Christoph Rehmann-Sutter untersucht, wobei detaillierte Begriffsarbeit geleistet wird (Kapitel 6). Begrifflichkeiten und kulturelle Bedeutungen der Epigenetik werden auch im Beitrag von Vanessa Lux aufgegriffen

(Kapitel 7). Ethische und rechtliche Reflexionen auf die Genetik werden von Reinhard Heil und Philipp Bode thematisiert (Kapitel 8). Julia Diekämper (Kapitel 9) beschäftigt sich hingegen mit der Epigenetik als printmedialem Verhandlungsgegenstand. Zuletzt werden von Lilian Marx-Stölting (Kapitel 10) Daten zu ausgewählten Indikatoren präsentiert. Ein Anhang rundet das Buch ab.

2.4 Literatur

Diekämper, J./Hümpel, A. (2012): Synthetische Biologie in Deutschland. Eine methodische Einführung. In: Köchy, K./Hümpel, A. (2012): Synthetische Biologie. Entwicklung einer neuen Ingenieurbiologie. Forum W, Dornburg:51–60.

Diekämper, J./Hümpel, A. (2015): Einleitung: Gentechnologien in Deutschland im Langzeit-Monitoring. In: Müller-Röber, B. et al. (Hrsg.) (2015): Dritter Gentechnologiebericht. Analyse einer Hochtechnologie. Nomos, Baden-Baden:13–23.

Domasch, S./Boysen, M. (2007): Problemfelder im Spannungsfeld der Gendiagnostik. In: Schmidtke, J. et al. (2007): Gendiagnostik in Deutschland. Forum W, Dornburg:179–188.

Fehse, B./Domasch, S. (Hrsg.) (2011): Gentherapie in Deutschland. Eine interdisziplinäre Bestandsaufnahme. Forum W, Dornburg.

Hucho, F. et al. (2005): Gentechnologiebericht. Analyse einer Hochtechnologie in Deutschland. Spektrum, München.

Köchy, K./Hümpel, A. (2012): Synthetische Biologie. Entwicklung einer neuen Ingenieurbiologie. Forum W, Dornburg.

Müller-Röber, B. et al. (2009): Zweiter Gentechnologiebericht. Analyse einer Hochtechnologie in Deutschland. Forum W, Dornburg.

Müller-Röber, B. et al. (2013): Einleitung und methodische Einführung. In: Müller-Röber et al. (2013), Grüne Gentechnologie. Aktuelle wissenschaftliche, wirtschaftliche und gesellschaftliche Entwicklungen. Forum W, Dornburg:29–38.

Müller-Röber, B. et al. (Hrsg.) (2015): Dritter Gentechnologiebericht. Analyse einer Hochtechnologie. Nomos, Baden-Baden.

Walter, J./Hümpel, A. (2015): Themenbereich Epigenetik: Bedeutung und Anwendungshorizonte für die Biowissenschaften. In: Müller-Röber et al. (2015): Dritter Gentechnologiebericht. Analyse einer Hochtechnologie. Nomos, Baden-Baden:43–90.

Wobus, A. et al. (2006): Methodik des Berichts: Problemfelder und Indikatoren. In: Stammzellforschung und Zelltherapie. Spektrum, München:23–32.

Jörn Walter, Anja Hümpel

3. Epigenetik: Hintergrund und Bedeutung des Forschungsgebietes

3.1 Vorbemerkung

Die Epigenetik hat eine fundamentale Bedeutung für nahezu alle Bereiche der Biologie und der Biomedizin sowie viele Bereiche der Biotechnologie. Sie beeinflusst Diskurse in den Geistes-, Rechts- und Gesellschaftswissenschaften über die Bedeutung und Auswirkung vererbbarer und veränderbarer biologischer Prozesse im Menschen. In unserem Artikel möchten wir grundlegende Prinzipien der Epigenetik darlegen, die wichtigen Forschungsergebnisse der Epigenetik skizzieren und ihre Bedeutung für die Biologie umreißen. Wir beginnen mit einem kurzen Exkurs zur allgemeinen Verbreitung und Bedeutung der Epigenetik.

3.2 Grundprinzipien, Verbreitung und Bedeutung der Epigenetik

Die Forschung der vergangenen 30 Jahren hat gezeigt, dass in allen höheren Lebewesen eine Reihe von molekularen Prozessen und Mechanismen zu einer, der Genetik nachgeschalteten, Steuerung der Genome (der Gene) beiträgt und dass diese Veränderungen über Zellteilungen hinweg weitergegeben, das heißt „vererbt" werden können. Die Epigenetik erweitert grundlegend die biologischen Paradigmen zur Steuerung und Vererbbarkeit genetisch bedingter Prozesse.

Die Grundlage für vererbbare epigenetische Prozesse sind chemische Veränderungen (Modifikationen), die entweder direkt an bestimmten DNA-Basen oder an bestimmten Histon-Proteinen enzymatisch angebracht oder auch wieder entfernt werden. Histon-Proteine sind das Protein-Grundgerüst der Chromosomenstruktur. Über epigenetische Modifikationen an der DNA und den Histonen wird festgelegt, ob die Struktur der Chromosomen („das Chromatin") offen und zugänglich oder kompakt und unzugänglich ist. Man unterscheidet entsprechend offenes, zugängliches Euchromatin und geschlossenes, unzugängliches Heterochromatin und bezeichnet die dazu passenden Modifikationen auch als euchromatische und heterochromatische Modifikationen.

Generell kann man zwischen allgemeinen und zell-/genspezifischen epigenetischen Prozessen unterscheiden. Ein epigenetisch gesteuerter allgemeiner Prozess der epigenetischen Kontrolle ist zum Beispiel die in allen Zellen stattfindende Steuerung der Chromosomenstruktur im Verlauf des Zellzyklus. Man findet die dazu notwendigen epigenetischen Veränderungen in jeder Zelle eines eukaryontischen Organismus. Neben der Steuerung der DNA-Replikation sind auch Prozesse der DNA-Reparatur und der Zellteilung abhängig von epigenetischen Modifikationen.

Die weitaus umfangreicheren epigenetischen Prozesse betreffen die zellspezifische Regulation von Genen. Viele der hierzu beitragenden Modifikationen sind in den Organismen gleich. Im Verlauf der Evolution haben sich immer vielgestaltigere Formen und komplexere Verschaltungen epigenetischer Modifikationen entwickelt. Es liegt daher die Vermutung nahe, dass die differenzierte Nutzung epigenetischer Mechanismen eine wichtige Funktion für die Ausbildung der Artenvielfalt hat (siehe auch Kapitel 6.2 in diesem Band). In Eukaryonten sind epigenetische Mechanismen essenziell, ein Leben ohne epigenetische Modifikationen ist nicht möglich. In allen höheren Eukaryonten steuern epigenetische Prozesse die Entwicklung von zellspezifischen Prozessen und sind daher essenziell für die stabile Ausbildung vielzelliger Strukturen (Gewebe, Organe). Die zellspezifische Nutzung der genetischen Information geht einher mit der Ausbildung zellspezifischer epigenetischer Eigenmuster, den sogenannten Epigenomen (siehe Kapitel unten).

Die Art und Ausformung solcher epigenomischer Eigenmuster erfolgt nach weitgehend konservierten Grundprinzipien in allen eukaryontischen Organismen. Im Verlauf der Evolution sind allerdings auch spezielle Formen der Musterbildung entstanden und wurden teilweise artspezifischen Bedürfnissen angepasst. So sind einige epigenetische Modifikationstypen in bestimmten Insekten und niederen Eukaryonten nicht mehr aufzufinden. Bestimmte Mechanismen wie das Genomic Imprinting sind in höheren Pflanzen und Säugern unabhängig voneinander neu entstanden. Epigenetische Prozesse sind daher im Kontext des biologischen Objekts zu betrachten.

Die Epigenetik beeinflusst ein breites Spektrum zell- und entwicklungsbiologischer Prozesse: Diese sind einerseits grundlegende Funktionen in jeder Zelle, aber auch sehr spezifische Funktionen in differenzierten Zellen bis hin zu einem langlebigen Funktions-Gedächtnis von Genen und Chromosomen im gesamten Organismus. Einige epigenetische Prozesse treten nur zeitlich begrenzt auf, andere dagegen sind sehr langfristig und werden über Zellteilungen oder Generationen hinweg vererbt. Im Gegensatz zu genetischer Vererbung sind epigenetische Prozesse umkehrbar. Sie sind durch exogene Faktoren („die Umwelt") modifizierbar und gelten daher als eine Ursache für die oft festzustellende Variationsbreite genetisch bedingter Phänotypen. Die Bedeutung der Vererbbarkeit erworbener epigenetischer Eigenschaften erfährt in der öffentlichen Diskussion sehr viel Aufmerksamkeit. Die grundlegende Bedeutung epigenetischer Steuerung für biologische Prozesse für die Entwicklung und ihre Bedeutung für die Gesundheitsforschung tritt dabei manchmal in den Hintergrund.

3.3 Der Begriff „Epigenetik" in der gegenwärtigen Forschung

Der Aspekt der Vererbbarkeit der Epigenetik wird in zeitgenössischen Diskursen über biomedizinische und sozialpsychologische Fragen häufig als eine mögliche Erklärung für die individuelle Ausprägung der genetischen Grundkonstitution eines Individuums herangezogen. Da der Begriff „Epigenetik" in diesen Diskursen sehr vielgestaltig genutzt und interpretiert wird, möchten wir seine Bedeutung zunächst ein wenig genauer betrachten. Epigenetik bedeutet so viel wie „oberhalb der Genetik" mit dem Unterton „zusätzlich zum Genom". Der Wortstamm Genetik deutet dabei auf die Vererbbarkeit hin. In der Fachdiskussion unterscheiden sich die Definitionsbezüge der Epigenetik jedoch, je nachdem, ob molekulare, genetische, zelluläre und gesamtbiologische Perspektiven im Vordergrund der Bewertung stehen (zur Geschichte des Begriffs Epigenetik siehe Kapitel 6.1 in diesem Band).

Molekulargenetische Definitionen vereinen unter dem Begriff Epigenetik meist ein Spektrum direkt oder indirekt gesteuerter Kontrollvorgänge der Genexpression. Als Kernebenen der langfristig wirkenden epigenetischen Steuerung dienen vererbbare biochemische Veränderungen des Chromatins[1], die gesetzt und wieder entfernt werden können, ohne die primäre Nukleotidsequenz[2] zu verändern (Knippers/Nordheim, 2015).

Neben der direkten epigenetischen Steuerung von Genen am Chromatin gibt es aber auch „epigenetische" Prozesse, die oberhalb der Chromatin-Ebene stattfinden und zum Beispiel nur auf der Ebene der abgelesenen RNAs operieren (RNA-Interferenz, siehe unten und nachfolgendes Kapitel). Kleine RNAs wirken als „epigenetische", das

---

1   Als Chromatin wird die Gesamtheit des färbbaren DNA- und Protein-Materials im Zellkern bezeichnet. Kernbestandteile des Chromatins sind Nukleosomen, d. h. Histonproteinkomplexe, um die die DNA in Einheiten von ca. 150 Basen gewunden ist.
2   Als Nukleotidsequenz bezeichnet man die Abfolge der chemischen Grundbausteine der DNA (und RNA), DNA bildet langkettige lineare Moleküle, in denen Nukleinbasen und Pentosen (Zucker) über Phosphate miteinander verknüpft sind. Diese Moleküle werden durch Enzyme kopiert und so die Information vermehrt und vererbt.

heißt der Genetik „nachgeschaltete" Regulatoren und verhindern oder verstärken die Umsetzung der genetischen Information. Kleine RNAs können aber auch direkt zur Verbreitung von epigenetischen Prozessen im Organismus beitragen. Sie dringen in neue „epigenetisch" naive Zellen ein und lösen hier epigenetische Veränderungen am Chromatin, also direkt an Ziel-Genen aus. Um all diese unterschiedlichen Phänomene zu erfassen, wird die Epigenetik auch offen als eine Fachrichtung definiert, die „nachhaltige zelluläre und physiologische Variationen untersucht, die durch externe (Umwelt-)Faktoren hervorgerufen wurden und Enzyme betrifft, die das Ablesen von Genen beeinflussen".

Generell gilt, dass der Begriff „Epigenetik" bis in die Fachliteratur hinein sehr breit ausgelegt wird. Die breite Auslegung ist auch der Tatsache geschuldet, dass viele der molekularen Ursachen und Wirkungen epigenetischer Prozesse im Detail *noch* unbekannt sind. Zudem erschwert das komplexe Zusammenspiel von genetischen, zellbiologischen und epigenetischen Faktoren eine präzise Bestimmung von Ursachen und Folgeprozessen. Es ist ratsam, sich dieser Verschränkungen bewusst zu sein und die den Untersuchungen zugrunde liegenden molekularen Ursachen und Wirkungen epigenetischer Prozesse genau zu betrachten (Hennikoff/Greally, 2016).

Im Folgenden werden wir zunächst die grundlegenden Ebenen epigenetischer Steuerung darlegen, um dann auf die Nutzung dieser Mechanismen und ihre Bedeutung für die Biologie und die Biomedizin einzugehen.

3.4 Grundlegende Mechanismen epigenetischer Kontrolle

Alle chromosomal vererbbaren epigenetischen Modifikationen werden im Chromatin enzymatisch „gesetzt" und enzymatisch wieder entfernt. Kernbestandteile des Chromatins sind Histon-Protein-Komplexe, die zusammen mit der um sie gewundenen DNA die Kerneinheiten des Chromatins, die Nukleosomen, bilden. Fast die gesamte DNA der Chromosomen ist in Nukleosomen organisiert („verpackt"). Zwischen Nukleosomen liegen kurze Abschnitte freier DNA („linker"). Chromosomenbereiche, die der Regulation von Genen dienen, sind weniger dicht mit Nukleosomen besetzt. Nukleosomen sind daher in genaktiven und geninaktiven Bereichen unterschiedlich dicht auf den Chromosomen angeordnet. Nukleosomen können zusätzlich noch in höheren Ordnungsstrukturen dichter „verpackt" vorliegen. Solche höheren Ordnungsstrukturen der Chromosomen sind in der Regel auf Dauer unzugänglich für Genregulation. Für eine höhere Ordnungsbildung von Chromatin spielen nicht codierende lange RNA-Moleküle und eine Vielzahl Nicht-Histon-Proteine, die mit dem Chromatin verbunden sind, eine wichtige Rolle.

Am Chromatin kommt es zu Modifikationen der DNA und Modifikationen der Histon-Proteine (in Nukleosomen). Zusammen bestimmen beide Modifikationen die Verpackungsdichte und Zugänglichkeit der DNA im Chromatin. Die Modifikationen regeln dabei entweder direkt die Erkennung und die Bindung von Molekülen/Enzymen für die Genregulation oder sie blockieren „indirekt" die Zugänglichkeit zur DNA und damit die Möglichkeit des Ablesens (Transkription) der Gene. Epigenetische Modifikationen fungieren somit als „zu lesende und zu interpretierende" Veränderungen im Genom. Für die Umsetzung epigenetischer Prozesse spielen daher drei generelle Proteinklassen eine wesentliche Rolle: Enzyme, die epigenetische Modifikationen setzen („writer"), Enzyme, die die Modifikationen „lesen" und interpretieren („reader") und Enzyme, die die Modifikationen wieder entfernen („eraser"). Dieses generelle Aufgabenspektrum epigenetisch wirkender Enzymklassen spaltet sich weiter in folgende generelle Funktionen auf:

- Enzyme, die Histone an bestimmten Aminosäuren modifizieren
- Enzyme, die Histon-Modifikationen an bestimmten Aminosäuren entfernen
- Enzyme, die modifizierte Histone gegen nicht modifizierte austauschen
- Enzyme, die an modifizierte Histone binden
- Enzyme, die Nukleosomen im Chromatin aktiv verschieben
- Enzyme, die DNA-Basen-Modifikationen setzen
- Enzyme, die DNA-Modifikationen wieder entfernen
- Enzyme, die DNA-Modifikationen binden

Zu der Vielzahl von direkt epigenetisch wirkenden Enzymen kommt noch ein Spektrum von Proteinen, die die Transkription von Genen steuern und die gemeinsam mit den epigenetisch wirkenden Enzymen den Rahmen der Gensteuerung festlegen. Neben Enzymen sind auch kleine oder längere nicht codierende RNAs von großer Bedeutung. Diese sind entweder direkt an epigenetischen Prozessen im Chromatin beteiligt oder steuern außerhalb des Zellkerns nachhaltige epigenetische Prozesse im Zytoplasma.

Im nächsten Kapitel möchten wir zunächst die Bedeutung der DNA-Methylierung betrachten.

3.4.1 DNA-Methylierung

Die DNA-Methylierung ist eine in fast allen Lebewesen vorkommende Form der epigenetischen Modifikation. Sie wird von DNA-Methyltransferasen (DNMTs) gezielt an bestimmte Bausteine der doppelsträngigen DNA gesetzt. Die DNA-Methylierung ist eine chemisch sehr stabile, kovalente Modifikation bestimmter Adenin- und Cytosin-Basen. In Bakterien findet man beide Formen der DNA-Methylierung. Jüngste Befunde deuten an, dass auch in niederen Eukaryonten und in Pflanzen neben Cytosinen auch Adenine spezifisch methyliert vorliegen können (Luo et al., 2015). Die Bedeutung der Adenin-Methylierung ist aber noch nicht abschließend geklärt. Im Menschen (und Säugern) konnte man bislang nur Modifikationen an der Base Cytosin nachweisen. Diese kovalente Modifikation direkt an der Base ist sehr stabil. DNA-Methylierung an Cytosinen verändert zwar die Struktur der Base, nicht jedoch ihre natürliche Eigenschaft, im DNA-Doppelstrang Basenpaarung mit Guanin einzugehen. Das heißt, epigenetisch modifizierte und nicht modifizierte Basen sind – genetisch betrachtet – gleich und werden bei einer Replikation der DNA in gleicher Weise „kopiert". DNA-Methylierung wird durch Enzyme nach erfolgter DNA-Replikation in den DNA-Doppelstrang eingeführt. Ist eine DNA methyliert, kommt es nach jeder Verdopplung der DNA zu der Situation, dass nur noch der Elternstrang diese einmal eingeführte DNA-Methylierung besitzt. Die fehlende epigenetische Information kann aber nachträglich „nachkopiert" werden: Die auf dem alten Strang vorhandene DNA-Methylierung dient als Erkennungs-Signal für diesen epigenetischen Kopiervorgang nach einer DNA-Replikation. Die DNA-Methyltransferase DNMT1 ist das Enzym, das dieses Kopieren Base für Base entlang der DNA durchführt. DNMT1 erkennt dabei methylierte Cytosin-Bausteine in der Basen-Abfolge Cytosin-Guanin (CpG). Die kurze gegenläufige Symmetrie dieser Basen-Abfolge ermöglicht den Kopiervorgang. DNA-Methylierung wird so über Zellteilungen hinweg als Kopie einer „alten" ursprünglichen DNA-Methylierung vererbt. Diese vererbbare Funktion reflektiert sich in der Tatsache, dass jeder Zelltyp unseres Körpers, der aus einer Ursprungszelle hervorgegangen ist, ein charakteristisches epigenetisches Muster dieser Ur-Spezifikation trägt. Variablere Ausnahmen scheinen Neuronen und Stammzellen zu sein. In den sich sehr schnell teilenden Stammzellen und den sich nicht mehr teilenden Neuronen beobachtet man einen Verlust der ursprünglichen DNA-Methylierung an CpG-Basenabfolgen und einen Neugewinn von unspezifischer Methylierung außerhalb dieser Basenabfolge. In Neuronen scheint dieser Prozess altersabhängig stattzufinden. Die biologische Funktion dieser Nicht-CpG-Methylierung ist Gegenstand intensiver Forschung.

Die kanonische DNA-Methylierung an CpG-Dinukleotiden beeinflusst das Andocken von Proteinen an die DNA. Sie kann so direkt (Zugang zu DNA-Abschnitten) oder indirekt (Beeinflussung von Verpackungsproteinen in Chromatin) zur Regulation von Genen beitragen. Je nach Position (Lage und Methylierungszustand) wirkt DNA-Methylierung dabei als ein Signal, das zum Abschalten oder Aktivieren von Genen beiträgt. So werden Bereiche im nahen Umfeld von Genen (Startstellen, Verstärker und Abschaltungsregionen) häufig über die Menge von DNA-Methylierung so beeinflusst, dass eine Zunahme der DNA-Methylierung zu einer Abnahme der Genaktivität führt. Eine ähnliche Rolle spielt DNA-Methylierung vermutlich in weiten genarmen Abschnitten unseres Genoms. Sie dient hier als ein zentrales epigenetisches Signal, durch dessen Anwesenheit nicht codierende DNA-Elemente, Viren und springende Gene (Transposons) (transkriptionell) abgeschaltet werden. Es wird vermutet, dass diese großflächige epigenetische Stilllegung weiter Teile des Genoms zwei Gründe hat: 1. die Zugänglichkeit des Genoms für Gen-regulierende Faktoren reduziert sich auf die wirklich genreichen Regionen des Genoms und 2. die im Genom angehäuften fremden DNA-Elemente werden daran gehindert, sich weiter auszubreiten, da sie hierfür abgelesen (transkribiert) werden müssten.

DNA-Methylierung existiert, wie oben bereits erwähnt, in nahezu allen multizellulären Organismen. Im Verlauf der Evolution wurden die oben beschriebenen allgemeinen Funktionen der DNA-Methylierung spezifischen biologischen Prozessen angepasst. In Extremfällen kam es dazu, dass sich epigenetische Regulierungen so entwickelt haben, dass Organismen ganz auf DNA-Methylierung verzichten konnten. Hierzu zählen die klassischen Modellorganismen *Saccharomyces cerevisiae* und *Schizosaccaromyces pombe*, *Drosophila melanogaster* (Fruchtfliege) und *Caenorhabditis elegans* (Fadenwurm). Paradoxerweise findet man in nah verwandten Spezies dieser Modellorganismen, die selbst über keine DNA-Methylierung verfügen, durchaus funktionelle DNA-Methylierung mit vermutlich wichtiger genregulatorischer Funktion. In sozialen Insekten (Bienen, Termiten, Ameisen) findet man hochentwickelte Systeme für die DNA-Methylierung. Diese dienen unter anderem der Steuerung von Genen, die für die morphologischen Veränderungen und verhaltensbiologische Anpassung im Verlauf des Lebens benötigt werden. In Bienen wurde beispielsweise beobachtet, dass die Differenzierung von Königinnen durch Inhaltsstoffe in der Ernährung (Gelee Royal) beeinflusst wird, die epigenetische Veränderungen auslösen. Königinnen und „Arbeiterinnen" unterscheiden sich epigenetisch. Es gibt aber auch Hinweise, dass erlerntes und angepasstes Verhalten über epigenetische Veränderungen im Gehirn gesteuert wird (Wang et al., 2006; Maleszka, 2008).

Auch und besonders in Pflanzen spielt DNA-Methylierung eine zentrale regulatorische Rolle (Henderson/Jacobsen, 2007). So findet man in Pflanzen eine Reihe vererbbarer, adaptiver epigenetischer Prozesse, für deren Vererbung DNA-Methylierung essenziell ist (Hirsch et al., 2012). Pflanzen besitzen ein sehr hochentwickeltes System zur Kontrolle von DNA-Methylierung und es wurden hier sehr spezialisierte Formen epigenetischer Regulierung entdeckt. So kommt es unter anderem (wie oben angesprochen) zu einer Rückkopplung von RNAi-vermittelten Regulationsvorgängen auf die DNA-Methylierung an Startstellen (Promotoren) der Gene. Diese Rückkopplung wird über spezielle RNA-Polymerasen und spezielle, nur in Pflanzen vorkommende DNA-Methyltransferasen vermittelt. Dieser Aspekt einer posttranskriptionellen Gen-Stilllegung wird im nachfolgenden Kapitel eingehender besprochen. Das Zusammenspiel von RNA-Interferenzmechanismen, DNA-Methylierung und Histon-Modifikationen zur epigenetischen Kontrolle der Genregulation hat sehr große Bedeutung für die pflanzliche Anpassung an veränderte Umweltbedingungen.

In Pflanzen kann man durch gezielte Züchtung genetisch identische, aber epigenetisch (DNA-Methylierung) unterschiedliche Sublinien züchten und diese über längere Zeiträume stabil vermehren. Es wird vermutet, dass eine Selektion epigenetisch stabiler Sub-Linien in der Pflanzenzüchtung die Möglichkeiten der Funktions- und Ertragskontrolle erweitert (Quadrana/Colot, 2016).

In Pflanzen wurden zudem erstmalig Mechanismen nachgewiesen, wie DNA-Methylierung durch DNA-Reparaturprozesse gezielt und „aktiv" von Genabschnitten wieder entfernt werden kann, um Gene wieder zu aktivieren (Zheng et al., 2008). Analoge Mechanismen wurden später auch in einigen Vertebraten (Zebrafisch und *Xenopus*) sowie in Säugern (Maus und Mensch) nachgewiesen (Gehring et al., 2009).

Im Säuger, also auch dem Menschen, kann DNA-Methylierung in drei weiteren Modifikationsformen vorkommen. Diese zusätzlichen Modifikationen findet man vornehmlich in Stammzellen und in Neuronen. Aufbauend auf 5-Methyl-Cytosin entstehen dabei, durch sogenannte TET-Enzyme katalysiert, zusätzliche Modifikationen in drei Oxidationsstufen: 5- Hydroxy-Methyl-Cytosin, 5-Formyl-Cytosin und 5-Carboxy-Cytosin. 5-Hydroxy-Methylcytosin (5hm-Cytosin) wird von speziellen Proteinen erkannt und anders als die einfache DNA-Methylierung interpretiert (z. B. bei der Replikation nicht korrekt kopiert). Die höheren Oxidationsstufen 5-Fluoro-Cytosin und 5-Carboxy-Cytosin dienen als Erkennungssignale für die DNA-Reparatur, das heißt, sie sind nur kurzlebig und werden wieder aus der DNA entfernt. Es gibt klare Hinweise darauf, dass oxidative Modifikationen für den Verlust der DNA-Methylierung in der frühen Keimzell- und Embryonenentwicklung wichtig sind (Wossidlo et al., 2011; Seisenberger et al., 2013; Arand et al., 2015; Habibi et al., 2013; Gier et al., 2016). Zurzeit wird die Bedeutung der oxidativen Formen der DNA-Methylierung, die neben Keimzellen und Embryonen vor allem in Stammzellen und Neuronen vorkommt, eingehend untersucht. In allen Zelltypen mit einem hohen Anteil oxidativer Formen der DNA-Methylierung beobachtet man umfassende epigenetische Veränderungen im Verlauf der Entwicklung (Stammzellen) und des Alterns (Neuronen). Es gibt deutliche Hinweise, dass die verschiedenen oxidativen Zustands-Formen der DNA-Methylierung genutzt werden, um in Zellen i) ein kurzfristiges Umschalten von genregulatorischen Effekten zu erreichen und ii) eine epigenetische Programmänderung (Löschen epigenetischer Muster) einzuleiten. So zeigen Untersuchungen in Stammzellen, dass sich die DNA-Methylierung abhängig von den Umweltbedingungen (z. B. Hormone und Vitamine in den Nährmedien) extrem schnell und stark verändern kann und dass hierbei oxidative Modifikationen eine Rolle spielen (Ficz et al., 2013; Habibi et al., 2013; Azad et al., 2013; Giehr et al., 2016; von der Meyen et al., 2016). Es liegt zudem die Vermutung nahe, dass auch in den langlebigen Nervenzellen unseres Gehirns ähnliche dynamische Umwandlungen eine Rolle für das epigenetische und genregulatorische Gedächtnis einzelner Zellen spielen.

3.4.2 Histon-Modifikationen

Die zweite zentrale Ebene der epigenetischen Regulation bilden Modifikationen der Histone. Circa 95 Prozent der DNA unseres Genoms ist um Nukleosomen, das heißt Histon-Protein-Komplexe gewunden und ist somit in weiten Teilen nicht frei zugänglich, sondern „verpackt". In aktiven Genbereichen sind Nukleosome weniger dicht und es gibt Abschnitte freier zugänglicher DNA. Die Verpackungsdichte und die Verteilung der Nukleosomen wird über chemische Modifikationen der Histon-Proteine gesteuert (Kubicek et al., 2006). Modifiziert werden vornehmlich bestimmte Aminosäuren in den Anfangs- und Endregionen der Histon-Proteine H3 und H4. Wichtige Modifikationen findet man aber auch an den Histonen H2A und H2B. Histon-Modifikationen sind zudem extrem variantenreich. Bislang sind etwas mehr als 140 verschiedene Histon-Modifikationsvarianten bekannt. Es handelt sich stets um sogenannte posttranslational eingeführte Modifikationen[3], die meist an polaren und basischen Aminosäuren wie Serin, Threonin, Lysin und Arginin zu finden sind. Die Modifikationen sind chemische Veränderungen in Form von Acetylierung, Methylierung, Phosphorylierung, Ubiquitinierung, SUMOylierung (für eine Übersicht vgl. Kouzarides, 2007). Funktionell kann man zwischen Chromatin-öffnenden (Acetylierung, bestimmte Formen der Methylierung) und Chromatin-verschließenden (Methylierung) Modifikationen unterscheiden, die sich dann entsprechend förderlich oder hemmend auf das Ablesen von Genen auswirken. Histon-Modifikationen werden durch spezifische Enzyme an Histonen angebracht, wenn diese bereits als Proteinkomplexe in Nukleosomen vorliegen. Eine spezifische Modifikation von Histonen durch Enzyme („Writer") erfolgt daher stets ortsspezifisch. Die Histon-modifizierenden Enzyme sind spezifisch für die Art und Ausprägung der Modifikation. Sie finden ihre Ziel-Histone im Chromatin mithilfe von spe-

---

[3] Posttranslationale Modifikation bedeutet, dass die Modifikation am „reifen" Protein angebracht wird, nachdem der Prozess der Translation – der Übersetzung von Nukleotid- in Aminosäuresequenz – erfolgt ist.

ziellen Proteinen, die sie an ihre Zielstrukturen heranführen. Histon-Modifikationen werden umgekehrt von spezifischen Histon-demodifizierenden Enzymen ebenfalls ortspezifisch wieder gelöscht („Eraser").

Man geht davon aus, dass der Grundzustand für die meisten Zellen Modifizierungen vorsieht, die zu einem Verschließen/Verpacken weiter Abschnitte des Genoms führen. Wie für die DNA-Methylierung bereits oben diskutiert, werden weite Teile des Genoms, in dem wenige oder nur selten gebrauchte Gene liegen, durch verschließende „heterochromatisch" wirkende Modifikationen inaktiv gehalten. Gene, die zellspezifisch angeschaltet sein müssen, werden dagegen aktiv „freigeschaltet", unter anderem, indem Histon-modifizierende Enzyme zielgerichtet mithilfe anderer regulatorischer Proteine (zum Beispiel PCG- und TRX-Komplexe, siehe folgender Abschnitt) an die Gene und Genschalter herangeführt werden. Die Nukleosomen im Bereich dieser aktiven Gene werden dann gezielt so modifiziert, dass sie einen loseren Verpackungszustand einnehmen. Es kommen dann Enzyme hinzu, die solche „losen" Nukleosome aktiv entlang der DNA verschieben können und damit genspezifische DNA-Steuerelemente freilegen. Die Steuerelemente werden dann von Transkriptionsfaktoren gebunden und die genspezifische RNA-Kopie hergestellt (abgelesen). Histonmodifikationen bestimmen aber auch darüber, wie häufig und wie stark ein Gen dann wirklich als RNA abgelesen wird. Einige dafür wichtige Modifikationen sitzen in direkter Nachbarschaft zu diesen Genschaltern. Andere Modifikationen sind über das gesamte abgelesene Gen verteilt und beeinflussen die Vollständigkeit des Ablesens.

Im Lauf der Entwicklung und Differenzierung entsteht in jeder Zelle ein eigenes langfristiges Gedächtnis dieser genspezifischen Chromatinorganisation in Form einer regional feststellbaren Histon-Modifikation (siehe Kapitel 3.5). Die Histon-Modifikationsmuster legen fest, welche Gene aktiv und welche inaktiv sind, welche Gene stark und welche Gene schwächer abgelesen werden und welche Ausführungen eines Gens (Splice-Varianten, alternative Länge etc.) geformt werden. Für die Festlegung zelltyp-spezifischer Histon-Modifikationen an Genen sind im Verlauf der Entwicklung und Zelldifferenzierung Proteinkomplexe verantwortlich. Man unterscheidet dabei zwei Arten: die abschaltenden, das Chromatin verschließende Polycomb-Gruppen-Proteinkomplexe (PCG-Komplexe) und deren Gegenspieler, die aktivierenden Trithorax-Komplexe (TRX-Komplexe). Beide Komplexe enthalten gegensätzlich wirkende Histon-Modifikationsenzyme, die präzise an genregulatorischen Abschnitten wirken und so Gene nachhaltig markieren, an- oder abschaltbar zu sein (Whitcomb et al., 2007).

Histonmodifikationen können, wie bereits erwähnt, nicht nur durch das An- und Abschalten der Gene über Histon-Modifikationen beeinflusst werden, sondern auch durch Prozesse der RNA-Reifung („Splicing"), die während des Ablesens der RNA stattfinden. Es zeigt sich, dass es ein enges Wechselspiel zwischen der Geschwindigkeit des Genablesens, der Chromatinstruktur und den nachgeschalteten Prozessierungen gibt. Generell ist festzuhalten, dass Histon-Modifikationen eine ganze Reihe von Prozessen der Genregulation beeinflussen. Die genaue lokale Kenntnis der Histon-Modifikationen ermöglicht, zwischen diesen verschiedenen Ebenen der Regulation genauer zu unterscheiden.

Eine Reihe von Genen weist eine ganz besondere Form der epigenetischen Steuerung auf. So hat man zunächst in Stammzellen beobachtet, dass diese Gene eine Doppel-Kombination von einerseits öffnenden und andererseits verschließenden Histon-Modifikationen an genregulatorischen Bereichen aufweisen, das heißt, sie sind potenziell an- oder abschaltbar. Die Etablierung dieses „bivalenten" epigenetischen Zustandes ist in Stammzellen offensichtlich wichtig, um die Zellen in einem pluripotenten Zustand zu verankern. Mit diesem bivalenten Zustand sind die Zellen in der Lage, Gene schnell epigenetisch „umzuprogrammieren" und sich so in verschiedene Typen von Zellen zu differenzieren (Bernstein et al., 2006; Mikkelsen et al., 2007; Chi/Bernstein, 2009). Die sich in einem bivalenten epigenetischen Wartezustand befindlichen Regionen reagieren dabei feinfühlig auf exogene Reize, die die Zell-Differenzierung beeinflussen. Jüngste Befunde zeigen, dass eine Reihe dieser zwischenzuständlichen (bivalenten) Genschalter über die Entwicklung hinweg erhalten bleiben und selbst in adulten Zellen noch vorhanden sind. Solche bivalenten Modifikationszustände findet man vor allem an Genen, die je nach Zellzustand dynamisch geregelt werden müssen, wie zum Beispiel Gene, die den Metabolismus oder die Zellbeweglichkeit regeln (Kinkley et al., 2016). Der epigenetische Zwischenzustand – das heißt schnell an- oder abschaltbar zu sein – wird an diesen Genen in vielen Zellen ein Leben lang epigenetisch beibehalten/vererbt.

Modifikationen am Chromatin können aber auch nur sehr kurzlebig sein. Eine Reihe dynamischer, nicht primär vererbter Funktionen im Zellkern steuert viele zelluläre Prozesse. So sind viele generelle Prozesse der Zellzyklusregulation, der Zellteilung, der Umbauvorgänge an Genomen („Rekombination" genetischen Materials) und der Wiederherstellung von Chromosomen nach einer Schädigung (DNA-Reparatur) über sich verändernde Chromatin-Modifikationen gesteuert. Einige „epigenetische" Prozesse, zum Beispiel solche, welche die Zellteilung (Mitose und Meiose) oder Rekombinations- und Reparaturvorgänge steuern, treten nur temporär auf. Sie werden nach erfolgtem Prozess wieder entfernt. Sie unterscheiden sich daher von den nachhaltigen, „vererbbaren" epigenetischen Modifikationen einer Zelle, die genregulatorische Prozesse steuern.

Generell steuern die oben beschriebenen Histon-Modifikationen in allen Organismen sehr ähnliche funktionelle und regulatorische Prozesse. Interessanterweise gibt es aber auch artenspezifische Unterschiede. Im Extremfall kann eine Modifikation ganz anders „genutzt" werden oder ein Modifikationstyp komplett fehlen. So fehlt in der Bäckerhefe eine Histon-Modifikation, die in allen höheren Organismen essenziell für die dichte Verpackung von Chromatin ist. In Hefe, *(C. elegans)* und weitgehend in der Fruchtfliege *(Drosophila)* fehlt wie bereits erwähnt die DNA-Methylierung. Wie weit verbreitet solche artspezifischen Veränderungen sind, ist noch nicht abschließend geklärt.

In normalen, gesunden Zellen gibt es eine Reihe von Kontrollebenen (mehrere Formen von Histon-Modifikationen, Art und Verbreitung der DNA-Methylierung), die dafür sorgen, dass eine einmal gesetzte epigenetische Genregulation stabil erhalten bleibt. In erkrankten Zellen kommt es jedoch häufig zu Fehlern in dieser epigenetischen Programmsteuerung. Die erkrankten Zellen verlieren ihr epigenetisches Ursprungs-Gedächtnis und Gene werden entweder fehlerhaft an- oder abgeschaltet oder fehlerhafte RNAs des Gens abgeschrieben. Für eine Umkehrung dieser fehlerhaften epigenetischen Schalter bieten Histon-modifizierende Enzyme eine sehr gute Möglichkeit, neue Formen direkter, epigenetisch ausgerichteter Therapien zu entwickeln und diese auf Zellen oder im Organismus anzuwenden. Vor allem Enzyme, die für das epigenetische Anschalten von Genen in bestimmten Zellen benötigt werden, eignen sich als sehr gute Zielmoleküle für die Entwicklung neuer chemisch orientierter therapeutischer Ansätze. Das Ziel ist es, eine in erkrankten Zellen beobachtete fehlerhafte enzymatische Aktivität zu unterdrücken (inhibieren). In einem der nachfolgenden Kapitel werden diese sich bereits in klinischer Prüfung befindlichen biotechnologischen Ansätze genauer beschrieben.

Histon-Modifikationen werden an Proteinen gesetzt oder entfernt, die in Nukleosomen eingebaut wurden. Als Bestandteile von Nukleosomen werden sie bei jeder Zellteilung verdoppelt, das heißt, es müssen neue unmodifizierte Histone in das Chromatin der Tochter-Chromosomen eingefügt werden. Es ist eine noch nicht ganz gelöste Frage, wie bei diesem Prozess die alten Histon-Modifikationsmuster stabil am Genort beibehalten werden, das heißt auf die neu integrierten Histone vererbt werden. Nach jeder Chromosomenverdopplung (Replikation) bestehen die Chromosomen aus einem Mosaik aus alten modifizierten und neuen nicht modifizierten Histonen. Die epigenetische Information der „alten" Histone in den Chromosomen wird offensichtlich lokal durch einen noch nicht näher bekannten Kopiermechanismus auf die neuen Histone in den Nukleosomen übertragen (vgl. Knippers, 2015). Bei diesem Kopieren kommt es unzweifelhaft zu Fehlern, die im Verlauf häufiger Zellteilungen auch eine direkte Auswirkung auf das natürliche Altern und Überleben von Zellen haben kann. Prozesse des Alterns und der genomischen Instabilität werden mit solchen Fehlern in Verbindung gebracht.

In vielen Zellen kann jedoch die Nichtteilungsphase (die Ruhephase) extrem lange dauern. So erstreckt sich die Ruhephase menschlicher Neurone oder bestimmter Körper-Stammzellen über viele Jahrzehnte. Hier kommt es zum altersabhängigen Verlust epigenetischer Information. Dieser fortschreitende Verlust eines epigenetischen Gedächtnisses hat vermutlich weitreichende Konsequenzen auf die oben angesprochenen Ebenen der Genregulation und trägt vermutlich zu dem Altern der Zellen bei.

Zusammenfassend bleibt festzustellen, dass Histon-Modifikationen und Histon-modifizierende Enzyme eine zentrale und vielfältige Bedeutung für die Regulation vieler allgemeiner sowie zell- und genspezifischer Prozesse haben. Es bieten sich hier direkte Angriffspunkte, um fehlerhafte epigenetische Steuerungsvorgänge in Krankheitsprozessen wieder umzukehren. In Kapitel 5 dieses Bandes wird auf Ansätze zur Entwicklung von Wirkstoffen gegen Histon-modifizierende Enzyme eingegangen.

3.4.3 Epigenetik „nicht codierender" RNA

In den vergangenen Jahrzehnten haben die Entdeckungen neuer Klassen kleiner RNA-Moleküle und langer nicht codierender RNA-Moleküle dazu geführt, dass eine vollkommen neue Ebene der Genregulation entdeckt wurde, die man oft unter dem Begriff RNA-Interferenz oder RNAi zusammenfasst. Vor allem eine Reihe kleiner RNAs wirkt sich innerhalb und außerhalb des Zellkerns auf die Regulation der primären Genprodukte, den mRNAs, aus. Außerhalb des Zellkerns dienen sie der Regulation, der Nutzung und der Stabilität abgelesener Genprodukte (mRNAs). Innerhalb des Zellkerns können diese regulatorischen RNAs auch direkt epigenetische Veränderungen im Chromatin von Genen auslösen.

Kleine RNAs dienen, wie oben bereits kurz angesprochen, als „regulatorische Botenmoleküle" zwischen Zellen, da sie über Zellbrücken ausgetauscht werden. Sie können so von Zelle zu Zelle und über Organe hinweg neue epigenetische Prozesse auslösen. Solche systemischen RNA-vermittelten epigenetischen Vorgänge sind sehr stark im Fokus epigenetischer Forschung in Pflanzen. In Pflanzen kommt es unzweifelhaft zur Weitergabe von kleinen RNA-Molekülen von Zelle zu Zelle. Diese Weitergabe kann eine nachhaltige epigenetische Wirkung (Genregulation) im Zellkern der Empfängerzelle auslösen. Die (meist kleinen) RNAs wirken hier als eine Art „Botenmoleküle". Sie lösen an bestimmten Zielgenen neue epigenetische Zustände aus. Es gibt eine Reihe von Hinweisen, dass eine frühe epigenetische Programmierung des pflanzlichen Embryos durch mütterlich vererbte Proteine beziehungsweise RNA-Moleküle erfolgen kann. Es ist jedoch noch unklar, in welchem Ausmaß diese Vorgänge im Menschen oder in Tieren stattfinden. In der Tier- und Pflanzenzucht kennt man seit langem Beispiele (reziproker) Hybridkreuzungen mit unterschiedlich ausgeprägten Eigenschaften, die vermuten lassen, dass vor allem mütterlich vererbte Moleküle wichtige epigenetische Faktoren sind (Youngson/Whitelaw, 2008). Kleine RNAs könnten hier eine zentrale Rolle spielen.

Ein enges Wechselspiel zwischen strukturell und katalytisch wirkenden RNAs und epigenetischen Modifikationen beobachtet man in vielen Modellorganismen, wie Hefe, Fruchtfliege, Fadenwurm, Maus und der Ackerschmalwand (*Arabidopsis thaliana*). Wie bereits erwähnt, wurde die Bedeutung kleiner RNAs ursprünglich im Zusammenhang mit Expressionskontrolle und Chromatin-Struktur vor allem in Pflanzen identifiziert, sodass grundlegende Zusammenhänge über die Wirkung kleiner RNAs auf Genregulation aus der Pflanzen-Epigenetik stammen (Baulcombe, 2004).

Im Menschen liegt der Fokus auf der Wirkung von kleinen RNAs, die oftmals selbst über epigenetische Modifikationen (z. B. über Promoter-Methylierung oder Chromatin-Modifikationen) zellspezifisch reguliert werden. Viele miRNAs üben eine beachtliche Wirkung auf die Translation und Stabilität von mRNA[4] aus. Kleine doppelsträngige RNAs führen darüber hinaus Histon- und DNA-modifizierende Enzyme an bestimmte Zielregionen im Bereich der Zentromere und Telomere, um hier spezifische Chromatinstrukturen nach der Replikation neu zu etablieren. In Keimzellen induzieren kleine RNAs ein effizientes epigenetisches Abschalten der Transkription von transposablen Elementen und verhindern deren Verbreitung im Genom.[5] Diese Stilllegungs-Prozesse werden von speziellen Klassen kleiner (si, casi, pi) RNAs gesteuert. Ein ähnliches enges Wechselspiel zwischen den kleinen dsRNAs und epigenetischer Genregulation findet man an ribosomalen und epigenetisch geprägten („imprinted")[6] Genen im Menschen.[7] Neben den kleinen RNAs spielen hier lange nicht codierende RNAs (lincRNS), wie XIST oder AIR und HOTAIR, ebenfalls eine entscheidende Rolle für die epigenetische Genkontrolle. So ist die lange, nicht codierende RNA XIST (lncRNA) der Auslöser für die Stilllegung aller Gene auf dem inaktiven X-Chromosom in Frauen (Gen-Dosiskompen-

---

4   Die sogenannte „messenger RNA" (mRNA) ist die komplementäre Kopie einer codierenden Gensequenz der DNA. Sie transportiert die Information ihres Gens aus dem Zellkern in das Zytoplasma, wo sie als Matrize der Proteinbiosynthese dient, d. h., die DNA-Basenabfolge wird über die Boten-RNA in die Aminosäuresequenz eines Proteins übersetzt.
5   Im Gegensatz zum sogenannten Euchromatin ist Heterochromatin fest verpacktes, inaktives Chromatin. In der Regel betrifft das genarme Sequenzen sowie die Mitte (Centromere) und die Enden (Telomere) der Chromosomen.
6   Als „Imprinting" bezeichnet man die Vererbung von DNA- und Histon-Modifikationen, welche dazu führen, dass die derart „gekennzeichneten" Kopien von Genen (Allelen) eines Elternteils stillgelegt werden und die Allele des anderen Elternteils bevorzugt exprimiert werden.
7   Ribosomale Gencluster sind Anhäufungen von Genen, die für Komponenten der Ribosomen, der „Translationsmaschinerie" der Zellen, codieren.

sation) (Clerc/Avner, 2006), indem sie eine stabile, nachhaltige Ausbildung bestimmter Histon- und DNA-Methylierungsveränderungen auf dem X-Chromosom induziert.

In menschlichen Krebszellen ist häufig ein epigenetisch fehlreguliertes An- oder Abschalten von kleinen und langen nicht codierenden RNAs zu beobachten. Häufig findet man eine fehlerhafte DNA-Methylierung an den Startstellen für diese RNA-Transkripte. Als Folge der epigenetischen Fehlregulation von zum Beispiel miRNAs werden dann miRNA-Ziel-Gene (Transkripte) verringert, abgebaut oder fehlerhaft translatiert. Im Menschen scheint es hier einen unmittelbaren Zusammenhang zwischen der Menge der nicht codierenden RNAs und ihrer sekundären Wirkung auf Gene/Transkripte zu geben. In Pflanzen (und niederen Tieren) kommt es dagegen häufig zu einem zusätzlichen (sekundären) verstärkenden Effekt. Ausgelöst durch erste kleine RNAs werden zusätzliche neue kleine RNAs gebildet. Diese kleinen (sekundären) doppelsträngigen RNAs erzeugen erst die Wirkung auf die Genregulation der proteincodierenden Gene. Diese speziellen Mechanismen wurden vermutlich als Abwehr gegen fremde Viren entwickelt. Sie haben sich im Verlauf der Evolution aber auch angepasst und werden für amplifizierende Antworten in der Genregulation genutzt (siehe folgendes Kapitel). Diese sekundären Mechanismen (die im Menschen auch in veränderter Form in Keimzellen zu finden sind) sind Gegenstand intensiver Forschung und eröffnen in Pflanzen eine neue biotechnologische Angriffs-Ebene für epigenetische Interventionen, um nachgeschaltete Prozesse zu verstärken (Virenabwehr) oder zu inhibieren (Regulation pflanzeneigener Gene). Die funktionelle Bedeutung reicht hier von der direkten Gen-Kontrolle im Verlauf der Entwicklung bis hin zur Abwehr von Viren (Stilllegung). Diese Aspekte werden im folgenden Kapitel eingehend diskutiert.

Aktuell lässt sich die Bedeutung kleiner und langer nicht codierender RNA für die Steuerung epigenetischer Prozesse im Menschen noch nicht vollständig abschätzen. Dies liegt zum einen daran, dass diese RNAs in einer noch nicht gänzlich verstandenen Vielfalt vorkommen. Zum anderen gestalten sich ihre Interaktionen mit den anderen epigenetischen Kontrollebenen sehr vielfältig. Neueste Befunde zeigen etwa, dass ein bislang relativ unbekannter Typ langer zirkulärer RNA (circRNA) bedeutsam ist, um die Funktion der kleinen RNA zu modulieren: circRNAs dienen unter anderem als miRNA-„Speicher" („sponges"). Ausgehend von den Effekten, die man in verschiedensten Modellorganismen beobachtet, ist allerdings anzunehmen, dass es auch beim Menschen eine enge Interdependenz zwischen kleinen strukturell und enzymatisch wirkenden RNAs und epigenetischer Steuerung der Genomfunktionen gibt. Auch aus diesem Grund wird es wissenschaftspolitisch von ganz fundamentalem Interesse sein, die Forschung insbesondere in diesen sich aufeinander zubewegenden Bereichen zu vernetzen und zu fördern.

Beeindruckende neue Forschungsergebnisse haben ein altes Forschungsgebiet zu neuem Leben erweckt. Diese neuen Befunde zeigen, dass nicht nur tRNA und rRNA, sondern auch mRNA-Moleküle nachträglich „epigenetisch" modifiziert werden können und wichtige entwicklungsbiologische Prozesse steuern (Stunnenberg et al., 2015). Vor allem die Methylierung von Adenin-Basen wurde hier als eine wichtige, die Stabilität kontrollierende Modifikation entdeckt. Es gibt zudem eine Reihe von Hinweisen auf weitere noch nicht genauer lokalisierbare Modifikationen in vielen RNA-Spezies. Wie die epigenetische Steuerung dieser RNAs erfolgt, ist ein bislang wenig beforschtes Feld. Allerdings wurde die große Bedeutung der RNA-Epigenetik bereits erkannt und in Deutschland und den USA wurden neue Forschungsvorhaben zu diesem Themenkomplex gestartet.

3.5 Epigenomforschung

Die gleichen Chromosomen in jedem Zelltyp eines Organismus sind mit unterschiedlichen zelleigenen epigenetischen Markierungen versehen. Die Gesamtheit der epigenetischen Veränderungen bezeichnet man als Epigenome, die Erforschung und Interpretation dieser epigenetischen Muster als Epigenomik (engl. Epigenomics). Epigenomische Daten bieten systembiologische Einblicke in die Funktion und Interpretation des universellen Genoms. Die strukturellen und funktionellen Informationen von Epigenomkarten eröffnen neue Einsichten in die Nutzung genomischer Information in Zellen, in Geweben, in Organen und im gesamten Organismus. Nahezu alle primären regulatorischen Phänomene des Genoms, das An- und Abschalten von Genen (Transkription), die Prozessierung von RNAs (Beginn und Ende der RNA-Synthese), die Geschwindigkeit der RNA-Synthese, die Prozessierung von RNA (Splicing), die Modifikationen von RNAs sind mittelbar oder unmittelbar mit epigenetischen Veränderungen der DNA oder des Chromatins verknüpft.

Mithilfe epigenomischer Daten können nicht nur Gen-Einheiten präziser bestimmt und klassifiziert werden, epigenomische Daten erlauben, die Funktion bislang unbekannter DNA-Abschnitte zu klassifizieren („zu annotieren"). Man beginnt in großen Epigenom-Programmen, wie ENCODE und IHEC, gerade einen Katalog neuer „regulatorischer DNA-Abschnitte" mithilfe epigenetischer Daten zu erstellen. Es erschließen sich hieraus neue Konzepte für die Genregulation in spezialisierten Zellen. So sind zellspezifische Genschalter oft weit entfernt vom regulierten Gen. Die genaue genspezifische Zuordnung erfolgt i) durch eine epigenetische Klassifizierung und ii) durch neue epigenomische Methoden, diese räumliche Zuordnung im Zellkern abzubilden. Die räumliche Verortung geschieht dabei durch sogenannte „conformation capture"-Analysen, die wir im folgenden Abschnitt noch näher erklären werden.

Die noch relativ junge Epigenomik hat aber international bereits einen festen Platz in der Biologie und der Medizin eingenommen. Die meiste Aufmerksamkeit erlangt die Epigenomik zurzeit in der medizinischen Krankheitsforschung, der Entwicklungsbiologie, der Neurobiologie, der Züchtungsforschung und der Stammzellforschung.

Kernfragen der Epigenomforschung
- ▶ Wie sind Genome und Gene in unterschiedlichen Zellen eines vielzelligen Organismus epigenetisch programmiert und strukturiert?
- ▶ Welche übergreifenden epigenetischen Codierungen findet man im Genom einzelner Zellen und wo unterscheiden sich diese zwischen Zellen?
- ▶ Welche Auswirkung hat die individuelle genetische Ausstattung auf die epigenetische Steuerung von Genen?
- ▶ Wann und durch welche epigenetischen Prozesse werden Gene transkriptionell und posttranskriptionell reguliert?
- ▶ Welche epigenetischen Veränderungen sind im Verlauf von Erkrankung, Umweltveränderungen oder Altern zu beobachten? Welche dieser Veränderungen sind zellspezifisch und welche sind in allen Zellen zu beobachten?
- ▶ Wie verändern sich Genprogramme im Verlauf der Entwicklung und Differenzierung?
- ▶ Welche evolutiven Unterschiede epigenetischer Regulation findet man im Menschen im Vergleich zu Modellorganismen?

Um die verschiedenen Ebenen und Daten der Epigenomik besser einordnen zu können, möchten wir zunächst einige Kernmethoden der epigenomischen Analyse erläutern, um dann auf die weitere Bedeutung epigenomischer Analysen einzugehen.

3.5.1 Kartierung von Histon-Modifikationen mithilfe von Chromatin-Immunpräzipitation und genomweiter Sequenzierung (ChIP-Seq)

Die Erfassung von epigenetischen Modifikationen entlang des Genoms erfolgt über die Technik der Chromatin-Immunpräzipitation. Diese wird seit circa 15 Jahren genutzt, um Histon-Modifikationen im Chromatin des intakten Kerns genomweit zu lokalisieren. Man benutzt hierzu Antikörper (AK), die spezifisch gegen epigenetische Modifikationen von Histonen gerichtet sind. Zunächst wird Chromatin isoliert, fixiert und mit AK „inkubiert", die an die modifizierten Histone im Chromatin binden können. Man fragmentiert dann das an AK gebundene und chemisch fixierte Chromatin in kleine, 1-2 Nukleosomen (200–400 Basen) umfassende Einheiten und extrahiert über ein AK-spezifisches Selektionsverfahren die Nukleosomen, die den AK gebunden haben.

Die DNA der angereicherten Nukleosomen wird dann isoliert und im Hochdurchsatzverfahren sequenziert. Die Verteilung der sequenzierten ChIP-DNA-„Fragmente" gibt dann indirekt Auskunft, an welchen Stellen des Genoms die Modifikationen angereichert vorlagen. Für eine umfassende Histon-Modifikationskarte wird die Erfassung von sieben Histon-Modifikationen gemäß IHEC-Standards als ausreichend angesehen, um das Genom funktionell in aktive und inaktive Gene und Genschalter wie auch Bereiche ohne nachweisbare Genfunktion mit meist verdichtetem Chromatin einteilen zu können. Spezielle computergestützte, integrierte Modellbildungen (ChromHMM) erlauben es, durch Überlagerung von Histonmodifikationen diese „Aktivitätszustände" zu verorten. Elektronische Kartierungshilfen, sogenannte „Epigenom-Browser", ermöglichen es dann, diese komplexen Datensätze an einem Vergleichs-Genom auszulesen und visuell zu betrachten.

Die Kartierung von Histon-Modifikationen mithilfe von ChIP ist eine Schlüsseltechnologie in der Epigenomik. Sie hat jedoch zwei methodische Einschränkungen, die zu beachten sind: 1) Für die Erfassung eines kompletten Epigenoms benötigt man eine ausreichend große Menge (mindestens 1 Million) frischer, intakter Zellen. Da diese oft nicht zu erhalten sind, beschränken sich ChIP-Seq-Analysen oft „nur" auf das Auslesen von drei „aktiven" Kern-Histonmodifikationen am Histon H3 (H3K4me1 und H3K4me3, H3K27Ac), mit denen man den Chromatinzustand an aktiven Genschaltern (an/aus) auslesen kann. 2) Die ChIP-Technologie erfasst nur die *relative* Anreicherung oder Abreicherung von Modifikationen an bestimmten Stellen des Genoms. Sie ist daher nur eingeschränkt quantitativ. Eine vergleichende Bewertung von Histonmodifikations-Veränderungen bedarf daher einer qualifizierten bioinformatischen Auswertung.

3.5.2 Kartierung von DNA-Methylierung durch Bisulfitsequenzierung

Nur circa zwei bis drei Prozent der Cytosine eines menschlichen Genoms sind methyliert. Mithilfe der Bisulfit-Sequenzierung kann man diese Modifikation basengenau lokalisieren. Eine chemische Umwandlung von DNA dient hier als Ausgangspunkt. Nach dieser Umwandlung besteht die DNA fast nur noch aus den drei Basen Adenin, Guanin und Thymin. Alle nicht methylierten Cytosine (C) (ca. 96%–97%) wurden zu Thyminen (T) umgewandelt. 5-Methyl-Cytosin (5mC) wird jedoch nicht umgewandelt und erscheint bei der Sequenzierung der umgewandelten DNA als Cytosin. Man kann so die Position und die Anzahl der methylierten 5mC-Basen genau bestimmen. Bisulfit-Sequenzdaten werden an einem Referenzgenom orientiert und die Anzahl der methylierten Cytosine und der nicht methylierten Cytosine bestimmt. Die Daten können dann in einem Genome Browser visualisiert werden.

DNA-Methylierungskarten bieten einen großen funktionellen Informationsgehalt. Die differentielle Musterbildung der DNA-Methylierung spiegelt in weiten Teilen die Verteilung von aktiven und inaktiven Histon-Modifikationsmustern. Mit der entsprechenden Kenntnis von ChIP-Seq-Daten aus Referenzen (Zellen) lassen sich daher Zustände indirekt zurückverfolgen. DNA-Methylierungskarten sind technisch gesehen robuster zu erstellen als ChIP-Seq-Daten, da DNA aus nahezu allen (auch gefrorenen, getrockneten oder selbst mumifizierten) Zellen in ausreichender Menge gewonnen werden kann.

Eine genomweite Bisulfitsequenzierung liefert sehr präzise und quantitative Daten. Um dies zu erreichen, muss das Genom allerdings mindestens in einer 30-fachen Abdeckung sequenziert werden. Die genomweite Bisulfitsequenzierung (WGBSeq = Whole Genome Bisulfite Sequencing) ist daher relativ kostspielig. In alternativen Ansätzen wird daher auch teilweise nur ein repräsentativer Anteil (ca. 5% aller methylierten Cytosine) durch RRBSeq (Restriction based Representative Bisulfite Sequencing) erfasst. Beide Methoden, WGBS und RRBS, sind mittlerweile Routineanwendungen in der Epigenomkartierung.

3.5.3 Bestimmung offener Chromatinstellen

Kurze Abschnitte an Startstellen und Kontrollstellen aktiver Gene sind häufig nicht mit Nukleosomen besetzt. Diese „offenen" Chromatinbereiche kann man mithilfe von DNA-schneidenden Enzymen wie der Nuklease DNAse I oder modifizierten Transposasen markieren. Hierzu lässt man DNAse I oder die Transposase („Tagmentase") in Zellkerne diffundieren, in denen Chromatin noch intakt vorliegt. An Positionen, die nicht von Nukleosomen besetzt sind, wird die DNA von den Enzymen gespalten. Es entstehen so kurze DNA-Fragmente in diesen „offenen" Regionen, die über Next-Generation-Sequenzierung (NGS) bestimmt werden. Die Zahl der sequenzierten „DNA-Fragmente" in bestimmten Genomabschnitten gibt dann Auskunft über die Verteilung offener Chromatinstrukturen im Genom. Durch Überlagerung dieser Daten mit ChIP-Seq-Daten erhält man direkte Auskunft über den Zustand von genregulatorischen Bereichen: offen oder geschlossen, aktiv oder nicht aktiv. Die Kartierung offener Chromatin-Abschnitte wird zunehmend zu einer wichtigen Technik der Epigenomik. Sie liefert schnelle Einsichten in genregulatorische Veränderungen in medizinisch orientierten Forschungsfragen. „ATAC-Seq", eine Methode, die eine Transposase nutzt, erhält seit einiger Zeit besonders viel Zuspruch, da sie einfach anzuwenden ist und zudem mit kleinsten Zellzahlen durchführbar ist.

3.5.4 Vermessung der Chromosomenanordnung in Zellen

Für viele „offene" Chromatin-Abschnitte ist klar, dass sie wichtige regulatorische Funktionen haben, es ist aber unklar, welches der in der Nähe liegenden Gene von diesen Elementen aus gesteuert wird. Es zeigt sich immer mehr, dass regulatorische Elemente mit offenen Chromatin-Abschnitten nicht immer für die Regulation des nächstliegenden Gens genutzt werden, sondern weit entfernte Gene steuern. Die Konformation (d. h. die räumliche Zuordnung von Genen im Zellkern) und deren regulatorische Schalter können nur direkt im Zellkern analysiert werden. Durch sogenannte „conformation capture"-Methoden (wie z. B. Hi-Seq und 3C-Seq) kann man ermitteln, wie die räumliche Regulation im Zellkern stattfindet. Die Methoden sind experimentell komplex und sind kostenintensiv, da sie eine große Sequenzierungstiefe verlangen. Sie wurden daher zunächst nur für kleine Genome von Modellorganismen angewandt, haben aber in jüngster Zeit auch den Einzug in die humane Epigenomforschung gefunden. In den USA wurde gerade ein eigenes Forschungsprogramm „4D-Nucleome" aufgelegt, in dem die räumliche und zeitliche Ausrichtung von Chromosomen und Genstrukturen aufgeklärt werden soll.

3.5.5 Funktionelle Interpretation durch RNA-Seq

Die funktionelle Interpretation epigenomischer Daten (Histone, DNA-Methylierung, offenes Chromatin, Chromatin-Interaktionen) benötigt in jedem Fall die genaue Kenntnis des Expressionszustandes des Genoms. Die Ermittlung der gesamten RNA-Transkriptions-Einheiten des Genoms, angefangen von den vielen Formen kleiner RNAs über lange, nicht codierende RNAs bis zu den gespleißten RNA Varianten ist eine unabdingbare Voraussetzung für eine umfassende biologische Bewertung epigenetischer Veränderungen. Alle modernen epigenomischen Projekte nutzen hierzu NGS-basierte RNA-Seq-Technologien. Der Trend geht hier zunehmend in Richtung Einzellsequenzierung, um unter anderem die Heterogenität von Zellen und in Geweben zu bestimmen. Welche zusätzlichen Informationen bieten epigenomische Daten, um die Expression von Genen und Genomen besser zu verstehen?

- ▶ Epigenetische Daten tragen dazu bei, RNA-Transkriptionseinheiten im Genom präziser zu annotieren.
- ▶ Sie geben Hinweise für die Entstehung und Regulation von RNA-Transkriptvarianten.
- ▶ Sie helfen, zellspezifische Regulationsebenen und Regulationsmechanismen der zellspezifischen Steuerung von Genen zu identifizieren.
- ▶ Sie ermöglichen es, genomische Ursachen von Expressionsvariation und Fehlregulation zu verorten.

3.5.6 Epigenomik und Bioinformatik (Computational Epigenomics)

Der Auswertung der großen NGS-Datenmengen, die durch Epigenomanalysen entstehen, kommt eine zentrale Bedeutung zu. Für die Auswertung dieser komplexen Daten hat sich ein eigener bioinformatischer Bereich der Computational Epigenomics etabliert. Epigenomdaten sind eine extrem reiche Quelle für viele weiterführende vergleichende und systembiologische Analysen (Robinson, M.D/Pellizola, M., 2015).

Für die Auswertung epigenomischer Daten nutzt man eine Reihe modellbildender und statistischer Verfahren. Dies birgt die Gefahr von Datenverzerrungen, die zu fehlerhaften Interpretationen führen können. Eine transparente Darstellung der Rohdaten und der genutzten Auswerteverfahren ist daher von zentraler Bedeutung für die Bewertung epigenomischer Daten. Zu beachten ist dabei, dass die Nutzung epigenomischer Daten bereits auf einer höheren Analyseebene ansetzt und hier Datenverzerrungen schwerwiegende Konsequenzen haben können. Die Abfolge epigenomischer Datenauswertung beinhaltet folgende generelle Schritte:

Nach einer qualitativen Bewertung epigenomischer NGS-Rohdaten werden diese entlang eines Referenz-Genoms verortet „primär kartiert". Im nächsten Schritt werden die kartierten Sequenzdaten sekundär epigenetisch „klassifiziert", das heißt, die in den Primärsequenzen enthaltenen epigenetischen Modifikationsinformationen werden extrahiert und genauen Basen (DNA-Methylierung) oder Genomabschnitten (ChIP-Seq, RNA-Seq, HiSeq, ATAC-Seq) zugeordnet. Die epigenomischen Primär- und Sekundär-Daten werden in öffentlichen Datenbanken wie dem European Genome Archive (EGA) oder dem European Nucleotide Archive (ENA) gespeichert. Sie sind dort direkt abrufbar, aber können auch in Form von annotierten Genom-Listen abgerufen und für weitere „integrierte, funktionelle" Analysen genutzt werden. Darüber hinaus werden sie zu Genom-Browsern „verlinked" und sind visuell inspizierbar. Auf der nächsten Ebene werden durch vergleichende Analysen prozessierte Epigenomdaten zusammengeführt, um Unterschiede zwischen Zelltypen, Zellstadien, kranken und gesunden sowie jungen und alten Zellen/Geweben bestimmen zu können. Die Datensätze für solche Vergleiche werden in naher Zukunft in Epigenom-Daten-Servern wie zum Beispiel DEEP-BLUE nutzergerecht abrufbar sein.

3.5.7 Epigenomik: Von den Anfängen bis zur Anwendung

Die Ergebnisse der ersten Epigenomik-Projekte der EU (Programm HEROIC) und des National Institutes of Health (NIH) in den USA (Programm ENCODE) verdeutlichten das große Potenzial dieses neuen Forschungsfeldes für die funktionelle Genomforschung. Im Jahr 2009 wurde daraufhin das Internationale Humane Epigenomkonsortium IHEC gegründet mit dem Ziel, genomweite Kartierungen durch NGS (Next Generation Sequencing) als Standard zu etablieren. Neben zwei großen US-amerikanischen Programmen (ENCODE 2, EPIGENOME ROADMAP) wurden große Programme in Europa, Deutschland, Kanada, Japan und Korea, Hongkong und Singapur gestartet.

Analysen der ersten 111 Epigenome und 2.800 Datensätze verdeutlichen eine Reihe neuer Erkenntnisse im Bereich der Krankheitsforschung (Roadmap Epigenomics consortium et al., 2015). Mittlerweile sind im IHEC-Portal (http://epigenomesportal.ca/ihec/) über 7.200 einzelne Datensätze und 300 volle Epigenome frei für die Forschung zugänglich. Dieses bislang umfangreichste Kompendium epigenetischer Daten in menschlichen Zellen kann nun für neue systematische Analysen in der biomedizinischen Forschung genutzt werden. IHEC hat bereits erste bioinformatische Werkzeuge für solche übergreifenden integrativen Analysen erarbeitet. Nationale Initiativen, wie das deutsche Bioinformatik Netzwerk de.NBI (www.denbi.de), werden als Multiplikatoren für solche Analysen in der Biomedizin wirken. Viele Arbeitsgruppen im IHEC-Netzwerk arbeiten intensiv an der Entwicklung immer besserer Technologien für epigenomische Analysen. Im Vordergrund stehen hier Ansätze, Epigenome von wenigen oder gar einzelnen Zellen erstellen zu können, neue bislang unerreichte Modifikationen erfassen zu können und die Nutzung epigenetischer Information in der Raum-Struktur des Zellkerns (3D-Epigenomik) besser zu erfassen. Neben diesen grundlegenden methodischen Entwicklungen werden in Zukunft krankheitsrelevante Epigenomdaten und Aspekte umweltbedingter Erkrankungen in den Fokus von IHEC-Initiativen rücken.

Die Mehrzahl epigenetischer Studien wird in naher Zukunft – trotz der rasanten experimentellen Fortschritte in der Einzelzell-Epigenomik – auf komplexe Gemische von Blutzellen als Ausgangsmaterial für epigenetische Reihen-Untersuchungen zurückgreifen müssen. Epigenom-Daten, wie sie beispielsweise die IHEC-Initiative zur Verfügung stellt, bieten hierzu nützliche Referenzdaten. Anhand der epigenetischen Eigenmuster der wichtigsten Blutzellen können die komplexen epigenetischen Muster der Blutzellgemische besser unterschieden und die variable Zusammensetzung der Zelltypen in individuellen Blutproben epigenetisch bestimmt werden. Dies erlaubt es, die biologisch wichtigen, individuellen und umweltbedingten epigenetischen Unterschiede zu ermitteln und zu bewerten. In jüngster Zeit wurde eine Reihe solcher neuen bioinformatischen Dekompositions- bzw. Dekonvolutions-Methoden entwickelt. Es zeigt sich, dass ihre Anwendung eine viel präzisere Interpretation epigenetischer Unterschiede ermöglicht (Kim et al., 2016). Dies wird erheblich zu Verbesserung der Bewertung epigenetischer Phänomene beitragen (siehe Abschnitt 3.7).

Vergleiche von Epigenom-Daten bieten exzellente Informationen über die Entstehung und Entwicklung von Zellen, Geweben und Organen. Viele Befunde deuten an, dass sich langfristige entwicklungsbiologische Veränderungen tief in epigenomischen Eigenmustern manifestieren und sich Zwischen- und Endzustände entwicklungsdynamischer Prozesse ableiten lassen. Dies gilt sowohl für die Entwicklung von Organismen als auch für die Ausbildung spezialisierter Zellen im Verlauf des Lebens, zum Beispiel die Bildung von Blut- und Immunzellen oder die Regeneration von Leber- und Hautzellen, um nur einige Beispiele zu nennen.

Von besonderer Bedeutung sind vergleichende epigenomische Analysen in der Ursachenforschung von komplexen, multikausalen Erkrankungen. Das prominenteste Beispiel ist die Krebsforschung. Hier ist seit längerem bekannt, dass die Transformation von Krebszellen mit epigenetischen Veränderungen einhergeht. Unterschiedliche Krebstypen weisen krebsspezifische epigenomische Veränderungen auf (Weisenberger, 2014; Hovestadt et al., 2014). Auch wenn die Ursachen und die Reihenfolge epigenetischer Veränderungen in Krebszellen noch nicht abschließend verstanden sind, liefern epigenetische Daten bereits heute einen wichtigen Beitrag für die differenzielle Diagnostik und Behandlung von Krebserkrankungen. In einigen Krebsarten scheinen epigenetische Umbauvorgänge die treibende Kraft in der malignen Transformation zu sein, während in anderen Krebsarten die epigenetischen Veränderungen als Folge genetischer Veränderungen erfolgt. Die Genom-Sequenzierung vieler Krebsarten im Rahmen von TCGA und ICGC zeigt, dass viele Krebsarten gehäuft Mutationen in Enzymen aufweisen, die epigenetische Prozesse in der Zelle kontrollieren. Die gemeinsame Betrachtung von genetischen und epigenetischen Veränderungen ist zu einem festen Bestandteil der Krebsforschung geworden. Erste epigenomische Diagnostik- und Therapieansätze haben den Sprung in die Anwendung bereits geschafft, andere stehen vor der klinischen Zulassung.

Ein weiterer Kernbereich der krankheitsorientierten Epigenomforschung sind chronische Erkrankungen. Man geht davon aus, dass in komplexen chronischen Erkrankungen wie Rheuma, Diabetes, Herzinsuffizienz und Adipositas epigenetische Regulationsprogramme in vielen Zelltypen nachhaltig geändert sind. Einige dieser Fragen werden im deutschen Epigenom-Netzwerk DEEP an menschlichen Leber-, Fett- und Immun-Zellen zurzeit untersucht.

Epigenomische Daten werden aber auch zunehmend für das Monitoring von biotechnologischen Prozessen an Zellen genutzt. Im Vordergrund stehen hier die Qualitätskontrolle sowie die verbesserte Gewinnung und Nutzung von Zellen, vornehmlich Stammzellen. Epigenetische Prozesse spielen bei der Reprogrammierung von Stammzellen eine zentrale Rolle und geben Auskunft über die Qualität der durchgeführten Prozesse.

3.5.8 Datenschutz in der Epigenomik

Aufgrund des tiefgehenden genetischen und epigenetischen Informationsgehaltes epigenomischer Daten muss sehr sensibel mit diesen Daten umgegangen werden: Fragen nach den ethischen und rechtlichen Aspekten zur Privatheit im Verhältnis zur Nutzung dieser epigenetischen Information müssen diskutiert werden (Dyke et al., 2015). Wir können heute noch nicht abschätzen (aufgrund fehlender Fallzahlen und Vergleichsgrößen), ob epigenomische Daten nachhaltige Spuren einer persönlichen epigenetischen Anpassung an Lebensumstände und damit auch Lebensstil enthalten. Man beobachtet aber, dass, wie oben bereits diskutiert, das Lebens- und das Zell-Alter eine direkte Auswirkung auf epigenetische Muster hat. Die Epigenomkartierung wird hier noch eine Reihe neuer Erkenntnisse für die sehr intensiv diskutierte Frage bieten, inwieweit die Umwelt unsere Genfunktion nachhaltig prägt und beeinflusst. Die technischen Möglichkeiten für eine solche umweltbezogene epigenetische Diagnostik von persönlichen Merkmalen sind bereits vorhanden. Die Interpretation der Datenfülle setzt hier allerdings noch enge Grenzen. Die Komplexität der Daten schafft eine Fülle von oft widersprüchlichen Interpretationen, die nur mithilfe komplexer informatischer Bearbeitung in medizinisch relevante Aussagen transformiert werden kann. Es ist aber heute bereits klar, dass die personenbezogene genetische Diagnostik der Zukunft nicht ohne Epigenetik auskommen wird. DNA-Methylierung ist eine zentrale Ebene der Analyse, da sie am einfachsten zu detektieren und quantitativ zu bewerten ist.

3.5.9 Perspektiven der Epigenomforschung

Die Epigenomik ist eine Kerndisziplin für die funktionelle Genomforschung und wird wie oben angeführt in vielen Bereichen der modernen Biomedizin und Biotechnologie genutzt, um neue Hypothesen, Methoden und Verfahren zu entwickeln. Die Epigenomik verfolgt zunehmend einen integrierten, systembiologischen Ansatz und erweitert unser Verständnis der Genomnutzung im Organismus um ein Vielfaches. Mit dem weltweiten Programm IHEC und der deutschen Beteiligung DEEP wurde ein exzellenter Anfang gemacht, diese sehr innovative Forschung sehr schnell zu etablieren. Um mit den schnellen experimentellen und bioinformatischen Entwicklungen auf diesem Forschungsfeld international Schritt halten zu können, muss die Epigenomforschung nachhaltig in der Biomedizin und der Biotechnologie verankert werden.

3.6 Epigenetik und Anpassung

Die Tatsache, dass die Gene eines Individuums auf Umweltreize und Lebensführung reagieren, wird seit langem beobachtet. Die unterschiedliche genetische Grundausstattung jedes Organismus bietet zudem einen individuellen Antwortrahmen auf Umweltreize. Man spricht mittlerweile häufig von einer epigenetischen Anpassung. Dieser Begriff wird zudem oft in einen Zusammenhang mit Neo-Lamarckismus gestellt und suggeriert eine Art individuell ausgerichtete, programmierte Anpassung des Organismus an veränderte Lebensbedingungen. Zwei Aspekte werden hier häufig außer Acht gelassen. Erstens, epigenetische Prozesse dienen primär der Steuerung von Entwicklung und der Aufrechterhaltung von Lebensfunktionen (Gesundheit und Altern), das heißt, epigenetisch gesteuerte Entwicklungsprozesse sind ursächlich genetisch determiniert und nur begrenzt variabel. Und zweitens, es gibt nur wenig Hinweise, dass Umwelteinflüsse gezielt und direkt eine epigenetische Variation individueller Zellprogramme erzeugen und nicht die umweltbedingte Reaktion eine sekundäre epigenetische Reaktion auslöst.

Unbenommen der Frage einer Ursächlichkeit wird das Ausmaß epigenetischer Anpassungsfähigkeit primär von der individuellen genetischen Ausstattung und Variation abhängen. Unser gegenwärtiger Kenntnisstand zeigt, dass epigenetische Prozesse genetische Spielräume modulieren – es entstehen aber keine neuen Ebenen der Regulation. Es ist daher immer zunächst zu hinterfragen, ob die beobachtete epigenetische Veränderung ihre Ursache oberhalb der Gensequenz hat oder doch gekoppelt an Genvarianten erfolgt.

Epigenetische Steuerung ist dabei nicht nur als ein Aus- oder Anschalten von Genen zu betrachten, sondern für viele Beispiele individueller Variation als ein Prozess der begrenzenden Modulierbarkeit genetischer Information. Epigenetische Modifikationen bestimmen quasi den Nutzungsrahmen der genetischen Information. Als Folge dessen ist es bedeutsam, epigenetische Phänomene aus dem Blickwinkel einer quantitativen Biologie zu betrachten.

Daneben gibt es eine Reihe von genetisch gesteuerten, entwicklungsbiologisch festgelegten epigenetischen Phänomenen, wie die elterliche Prägung von Genen („Genomic Imprinting") oder die Stilllegung eines der beiden X-Chromosomen bei Frauen. Für beide Phänomene gilt, dass die Entwicklung des Organismus zwingend an eine genau geregelte, festgelegte epigenetische Steuerung gekoppelt ist. Die bei Imprinting und X-Inaktivierung auftretenden epigenetischen Störungen führen entsprechend zu starken biologischen Konsequenzen wie syndromale Erkrankungen.

3.7 Konzepte epigenetischer Vererbung im Menschen

Ein Grundcharakteristikum der Epigenetik ist ihre Vererbbarkeit, das heißt eine über Zellteilungen hinweg erfolgende, stabile Weitergabe fester epigenetischer Markierungen. Im Gegensatz zu echten Mutationen sind epigenetische Modifikationen („Epimutationen") jedoch umkehrbar und können (gezielt) wieder gelöscht werden. Die Vererbbarkeit epigenetischer Modifikationen (Histon-Modifikationen und DNA-Methylierung) über Mitosen hinweg ist zweifelsfrei ein Kernmerkmal aller mehrzelligen Organismen. Die Vererbung über die Keimbahn und die haploiden Keimzellen ist dagegen nicht für alle Organismen zweifelsfrei nachgewiesen. Im Menschen gibt es – mit Ausnahme des „Genomic Imprintings" – keine klaren Beweise für regulär vererbte epigenetische Effekte durch die Keimbahn (Heart und Martiensen, 2014). Vieldiskutierte Beobachtungen und Berichte transgenerationaler Effekte beruhen auf Interpretationen weniger empirischer Erhebungen (z. B. Kirchenregister und Krankheitsstatistiken wie im Fall der „Överkalix-Studie"). Das häufig zitierte Beispiel transgenerationaler Vererbung eines epigenetischen Zustandes am „viable yellow"-Gen von Agouti-Mäusen[8] zeigt bei genauer Betrachtung, dass hier epigenetische Programme eng an eine genetische Veränderung und den genetischen Hintergrund der Tiere gekoppelt sind (Whitelaw/Whitelaw, 2006). Trotzdem werden diese Beispiele immer wieder bemüht, neue grundlegende Konzepte der Vererbbarkeit epigenetischer Umweltanpassung im Menschen zu postulieren, im Extremfall sogar über mehrere Generationen hinweg. Bislang haben diese – überdies häufig neo-lamarckistisch interpretierten – Szenarien adaptiver „Epimutationen" bei genauerer Prüfung oft nur eine sehr dünne Datenbasis. Eine sehr bemerkenswerte neue Studie in der Maus (Huypens et al., 2016) bringt hier neue Erkenntnisse. Sie zeigt, dass die Anlage zur Fettleibigkeit und Diabetes über die Keimbahn vererbt werden kann. Auslöser der Anlage ist eine ernährungsbedingte Fettleibigkeit und Insulin-Resistenz der Eltern. Die sehr gut konzipierte Studie legt den Schluss nahe, dass es sich um ein über die Keimbahn vererbtes „epigenetisches" Signal handeln muss, dessen molekulare Grundlage aber noch ungeklärt ist. Es bleibt also festzustellen, dass die Hinweise einer in der Elterngeneration induzierten Vererbbarkeit von epigenetisch gesteuerten Merkmalen noch zu gering sind, um hier zu einem abschließenden Urteil kommen zu können.

---

8 Die Agouti-Mäuse tragen eine spezielle Variante namens *„agouti viable yellow"* (*avy*) eines Fellfarbe bestimmenden Gens. Je stärker dieses Gen methyliert ist, desto dunkler ist die Fellfarbe – und desto gesünder ist die Maus. Eine Supplementierung der Ernährung mit methylierenden Molekülen wie Methionin, Folsäure und Zink der Mütter führt zu stärker methylierten avy-Genen der Nachkommen sogar bis in die Enkelgeneration. Dieses Experiment wird oft als Beispiel für den epigenetisch-vermittelten Einfluss des Lebensstils auf die Gesundheit der nächsten Generation(en) herangezogen.

Gegen eine prinzipielle Vererbung von erworbenen epigenetischen „Eigenschaften" aus der Keimbahn spricht dabei die Tatsache, dass nach der Befruchtung bereits während der ersten Phase der Embryonalentwicklung das epigenetische Programm der Keimzellen komplett umgebaut wird, das heißt, es kommt zu einem weitgehenden Löschen spontan auftretender epigenetischer „Fehler" der Keimzellen. Es gibt Beispiele, die zeigen, dass zum Beispiel ein falsches Setzen oder Löschen von „Genomic Imprints" zu nachhaltigen Erkrankungen führt. Jedoch wirkt sich diese Veränderung nur in der ersten Generation aus. Hinweise für eine tatsächliche epigenetische Vererbung über mehrere Generationen sind bislang wenig überzeugend dokumentiert.

Unbestritten ist die Tatsache, dass die elterlichen Genome durch Faktoren des maternalen Eizytoplasmas eine individuelle epigenetische Ausprägung von Genen erhalten können. Die Wirkung von Mitochondrien, kleiner RNA und bestimmten Modifikationen von Proteinen, die über das Eizellplasma mit den elterlichen Chromosomen in Kontakt oder Wechselwirkung treten, könnte diesen nachhaltigen Einfluss auf die Genregulation ausüben.

Im Gegensatz zum Menschen scheint in Pflanzen eine transgenerationelle epigenetische Vererbung eine größere Bedeutung zu haben. In Pflanzen gilt die Möglichkeit der Vererbung erworbener epigenetischer Veränderungen über Generationen hinweg als gesichert. Einige dieser Phänomene sind zudem molekular nachgewiesen (Henderson/Jacobsen, 2007). In Pflanzen kommt es im Gegensatz zu Tieren zu keiner kompletten Löschung epigenetischer Modifikationen in den Keimzellen. Einige der erworbenen epigenetischen Veränderungen können über Generationen hinweg erhalten bleiben. Carl von Linné und Goethe beschrieben bereits vor über 250 Jahren eine Mutante des Löwenmäulchens (veränderte Blütenform), die sich letztendlich nur durch eine Epimutation vom nächstverwandten Löwenmäulchen unterscheidet (Cubas et al., 1999).

3.8 Perspektiven epigenetischer Forschung

Die Epigenetik hat in vielen Bereichen Einzug in die Biomedizin und in die rote und grüne Biotechnologie gehalten. Epigenetische Mechanismen und epigenetische Daten spielen eine zunehmende Bedeutung in der Grundlagenforschung. Epigenetische Prozesse eröffnen neue Möglichkeiten der direkten Anwendungen vor allem im Bereich des molekularen Monitoring (Diagnose, Qualitätskontrolle, Züchtung) und der Prozessbeeinflussung (Wirkstoffe, neue Therapieformen). Epigenomische Daten erschließen verschiedene Ebenen der zellspezifischen Regulation und damit eine ziel- (zell-) und personenbezogene Diagnostik komplexer Erkrankungen. Die Epigenetik ist eine Kerndisziplin der Systembiologie und der System-Medizin. Integrierte epigenetische

Analysen ermöglichen eine systemische Betrachtung und ein neues Verständnis von komplexen Prozesssteuerungen im Verlauf von Vererbung, Entwicklung, Alterung, organischer Veränderungen und Erkrankungen.

In der Gesundheitsprävention, der Psychologie und den Sozialwissenschaften werden epigenetische Mechanismen bereits heute als persönlichkeitsbeeinflussende Faktoren diskutiert. Der Diskurs beruht allerdings auf sehr wenigen konkreten Daten. So werden wenige Beispiele, meist von Modellorganismen, herangezogen, um Argumentationsketten aufzubauen, die sich dann auf Daten der empirischen Biologie wie die „Dutch Hunger"-Winter-Studie oder die „Överkalix-Studie" beziehen. Die molekularen Daten zu diesen Studien sind allerdings entweder nicht vorhanden oder nur sehr eingeschränkt bewertbar. Dies gilt für eine Reihe empirischer Studien, in denen die angewandten epigenetischen Methoden oft nicht den gegenwärtigen Standards entsprechen beziehungsweise die Daten sehr gewagt interpretiert werden. Die beobachteten molekularen Veränderungen sind häufig sehr klein und zudem meist statistisch überbewertet. Vergleichende Untersuchungen sollten in Zukunft auf eine breite und solidere experimentelle und informatische Basis gestellt werden.

Generell ist im Umgang mit epigenetischen Daten und ihrer Interpretation sehr umsichtig vorzugehen. Es besteht durchaus die Möglichkeit, dass epigenetische Daten Informationen zum Lebensstil des Menschen widerspiegeln. Epigenomische Daten sollten daher mit Sorgfalt interpretiert und bewertet werden, um Stigmatisierungen zu vermeiden.

In Zukunft sollte der Epigenetik und epigenetischen Konzepten ein größerer Stellenwert in aktuellen (natur-)philosophischen und gesellschaftswissenschaftlichen Diskursen zu humanbiologischen Fragen eingeräumt werden. Es ist dabei wichtig, ein starkes Augenmerk auf die Grundlagen epigenetischer Daten und die aus ihnen abgeleiteten Theorien zu legen.

3.9 Literatur

Arand, J. et al. (2015): Selective impairment of methylation maintenance is the major cause of DNA methylation reprogramming in the early embryo. In: Epigenetics Chromatin 8(1):1.

Azad, N. et al. (2013): The future of epigenetic therapy in solid tumours – lessons from the past. In: Nat Rev ClinOncol 10(5):256–266.

Baulcombe, D. (2004): RNA silencing in plants. In: Nature 431(7006):356–363.

Bernstein, B. E. et al. (2006): A bivalent chromatin structure marks key developmental genes in embryonic stem cells. In: Cell 125(2):315–326.

Bernstein, B. E. et al. (2010): The NIH roadmap epigenomics mapping consortium. In: Nature Biotechnology 28:1045–1048.

Chi, A. S./Bernstein, B. E. (2009): Developmental biology. Pluripotent chromatin state. In: Science 323(5911):220–221.
Clerc, P./Avner, P. (2006): Random X-chromosome inactivation. Skewing lessons for mice and men. In: CurrOpin Genet Dev 16(3):246–253.
Corpet, A./Almouzni, G. (2009): Making copies of chromatin. The challenge of nucleosomal organization and epigenetic information. In: Trends Cell Biol 19(1):29–34.
Cubas, P. et al. (1999): An epigenetic mutation responsible for natural variation in floral symmetry. In: Nature 401(6749):157–161.

Dyke, S. O. et al. (2015): Epigenome data release: a participant-centered approach to privacy protection. In: Genome Biology 16:142.

ENCODE Project Consortium et al. (2012): An integrated encyclopedia of DNA elements in the human genome. In: Nature 489(7414):57–74.

Ficz, G. et al. (2013): FGF signaling inhibition in ESCs drives rapid genome-wide demethylation to the epigenetic ground state of pluripotency. In: Cell Stemm Cell 13(3):351–359.

Gehring, M. et al. (2009): DNA demethylation by DNA repair. In: Trends Genet 25(2):82–90.

Habibi, E. et al. (2013): Whole-genome bisulfite sequencing of two distinct interconvertible DNA methylomes of mouse embryonic stem cells. In: Cell Stem Cell 13(3):360–369.
Heard, E./Martiensen, R. A. (2014): Transgenerational epigeneticinheritance: myths and mechanisms. In: Cell 157(1):95–109.
Henderson, I. R./Jacobsen, S. E. (2007): Epigenetic inheritance in plants. In: Nature 447(7143):418–424.
Henikoff, S./Greally, J. (2016): Epigenetics, cellular memory and gene regulation. In: Current Biology 25;26(14):R644–8.
Hirsch, S. et al. (2012): Epigenetic Variation, Inheritance, and Selection in Plant Populations. In: Cold Spring Harb Symp Quant Biol 77:904.
Hovestadt, V. et al. (2014): Decoding the regulatory landscape of medulloblastoma using DNA methylation sequencing. In: Nature 510(7506):537–41.
Huypens, P. et al. (2016): Epigenetic germline inheritance of diet-induced obesity and insulin resistance. In: Nat Genetics 48:497–499.

Karnik, R./Meissner, A. (2013): Browsing (Epi)genomes: a guide to data resources and epigenome browsers for stem cell researchers. In: CellStemCell 13(1):14–21.
Kim, S. et al. (2016): Enlarged leucocyte referent libraries can explain additional variance in blood-based epignome-wide association studies. In: Epigenomics 8(9):1185–92.
Knippers, R./Nordheim A. (2015): Molekulare Genetik. 10 Aufl., ThiemeVerlag, Stuttgart.
Kouzarides, T. (2007): Chromatin modifications and their function. In: Cell 128(4):693–705.

Kubicek, S. et al. (2006): The role of histone modifications in epigenetic transitions during normal and perturbed development. In: Ernst Schering Res Found Workshop (57):1–27.

Lewin, B. (1998): The mystique of epigenetics. In: Cell 93(3):301–303.
Luo, G.-Z. et al. (2015): DNA N(6)-methyladenine: a new epigenetic mark in eukaryotes? In: Nat Rev Mol Cell Biol. 2015 Dec;16(12):705-10.

Maleszka, R. (2008): Epigenetic integration of environmental and genomic signals in honey bees. The critical interplay of nutritional, brain and reproductive networks. In: Epigenetics 3(4):188–192.
Mikkelsen, T. S. et al. (2007): Genome-wide maps of chromatin state in pluripotent and lineage-committed cells. In: Nature 448(7153):553–560.

Roadmap epigenetics consortium et al. (2015): In: Nature 518(7539):317–330.
Robinson, M. D./Pelizzola, M. (2015): Computational epigenomics: challenges and opportunities. In: Front Genet 6:88.

Seisenberger, S. et al. (2013): Conceptual links between DNA methylation reprogramming in the early embryo and primordial germ cells. In: CurrOpin Cell Biol 25(3):281–288.
Stunnenberg, H. et al. (2015): Developmental biology: A Me6Age for pluripotency. In: Science 6;347(6222):614–5.

Varga-Weisz, P. D./Becker, P. B. (2006): Regulation of higher-order chromatin structures by nucleosome-remodelling factors. In: CurrOpin Genet Dev 16(2):151–156.

Wang, Y. et al. (2006): Functional CpG methylation system in a social insect. In: Science 314(5799):645–647.
Weisenberger, D. J. (2014): Characterizing DNA methylation alterations from The Cancer Genome Atlas. In: J Clin Invest 124(1):17–23.
Whitcomb, S. J. et al. (2007): Polycomb Group proteins. An evolutionary perspective. In: Trends Genet 23(10):494–502.
Whitelaw, N. C./Whitelaw, E. (2006): How lifetimes shape epigenotype within and across generations. In: Hum Mol Genet 15(2):R131–137.
Wossidlo, M. et al. (2011): 5-Hydroxymethylcytosine in the mammalian zygote is linked with epigenetic reprogramming. In: Nat Commun 2:241.

Youngson, N. A./Whitelaw, E. (2008): Transgenerational epigenetic effects. In: Annu Rev Genomics Hum Genet 9:233–257.

Zheng, X. et al. (2008): ROS3 is an RNA-binding protein required for DNA demethylation in Arabidopsis. In: Nature 455(7217):1259–1262.

Michael Wassenegger
4. Epigenetik in der Pflanzenzüchtung

4.1 Einleitung

Die Epigenetik beschreibt Änderungen der Genregulation bei Eukaryonten, die nicht auf genetische Mutationen zurückzuführen sind. Sie kann zu vererbbaren phänotypischen Veränderungen (Epi-Mutanten) führen, die anders als genetische Veränderungen reversibel sind und mit DNA- sowie Chromatin-Modifikationen einhergehen. Damit bildet die Epigenetik eine Regulationsebene, die über (griechisch: epí) der durch die DNA-Basenabfolge bestimmten Genetik eines Organismus liegt.

In Pflanzen spielt die DNA-Methylierung bei der Initiation epigenetischer Mechanismen eine bedeutendere Rolle, als sie dies bei allen anderen Eukaryonten tut. Bei einigen Eukaryonten wie *Caenorhabditis elegans*[1] hat man die meisten bekannten Chromatin-Modifikationen, wie Histon-Methylierung, -Acetylierung und -Phosphorylierung, gefunden, konnte aber erst kürzlich DNA-Methylierung nachweisen, bei der es sich allerdings nicht um die Methylierung des Cytosins (C, C-Methylierung), sondern um die des Adenins (A, A-Methylierung) handelt. Darüber hinaus gibt es derzeit nur für Pflanzen eindeutige Hinweise dafür, dass Demethylierung oder De-novo-Methylierung Chromatin-Veränderungen einleitet. Obwohl auch in Pflanzen Chromatin-Strukturen die Etablierung von bestimmten Methylierungsmustern begünstigen, nimmt man beispielsweise für Säugetiere an, dass Chromatin-Modifikationen einer De-novo-DNA-Methylierung üblicherweise vorausgehen müssen. Generell gilt für Pflanzen, dass durch Veränderungen des Methylierungsmusters strukturelle Veränderungen des Chromatins bewirkt werden. Dabei führt die Hypermethylierung zu Chromatin-Kondensationen, woraus wiederum die Etablierung von transkriptionell inaktivem Hetero-

---

1 Der einfach gebaute Fadenwurm *Caenorhabditis elegans* wird seit den 1970ern für die Untersuchung grundlegender genetischer und entwicklungsbiologischer Forschungsfragen herangezogen.

chromatin resultiert. Transkriptionell aktives Euchromatin findet man hingegen in Chromosomenabschnitten, in denen hypomethylierte DNA überwiegt.

Bestimmte Methylierungsmuster können in Pflanzen von Zelle zu Zelle und sogar von Generation zu Generation weitergegeben werden. Allerdings kann auch eine Fülle von Effekten, zu denen Umwelteinflüsse gehören, etablierte Methylierungsmuster stark verändern. Damit wird eine Vorhersage über die Vererbbarkeit epigenetisch bedingter Phänotypen sehr schwer. Heute weiß man, dass epigenetische Genregulationen Schlüsselfunktionen bei biotischen/abiotischen Stressreaktionen, der Vernalisation, der transienten Vererbung zahlreicher Eigenschaften, der Heterosis und bei der Genomstabilität, einschließlich der Suppression von Transposon-Aktivitäten, haben. Darüber hinaus kann heute mit verschiedenen Techniken das Epigenom der Pflanze manipuliert werden, was neue Wege für die Pflanzenzüchtung eröffnet.

Interessanterweise können epigenetische Vorgänge durch RNA-Moleküle gesteuert werden. Die Mechanismen dieser RNA-vermittelten Epigenetik wurden zuerst in der Pflanze entdeckt und dort auch genauer untersucht. Auch wenn viele Prozesse weitgehend aufgeklärt wurden, so bedürfen einige Abläufe noch weiteren umfassenden Analysen, um die komplexen Wechselwirkungen zwischen RNA, DNA, DNA-Methylierung und Chromatin-Modifikationen verstehen zu können. In diesem Übersichtsartikel soll unser derzeitiger Wissensstand über die Epigenetik der Pflanzen zusammengefasst, noch offene Fragen diskutiert, Parallelen und Divergenzen zwischen pflanzlichen und nicht pflanzlichen Organismen aufgezeigt und innovative Ansätze beschrieben werden, die Modifikationen des pflanzlichen Epigenoms als Methode zur Züchtung von Pflanzen beinhalten.

4.2 DNA-Methylierung und Chromatin-Modifikationen

In eukaryontischen Organismen umfasst die DNA-Methylierung nahezu ausschließlich die Modifizierung der Cytosine (C-Methylierung).[2] Bei der C-Methylierung dient den DNA-Methyltransferasen genomische DNA als Substrat. Durch Ankopplung einer Methylgruppe an das fünfte Kohlenstoffatom (C5) des Cytosins entsteht letztendlich 5-Methylcytosin (5mC). Für die Mechanismen der DNA-Methylierung sind – bei vielen

---

2   Allerding wurden kürzlich Arbeiten veröffentlicht, die darauf hinweisen, dass wie in Prokaryonten auch in Eukaryonten N6-Methyladenin (6mA) vorkommt (Greer et al., 2015; Fu et al., 2015; Zhang et al., 2015). Die Methylgruppe wird hier anstatt an die Cytosine an die Adenine der DNA gekoppelt. Auch in der Acker-Schmalwand (*Arabidopsis thaliana*) wurden sehr geringe Mengen 6mA gefunden (Ashapkin et al., 2002). Da aber für Pflanzen keine weiteren Daten vorliegen und die biologische Bedeutung des 6mAs in Pflanzen nicht klar ist, wird hier nur auf die C-Methylierung eingegangen.

grundsätzlichen Gemeinsamkeiten – charakteristische Unterschiede zwischen Pflanzen und Säugetieren hervorzuheben, die im Folgenden vorgestellt werden sollen.

Im Gegensatz zu den Pflanzen kann 5-Methylcytosin in Säugetieren in 5-Hydroxymethylcytosin (5hmC) umgewandelt werden (Erdmann et al., 2014). Diese Umwandlung scheint überwiegend einen Zwischenschritt während der aktiven DNA-Demethylierung bei Säugetieren darzustellen (Xu/Walsh, 2014). Bei Pflanzen erfolgt die aktive DNA-Demethylierung durch einen direkten enzymatischen Stoffwechselweg, der durch die Glykosylasen ROS1 („repressor of silencing 1") und DME („demeter") katalysiert wird (Zhang/Zhu, 2012).

Findet man in fast allen somatischen Säugerzellen das 5-Methylcytosin (5mC) nur in CG-Dinukleotiden,[3] so kann es in Pflanzenzellen in allen Sequenzkontexten nachgewiesen werden. Wegen der Symmetrie von CG-Dinukleotiden innerhalb eines DNA-Doppelstrangs spricht man hier von symmetrischer DNA-Methylierung und setzt diese der asymmetrischen DNA-Methylierung gegenüber, die 5mC-Positionen umfasst, die nicht im CG-Kontext (z. B. CHH; H = Adenin, Cytosin oder Thymin) vorliegen (siehe Abbildung 1). An dieser Stelle sei darauf hingewiesen, dass kürzlich auch in embryonalen Stammzellen, Eizellen und selbst in bestimmten somatischen Zellen von Säugern asymmetrische DNA-Methylierung gefunden wurde (Lister et al., 2009; Shirane et al., 2013; Pinney et al., 2014).

Wurden Methylierungsmuster durch De-novo-DNA-Methylierungsmechanismen einmal etabliert, so bleiben sie im Falle der symmetrischen CG-Methylierung in somatischen Zellen grundsätzlich erhalten. Bei der DNA-Replikation werden Cytosine in neu synthetisierten, nicht methylierten DNA-Strängen an CG-Positionen methyliert, wenn der Matrizenstrang an der entsprechenden Stelle methyliert vorlag. In Pflanzen übernimmt diese Aufgabe die DNA-Methyltransferase MET1, ein Homolog der DNMT1[4] der Säugetiere. Asymmetrische Methylierungsmuster, die durch die DRMs („domains rearranged methyltransferases"), Homologe der DNMT3a der Säugetiere, katalysiert werden, gehen hingegen in der Regel bei der DNA-Replikation verloren (Cao et al., 2003).

Ein Sonderfall für die Erhaltung asymmetrischer Methylierung wird allerdings von den pflanzenspezifischen Chromomethyltransferasen CMT2 und CMT3 katalysiert. Liegen bestimmte Chromatin-Modifikationen, vornehmlich die Di-Methylierung

---

3   Ein CG-Dinukleotid beschreibt die Abfolge von einem Cytosin (C) direkt gefolgt von einem Guanin (G) in der Sequenzabfolge des DNA-Strangs in 5'→3'-Richtung.
4   DNMTs = DNA-Methyltransferasen. Gruppe von Enzymen in Säugetieren. Bei der De-novo-Methylierung fügen DNMT3a und DNMT3b Methylgruppen an unmethylierte DNA an. Bei der DNA-Replikation erkennt die DNM1 hemi-methylierte DNA und ergänzt Methylgruppen am neu synthetisierten Strang.

des Lysins 9 des Histons H3 (H3K9me2),[5] vor, so können von der CMT2 die CHH- und die CHG-Methylierung erhalten werden, während von der CMT3 nur die CHG-Methylierung weitergegeben werden kann (Ebbs/Bender, 2006; Stroud et al., 2014). Eine Voraussetzung für die Erhaltung von asymmetrischer Methylierung ist natürlich, dass die entsprechenden Positionen zuvor durch De-novo-Methylierungsprozesse modifiziert wurden.

Abbildung 1: Cytosin-Methylierung in Pflanzen

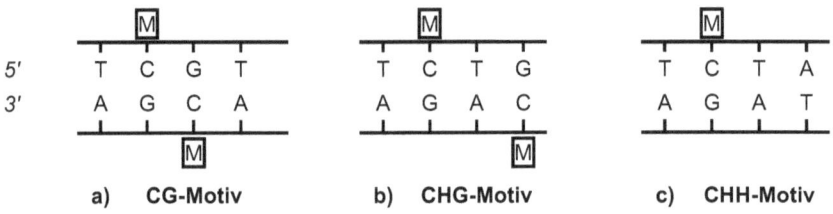

a) symmetrische CG-Methylierung, b) CHG-Methylierung (H = A, T, C), c) asymmetrische CHH-Methylierung (H = A, T, C), M = Methylgruppe.

Die epigenetische Reprogrammierung beim Generationswechsel (siehe Abb. 2) ist weitaus komplizierter als in somatischen Zellen und unterscheidet sich deutlich zwischen Säugetieren und Pflanzen (Kawashima/Berger, 2014). In Säugetieren finden zwei umfassende DNA-Demethylierungs- und DNA-Remethylierungsphasen in den Keimzellen sowie im Embryo während seiner frühen Entwicklung statt. In Pflanzen ist die epigenetische Reprogrammierung überaus komplex und kann deshalb hier nur kurz angerissen werden. Dies mag daran liegen, dass in Pflanzen ein ausgeprägter RNA-dirigierter DNA-Methylierungsmechanismus existiert, der einen Zell-zu-Zell-Transportprozess von RNA-Molekülen einbezieht (siehe Abschnitt 4.3). Darüber hinaus sind in Pflanzen die einzelnen Phasen der DNA-Demethylierung und DNA-Remethylierung während der Entwicklung der Keimzellen noch nicht sehr gut untersucht. So fehlen beispielsweise noch jegliche genomweite DNA-Methylierungsprofile von weiblichen und männlichen Meiozyten, deren Vorläuferzellen sowie von Eizellen. Man weiß jedoch, dass auch in Pflanzen DNA-Demethylierungsprozesse während der Keimzellenentwicklung stattfinden, wie vornehmlich durch Untersuchungen an der Modellpflanze *Arabidopsis thaliana* belegt

---

5   Methylierungen können an Lysin- und auch an Argininresten der unterschiedlichen Histone (H1-H5) des Chromatins stattfinden. Der Effekt auf die Genexpression hängt von der Position der Lysinreste in den Histonen und vom Grad der Methylierung (einfach, zweifach, dreifach methyliert) ab.

wurde. Allerdings behalten viele Transposons sowie einige Strukturgene ihre Methylierung bei.

Abbildung 2: Lebenszyklus der Pflanzen (schematisch)

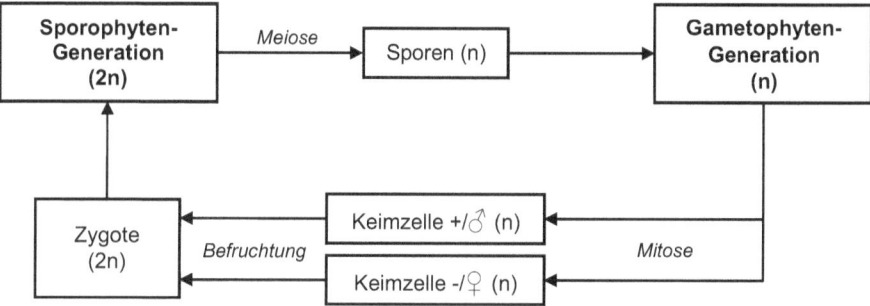

Für Pflanzen ist ein sogenannter Generationswechsel typisch: haploide (n) und diploide (2n) Generationen wechseln einander ab. Zwei haploide Keimzellen verschmelzen bei der Befruchtung zur diploiden Zygote. Aus dieser wächst die Sporophyten-Generation (2n), welche haploide Sporen bildet. Die Reduktion des Chromosomensatzes in den Sporen erfolgt durch die Meiose. Aus den Sporen entwickelt sich die Gametophyten-Generation (n), welche haploide Keimzellen mitotisch bildet.

Ausgewählte Fachbegriffe:

Samenpflanzen (Spermatophyten): beherrschende Gruppe der heutigen Landpflanzen, die zu ihrer Verbreitung Samen ausbilden. Phylogenetisch unterschieden werden die Palmfarne, der Ginkgo, die Nadelhölzer bzw. **Nacktsamer** (Gymnosperme) und – als größte bedeutendste Gruppe – die Blütenpflanzen bzw. **Bedecktsamer** (Angiosperme). Von den Samenpflanzen abzugrenzen sind die einfacher gebauten Moose und Farnpflanzen, die sich vor allem über Sporen verbreiten.

Generationswechsel: Wechsel von haploider Generationsphase **(Gametophyt)**, die Sporen durch Meiose produziert, und diploider Generationsphase **(Sporophyt)**, die Keimzellen durch mitotische Teilungen produziert, im pflanzlichen Lebenszyklus. Beide Generationen können sich morphologisch gleichen (z. B. bei einigen Algen), aber sind typischerweise unterschiedlich. Bei den Moosen ist Gametophyt die dominante Generation und der Sporophyt nur eine sehr kurzlebige Phase. Bei Farnen und den Samenpflanzen ist umgekehrt der Sporophphyt die dominante Generation (also das, was allgemein als „Farn" oder „Pflanze" in der Natur wahrgenommen wird). Bei den Samenpflanzen entwickeln sich die Gametophyten nur noch in stark reduzierter „versteckter" Form in den Blütenorganen der Sporophyten.

> **Keimzellen** (Gameten): haploide Zellen, die für die geschlechtliche Fortpflanzung über einen mehrstufigen Entwicklungsprozess gebildet werden. Weibliche Keimzellen = **Eizellen**, männliche Keimzellen = **Spermatozoide** (beweglich) oder **Spermazellen** (unbeweglich). Verschmelzen zwei Keimzellen des jeweils anderen Geschlechts bei der Befruchtung zur diploiden Zygote, kann sich daraus ein neuer (diploider) Organismus entwickeln.
>
> **Sporen:** haploide Zellen, aus denen sich jeweils ein neuer (haploider) Organismus entwickeln kann. Sporen können gleich gestaltet sein (isospor) oder unterschiedliche Größen haben. Bei den Samenpflanzen und einigen Farnen entwickelt sich aus der kleineren **Mikrospore** der männliche Gametophyt und aus der größeren **Megaspore** der weibliche Gametophyt.
>
> **Samenanlage:** In der Blüte der Samenpflanzen befindet sich die Samenanlage – in dieser entwickelt sich ein stark reduzierter **weiblicher Gametophyt (Embryosack)**, der neben der eigentlichen **Eizelle** weitere, den Befruchtungsvorgang unterstützende Zellen enthält. Bei den Nacktsamern ist die Samenanlage für den Pollen frei zugänglich, bei den Bedecktsamern in spezialisierte Gewebe (Fruchtblattgewebe) eingehüllt („bedeckt").
>
> **Pollen(körner):** Mikrosporen, die in den Blüten der Samenpflanzen gebildet werden. Diese werden zur Bestäubung zur weiblichen Samenanlage getragen (z. B. durch Wind oder Insekten). Die eigentliche Befruchtung beginnt mit der Pollenkeimung, bei der sich im Pollenkorn ein stark reduzierter **männlicher Gametophyt (mehrkerniges Pollenkorn)** bildet. Bei den Bedecktsamern besteht er nur noch aus zwei Zellen: einer **vegetativen Zelle**, die den Pollenschlauch bildet, und einer **generativen Zelle**, aus der sich zwei **Spermazellen** bilden. Zur Befruchtung wächst der Pollenschlauch aus dem Pollenkorn aus durch die weiblichen Blütenorgane hindurch, um die beiden Spermazellen(kerne) in die weibliche Samenanlage zu leiten.
>
> **Doppelte Befruchtung bei Bedecktsamern:** Typischerweise verschmilzt bei den Angiospermen eine der beiden Spermazellen, die aus dem Pollenkorn in den weiblichen Embryosack entlassen werden, mit der Eizelle zur **Zygote**. Aus der befruchteten Eizelle entwickelt sich der pflanzliche **Embryo**. Die zweite Spermazelle dringt in die große **zentrale Zelle des Embryosacks** ein und verschmilzt mit deren Zellkern (dem sog. sekundären Embryosackkern): Aus dieser zweiten („doppelten") Befruchtung geht das **Endosperm** als Nährgewebe für den Embryo hervor. Die umhüllende Samenanlage entwickelt sich weiter zum **Samen**, welcher der Verbreitung und der späteren Weiterentwicklung des im Samen ruhenden Embryos (junger Sporophyt) dient.

Bei der Bildung der männlichen Keimzellen (Spermatogenese) bleibt im Vergleich zu den Mikrosporen (bei Samenpflanzen: Sporen) die symmetrische CG-Methylierung in den Spermazellen nahezu konstant. Die asymmetrische CHH-Methylierung nimmt hingegen ab. Demgegenüber verringert sich die CG-Methylierung in den vegetativen Zellen des Pollens, während die CHH-Methylierung zunimmt.

In Ermangelung an DNA-Methylierungsprofilen gibt es für die epigenetische Reprogrammierung der weiblichen Keimzellen, der Eizellen, nur indirekte Hinweise für DNA-Demethylierungsprozesse, die auf Expressionsstudien von Transposons und DNA-Methyltransferasen beruhen. In der Eizelle werden Methyltransferasen MET1, CMT2 und CMT3, die die CG- und CHG-Methylierung erhalten, kaum exprimiert, sodass man eigentlich einen deutlichen Rückgang der DNA-Methylierung erwarten könnte. Ein solcher Verlust von Methylierung (Hypomethylierung) wird tatsächlich aber nicht gefunden. Diese Beobachtung mag daraus resultieren, dass die Glykosylase DME – die DNA-Methylierungen aktiv entfernt – nicht exprimiert wird, dafür aber die beiden Methyltransferasen DRM1 und DRM2. Die Expression der DRM-Gene weist darauf hin, dass in der Eizelle De-novo-Methylierung durch die RNA-dirigierte DNA-Methylierung (RdDM, siehe Abschnitt 4.3) vermittelt wird. Das heißt, die indirekten Hinweise für DNA-Demethylierungsprozesse in der Eizelle sind irreführend.

Wie in männlichen Meiozyten werden auch in den weiblichen Meiozyten Transposons exprimiert, die in somatischen Zellen inaktiv sind. In der zentralen Zelle des weiblichen Gametophyten gehen sowohl die symmetrische als auch die asymmetrische Methylierung zurück, was wohl daran liegt, dass in der zentralen Zelle die Expression der MET1 reprimiert und die der DME-Gene hochreguliert wird. Letztendlich scheinen in der zentralen Zelle alle Gene transkriptionell aktiv zu werden, die unter der Kontrolle methylierter Promotoren stehen. Diese Aktivierung betrifft nicht nur Transposons, sondern auch sogenannte regulatorische *cis*-Elemente[6], die die Expression genomisch geprägter Gene („imprinted genes") kontrollieren. Das Imprinting beschreibt einen Mechanismus der Genregulation, bei dem selektiv entweder nur die mütterliche oder die väterliche Genkopie im Genom exprimiert wird. Eine große Anzahl der „imprinted genes" wird im Endosperm exprimiert. Den Archetyp eines genomisch geprägten Gens stellt das *FWA*-Gen[7] in *A. thaliana* dar, das aufgrund der CG-Methylierung seines Genpromotors in somatischen Zellen inaktiv ist. In der zentralen Zelle des weiblichen Gametophyten wird die Promotor-Methylierung jedoch entfernt, wodurch das *FWA*-Gen aktiviert wird. Im Gegensatz dazu bleibt die Methylierung des *FWA*-Genpromotors in der männlichen Keimzelle erhalten. Nach der Befruchtung gibt dann das Endosperm ein inaktiviertes, methyliertes väterliches Allel und ein aktives, nicht methyliertes weibliches Allel weiter. Wie dem auch sei, die biologische Bedeutung der Demethylierung in der zentralen Zelle ist bis heute nicht geklärt.

---

6 *Cis*-Elemente sind charakteristische, kurze DNA-Abschnitte, die die Expression von Genen beeinflussen. Sie befinden sich auf dem gleichen Chromosom wie das Gen, an dessen Regulation sie beteiligt sind.

7 FWA = „flowering wageningen". Das Gen codiert das „homeobox-leucine zipper protein HDG6".

Die epigenetische Reprogrammierung während der frühen Embryonalentwicklung beginnt mit der Befruchtung der Eizelle. Die Expression von Genen, die an symmetrischen und asymmetrischen Methylierungsprozessen beteiligt sind, werden und bleiben bis zur späten Embryogenese hochreguliert. Die Gesamtmethylierung des Genoms nimmt stetig zu, und die endgültigen Methylierungsmuster der somatischen Zellen werden bereits in diesem Zeitrahmen etabliert.

In Anbetracht dessen, dass während der sexuellen Vermehrung von Pflanzen umfassende DNA-Demethylierungs- und Methylierungsprozesse stattfinden, ist es bis heute noch völlig unklar, wie Methylierungsmuster von Generation zu Generation weitergegeben werden können. Es wird angenommen, dass die RNA-dirigierte DNA-Methylierung (siehe Abschnitt 4.3) eine essenzielle Rolle bei der generationenübergreifenden Vererbung von Methylierungsmustern spielt (Teixeira et al., 2009). Für diesen Fall muss man aber annehmen, dass die Moleküle präsent sind, die eine De-novo-Methylierung der DNA auslösen, und dass zudem neben der symmetrischen CG-Methylierung auch asymmetrische DNA-Methylierung innerhalb der entsprechenden DNA-Sequenzen zu finden sein müsste (siehe unten). Demgegenüber konnte aber gezeigt werden, dass CG-Methylierung eines Transgen-Promotors sowie einer codierenden Region eines Transgens auch in Abwesenheit der entsprechenden RdDM-Auslösermoleküle über mehrere Generationen weitergegeben wurde (Jones et al., 2001; Dalakouras et al., 2012). Diese Daten zeigen, dass die Demethylierung während der sexuellen Reproduktion offensichtlich nicht vollständig sein kann, denn ohne RdDM-Auslösermoleküle ist eine De-novo-Methylierung und darüber hinaus eine De-novo-Methylierung von ausschließlich CG-Sequenzen nicht zu erwarten. Welche endogene Sequenzen demethyliert und via RdDM wieder remethyliert werden und welche endogenen Sequenzen auf welche Weise einer Demethylierung entkommen, ist nicht bekannt.

4.3 RNA-dirigierte DNA-Methylierung

Da die RNA-dirigierte DNA-Methylierung (RdDM) bisher nur in Pflanzen eindeutig nachgewiesen wurde, soll dieser Mechanismus der De-novo-DNA-Methylierung hier im Detail beschrieben werden.

Seit der Entdeckung der RNA-Interferenz („RNA interference", RNAi) im Jahre 1998 – die US-amerikanischen Forscher Fire und Mello (Fire et al., 1998) zeigten, dass doppelsträngige RNA-Moleküle (dsRNA) die Expression von Genen im Fadenwurm *Caenorhabditis elegans* unterdrücken können – wurden bedeutsame Fortschritte bei der Aufklärung epigenetischer Phänomene erzielt, die durch nicht codierende RNA („non-coding RNA", ncRNA) vermittelt werden. Zu diesen Phänomenen zählen unter anderem die transkriptionelle Gen-Inaktivierung und die Umgestaltung von Chromatin-Strukturen („chromatin remodelling"). In fast allen eukaryontischen Organismen scheinen ncRNAs zumindest für einige chromosomale Regionen eine große Bedeutung bei der Bildung und dem Erhalt heterochromatischer Strukturen zu besitzen. Für Pflanzen konnte bereits 1994 gezeigt werden, dass De-novo-Methylierung hochspezifisch durch dsRNA zu homologen DNA-Abschnitten dirigiert werden kann (Wassenegger et al., 1994).

Die Herkunft von dsRNA ist sehr vielseitig. Sie kann aus exogenen Quellen stammen (z. B. von Viren und Bakterien), aber auch aus endogenen (z. B. via Transkription sogenannter Haarnadelstrukturen und aberranter RNA-Moleküle).[8] Darüber hinaus wird angenommen, dass dsRNA durch die gemeinsame Aktivität der pflanzenspezifischen DNA-abhängigen RNA-Polymerase IV (Pol IV) und der RNA-dirigierten RNA-Polymerase 2 (RDR2) generiert wird (siehe Abbildung 3; „Pol IV-dependent siRNA biogenesis"). DsRNA, die auf diese Weise hergestellt wird, ist aber eher nicht an einer „echten" De-novo-DNA-Methylierung beteiligt, da die Pol IV über eine Interaktion mit dem Protein „Sawadee Homeodomain Homologue 1" (SHH1) zu ihrem Transkriptionsort geführt wird. SHH1 selbst bindet an das Lysin 9-dimethylierte Histon 3 (H3K9me2), dessen Methylierung methylierte DNA voraussetzt. Das heißt, es muss bereits DNA-Methylierung vorliegen, bevor Pol IV zusammen mit RDR2 dsRNA generieren kann. Es ist wahrscheinlich, dass die über die Pol IV und RDR2 vermittelte Biosynthese dsRNA einer Verstärkung und/oder Beschleunigung der RNA-dirigierten DNA-Methylierung dient.

Ob dsRNA die De-novo-Methylierungsmaschinerie direkt an homologe DNA-Sequenzen führen kann oder ob sie zunächst prozessiert werden muss, wird derzeit kontrovers diskutiert (Dalakouras/Wassenegger, 2013). Gemäß den bisher veröffentlichten RdDM-Modellen wird die dsRNA von der „DICER-Like 3"-Nuklease (DCL3) in kleine Fragmente zerschnitten: Es entstehen kurze (24 Nukleotide) dsRNAs, die sogenannten „small interfering RNAs" (24-nt siRNAs) (siehe Abb. 3; „Pol V-mediated de novo methylation"). Anschließend werden die siRNAs vornehmlich auf das Argonaut-4-Protein (AGO4) geladen und aufgespalten: Nach Abspaltung des sogenannten „passenger strands" verbleibt der „guide strand" an AGO4 und kann an komplementäre RNA-Moleküle binden.

Nach den derzeit wissenschaftlich anerkannten RdDM-Modellen wird die komplementäre RNA von der DNA-abhängigen RNA-Polymerase V (Pol V) generiert. Es sei hier aber darauf hingewiesen, dass die Pol V präferenziell methylierte DNA transkribiert, was im Widerspruch zu ihrer Funktion als Hauptakteur bei der De-novo-DNA-Methy-

---

[8] Aberrante RNA-Moleküle sind vermutlich mRNA-Moleküle, die keine CAP und/oder keinen Poly-(A)-Schwanz besitzen. Akkumulieren diese RNAs über einen Schwellenwert hinaus, so werden sie von der RNA-dirigierten RNA Polymerase 6 (RDR6) transkribiert, und es entsteht eine dsRNAs.

lierung steht. Es ist nicht plausibel, dass ein Enzym an der De-novo-DNA-Methylierung beteiligt ist, dessen Aktivität von methylierter DNA abhängig ist. Wie dem auch sei, sobald der 24-nt siRNA/AGO4-Komplex an die komplementäre Ziel-RNA gebunden hat, entsteht über das Brückenprotein, „KOW domain-containing Transcription Factor 1" (KTF1), eine Komplexbildung mit der Pol V. Dieser Komplex soll dann letztendlich mithilfe des „RNA-directed DNA methylation 1"-Proteins (RDM1) die Rekrutierung der Methyltransferase DRM2 zu dem DNA-Abschnitt initiieren, von dem das Pol V-Transkript abgeschrieben wurde.

Neben den oben genannten wurden noch weitere Enzyme gefunden, deren Aktivität für die RNA-dirigierte DNA-Methylierung essenziell ist. Durch die Charakterisierung von *A.- thaliana*-Mutanten konnten Proteine wie das „Defective in RNA-directed DNA methylation 1" (DRD1), das eine Aktivität zum Entwinden von dsDNA besitzt, identifiziert werden. Das Protein RDM1, das Einzelstrang-DNA bindet, und die vermeintliche „cohesin-like"-Funktion des „Defective in Meristem Silencing 3"-Proteins (DMS3) tragen vermutlich dazu bei, in Zusammenwirkung mit dem Microrchidia 6-Protein (MORC6), die entwundene DNA zu stabilisieren. Chromatin-Modifikationen, die nicht zwingend die Folge einer De-novo-DNA-Methylierung sein müssen (Dalakouras et al., 2012), werden dann letztendlich durch Nukleosom-Verschiebungen eingeleitet, die vom SWI/SNF-Komplex[9] der mit dem „Involved in De Novo 2" (IDN2)-IDP-Komplex (einem IDM2 Paralog) interagiert, initiiert werden. Nach der Methylierung des H3K9 durch die Histon-Methylasen „Suppressor of Variegation 4" (SUVH4), SUVH5 und SUVH6 werden die typischen Marker für aktives Chromatin durch die Histon-Deacetylase 6 (HDA6), das Jumonji 14-Protein (JMJ14) und die Ubiquitin-spezifische Protease 26 (UBP26) entfernt.

---

9   SWI/SNF-Komplexe (auch SWI/SNF-ATPasen) sind Multiprotein-Komplexe, die enzymatisch die Anordnung der Nukleosomen im Chromatin verändern („remodellieren").

Abbildung 3: Schematische Darstellung des derzeit anerkannten Modells der RNA-dirigierten DNA-Methylierung

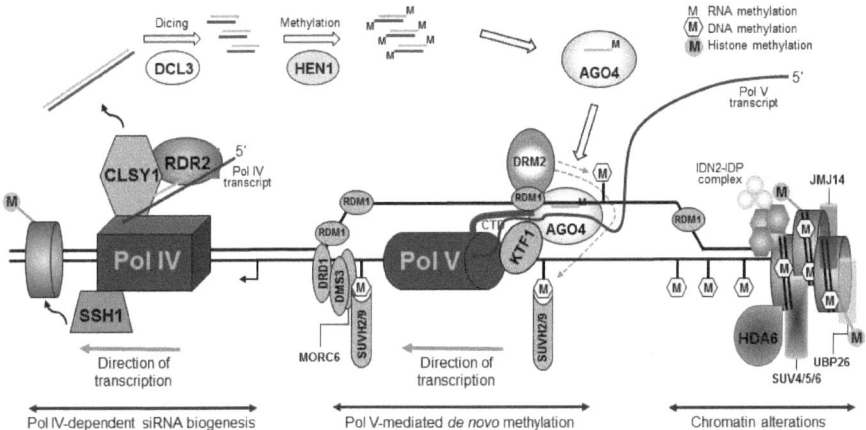

Die einzelnen Prozesse sind im Abschnitt 4.3 detailliert beschrieben. Die Abbildung wurde der Arbeit von Matzke und Mosher (2014) entnommen und leicht vereinfacht nachgezeichnet. Erläuterungen der einzelnen Komponenten siehe Tabelle 1.

Tabelle 1: Komponenten der RNA-dirigierten DNA-Methylierung

Abk.	Protein	Funktion
1. Synthese von kurzen interferierenden RNAs *(Pol IV-dependent siRNA biosynthesis)*		
CLSY1	SNF2 domain-containing protein CLASSY 1	*vermeintliches SWI/SNF „chromatin remodeller"-Protein*
DCL3	endoribonuclease Dicer homolog 3	*Dicer-Endonuklease, die 24-nt siRNAs aus längeren dsRNAs generiert*
HEN1	protein HUA enhancer	*RNA-Methyltransferase*
Pol IV	DNA-dependent RNA polymerase	
RDR2	RNA-directed RNA polymerase 2	
SHH1	protein SAWADEE homeodomain homolog 1	*bindet methyliertes H3K9 und rekrutiert Pol IV*
2. Setzung neuer DNA-Methylierungsmuster *(Pol V-mediated de novo methylation)*		
AGO4	protein argonaute 4	
DMS3	protein defective in meristem silencing 3	*SMC solo hinge Protein, vermeintliche „cohesin-like"-Funktion*
DRD1	protein defective in RNA-directed DNA methylation 1	*vermeintliches SWI/SNF „chromatin remodeller"-Protein, entwindet dsDNA*
DRM2	protein domains rearranged methylase 2	*De-novo-DNA-Methyltransferase*
KTF1	KOW domain-containing transcription factor 1	*enthält ein AGO4 Adapter-Motiv*
MORC6	protein microchidia 6	*ATPase*
Pol V	DNA-dependent RNA polymerase V	
RDM1	protein RNA-directed DNA methylation 1	*bindet ssDNA*
SUVH2/9	SRA domain protein 2/9	*binden an methylierte DNA und rekrutieren Pol V*
3. Modifikationen der Histone *(Chromatin alterations)*		
HDA6	histone deacetylase 6	
IDN2	protein involved in de novo 2	*dsRNA-bindendes Protein*
IDP	protein IDN2 paralog	
JMJ14	protein Jumonji14	*Histon-Demethylase*
RDM1	protein RNA-directed DNA methylation 1	*interagiert mit AGO4 und der DNA-abhängigen RNA-Polymerase II*
SUVH4/5/6	suppressor of variegation 3-9 homolog protein 4/5/6	*H3K9 Methyltransferasen*
UBP26	ubiquitin-specific-processing protease 26	*Histon H2B Deubiquitinase*

4.4 Epigenetische Variationen und deren umweltbedingte Änderungen

Umwelteinflüsse können die Regulation pflanzlicher Gene in erheblichem Maße beeinflussen. Eine Schlüsselrolle spielen dabei epigenetische Effekte, diese können sowohl somatische (nur das Individuum betreffende) als auch transgenerationale (auf die Nachkommen übertragene) Auswirkungen auf die Genexpression haben (Meyer, 2015). Änderungen von DNA- und Histon-Methylierungsmustern nehmen Einfluss auf zahlreiche genregulatorische Prozesse wie:

- die Genexpression (Huettel et al., 2006),
- das Transkriptsplicing (Regulski et al., 2013),
- die Polyadenylierung von mRNA (Tsuchiya/Eulgem, 2013),
- die Reparatur von DNA (Yao et al., 2012) und
- die homologe Rekombination (Mirouze et al., 2012; Melamed-Bessudo/Levy, 2012).

Diese Vielfältigkeit gestaltet die Zuordnung von direkten und indirekten Auswirkungen epigenetischer Effekte sehr schwierig. Es gibt zahlreiche Arbeiten, die eine Korrelation zwischen DNA-Methylierung und der Ausprägung spezifischer Phänotypen beschreiben, aber nur wenige, die auf eine direkte Transkriptionsinhibierung durch DNA-Methylierung hinweisen. Beispiele, die einen direkten Zusammenhang zwischen DNA-Methylierung und phänotypischen Veränderungen nahelegen, umfassen:

- die „elterliche Prägung" (Imprinting) (Huh et al., 2008),
- die Blütenentwicklung (Cubas et al., 1999),
- den Blühzeitpunkt (Soppe et al., 2000),
- die Pigmentierung von Maiskörnern (Stam et al., 2002),
- die Fruchtreifung (Manning et al., 2006),
- die Geschlechtsbestimmung (Martin et al., 2009) und
- die Entwicklung von Stomata[10] (Tricker et al., 2012; Yamamuro et al., 2014).

Zu den vererbbaren epigenetischen Eigenschaften zählen Veränderungen von Methylierungsmustern einiger Gene, die die Samenbildung regulieren (Hauben et al., 2009). Die Charakterisierung der Nachkommen genetischer Kreuzungen zwischen epigene-

---

10 Stomata sind regulierbare spaltförmige Öffnungen in der pflanzlichen Epidermis, sie dienen Pflanzen zur kontrollierten (stomatären) Transpiration und zum kontrollierten Gasstoffwechsel mit der Umgebung.

tischen *A.-thaliana*-Mutanten, deren Eltern differenziell methylierte DNA-Regionen (DRMs)[11] besaßen, weist darauf hin, dass die Anzahl an vererbbaren epigenetischen Eigenschaften wesentlich größer sein könnte als bisher angenommen (Cortijo et al., 2014).

Es ist schwierig, Umwelteinflüsse Reaktionen der Pflanze zuzuordnen, die unmittelbar auf epigenetischen Genregulationen basieren. Häufig werden für solche Untersuchungen Mutanten herangezogen, die einen Defekt in DNA-Methylierungs- oder Chromatin-Modifikationsprozessen aufweisen. Untersuchungen von *A.-thaliana*-Linien, bei denen die DNA-Methyltransferase MET1 inaktiviert wurde, zeigten beispielsweise zahlreiche verschiedene Phänotypen, die wohl darauf zurückzuführen waren, dass als direkte Folge des Verlusts der MET1-Aktivität die Expression von DNA-Demethylasen supprimiert wurde (Mathieu et al., 2007). Dadurch wiederum erfolgte eine indirekte DNA- und Histon-Hypermethylierung, die letztendlich zu zufälligen Genexpressionsveränderungen und den beobachteten Phänotypen führte. Dennoch konnte klar gezeigt werden, dass Umwelteinflüsse wie biotischer/abiotischer Stress direkte und spezifische Effekte auf die Epigenetik der Pflanze haben können. So wurden durch genomweite DNA-Methylom-Analysen von *A. thaliana*, die mit dem phytopathogenen Bakterium *Pseudomonas syringae* infiziert oder mit Salizylsäure (einem Signalmolekül in der Pathogenabwehr) behandelt wurden, viele stressinduzierte differenziell methylierte DNA-Regionen nachgewiesen (Dowen et al., 2012). Gene innerhalb dieser DMRs zeigten häufig veränderte Expressionsmuster. Interessanterweise entwickelten Pflanzenlinien mit mutierten DNA-Methylasen eine erhöhte Resistenz gegen Infektionen mit *P. syringae*. In Übereinstimmung damit war der Befund, dass die veränderten Methylierungsmuster der DMRs mit einer Aktivierung von pathogenresponsiven Genen korrelierten.

In der Literatur finden sich allerdings nur wenige Arbeiten, die eine Vererbung stressinduzierter epigenetischer Effekte an die nächsten Generationen beschreiben. In fast allen Fällen werden die epigenetischen Veränderungen in ihren Ursprungszustand zurückverwandelt, nachdem die Stresssituation aufgehoben wurde. Selbst in den Fällen, in denen eine transgenerationale Weitergabe beobachtet wurde, fehlen bisher eindeutige Nachweise dafür, dass die Weitergabe der epigenetischen Marker im direkten Zusammenhang mit der Etablierung von Stresstoleranzen steht (Kou et al., 2011; Zheng et al., 2013). In Bezug auf mögliche innovative Züchtungsverfahren, die auf stressinduzierten epigenetischen Veränderungen basieren, wäre es aber gerade wünschenswert, dass spezifische Stressreaktionen der Pflanze vererbt werden (siehe Kapitel 4.5.3).

---

11 Die Unterscheidung von genetisch und epigenetisch vererbten Eigenschaften wird u. a. mithilfe spezieller Zuchtlinien untersucht, die sich nur in ihren Methylierungsmustern, aber (fast) nicht in ihrer DNA-Sequenz unterscheiden.

4.5 Entwicklung Epigenetik-basierter Züchtungsverfahren für Pflanzen

Für die Entwicklung neuer Verfahren in der Pflanzenzüchtung können grundsätzlich drei Epigenetik-basierte Ansätze verfolgt werden. Zwei Ansätze greifen indirekt auf epigenetische Variationen zurück, während ein Verfahren auf einer direkten Nutzung epigenetischer Veränderungen basiert. Als eine der wichtigsten Voraussetzungen für alle Epigenetik-basierten Verfahren gilt es zunächst zu entschlüsseln, welche Gene überhaupt epigenetisch reguliert werden.

4.5.1 Charakterisierung epigenetischer Regulationsphänomene

Eine grobe und globale Übersicht kann durch die Charakterisierung von Mutanten erzielt werden, die einen Defekt in Prozessen der DNA-Methylierung oder der Chromatin-Modifikation aufweisen (siehe Kapitel 4.4). Zudem können chemische Substanzen eingesetzt werden, die die DNA-Methylierung (z. B. durch Zebularine, vgl. Baubec et al., 2009) oder die Bildung von kondensierten Chromatin-Strukturen (z. B. durch Trichostatin A, vgl. Finnin et al., 1999) inhibieren. Durch derartige Chemikalien werden Gene aktiviert, die in unbehandelten Pflanzen epigenetisch stummgeschaltet vorliegen. Werden Zebularine und TSA zusammen eingesetzt, findet man einen synergistischen Effekt (Baubec et al., 2009), was darauf hindeutet, dass DNA-Methylierung und Chromatin-Modifikationen teilweise unabhängig voneinander auf die Regulation von Genen einwirken können.

Um Unterschiede in der Genregulation aufgrund veränderter Methylierungsmuster oder veränderter Chromatin-Strukturen zu identifizieren, können zum einen die Mutanten und die chemisch behandelten Pflanzen selbst untersucht werden. Zum anderen stellen ihre Nachkommen weitere Ressourcen für Expressionsstudien dar: Es werden die Nachkommen aus Kreuzungen der Mutanten mit Wildtyp-Pflanzen und Nachkommen aus Selbstungen[12] der Mutanten sowie der behandelten Pflanzen charakterisiert. In den Nachkommen von Kreuzungen der Mutanten mit Wildtyp-Pflanzen und in denen der behandelten Pflanzen sind die Einwirkungen auf die natürlichen epigenetischen Prozesse nicht mehr vorhanden und viele der induzierten epigenetischen Veränderungen werden wieder in ihren Ursprungsstatus zurückgesetzt (Pecinka et al., 2010; Tittel-Elmer et al., 2010). Dennoch können einige der Nachkommen verschiedenste phänotypische Variationen aufweisen (Amoah et al., 2012; Cortijo et al., 2014). Diese

---

12 Blütenpflanzen haben mehrheitlich zwittrige Blüten, eine Pflanze kann so mit sich selbst kreuzen (Selbstung). Es entfällt bei dieser Form der geschlechtlichen Fortpflanzung die Möglichkeit genetischer Rekombination mit einem anderen Individuum der jeweiligen Art.

wie auch alle anderen Ergebnisse, die mithilfe der oben genannten Techniken erzielt werden, sollten aber mit Vorsicht interpretiert werden. Wie bereits angedeutet, können allgemeine epigenetische Veränderungen sekundäre Effekte auslösen. In erster Linie sei hier auf die Aktivierung von Transposons hingewiesen (siehe nächster Abschnitt).

4.5.2 Epigenetische Kontrolle mobiler genetischer Elemente

Transposons (TEs, „transposable elements") sind potenziell mobilisierbare genetische Elemente, die – so sie funktionell sind – ihre physische Position im Genom verändern können: Sie integrieren an anderer Stelle („cut and paste") oder sich selbst replizierend auch an zusätzlichen Orten („copy and paste"). Sie sind seit der Entstehung eukaryontischer Organismen ein wichtiger Bestandteil ihrer Genome und gelten als treibende Kraft der Evolution (Kidwell/Lisch, 2000).

Auf verschiedenste Weise können funktionelle Transposons in neue genomische Loci[13] inserieren (Lisch, 2013). Durch Integration in Gene, deren Promotoren oder in andere Regulationselemente kann die Expression von Genen gravierend verändert werden (Paszkowski/Grossniklaus, 2011). Zu den bekanntesten Beispielen durch Transposon-Aktivitäten verursachter Null-Mutationen – das heißt, die Funktion des betroffenen Gens wurde vollständig aufgehoben – gehören die Entstehung von weißen aus roten Rebsorten (Kobayashi et al., 2004) und die Entwicklung von kernlosen Apfelsorten (Yao et al., 2001). Darüber hinaus können neue Genfunktionen beispielsweise dadurch entstehen, dass durch die Insertion eines Transposons von einer unprozessierten mRNA alternative Splicing-Produkte generiert werden (Lisch, 2013).

An dieser Stelle sei aber nochmals darauf hingewiesen, dass nicht alle stabil vererbbaren phänotypischen Veränderungen auf Transposon-Aktivitäten zurückzuführen sind. Kürzlich veröffentliche Arbeiten, die detaillierte Charakterisierungen von epigenetisch rekombinanten Inzuchtlinien („epigenetic recombinant inbred lines", epiRILs)[14] in A. thaliana beschreiben, weisen darauf hin, dass DNA-methylierungsinduzierte Epi-Mutationen, die sich auf phänotypische Eigenschaften (Blühzeitpunkt, Wurzellänge, Wachstumsgeschwindigkeit etc.) auswirken, in einem nicht unerheblichen Umfang an die nächsten Generationen weitergegeben werden (Roux et al., 2011; Latzel et al., 2012; Cortijo et al., 2014). Interessanterweise basierten die Epi-Mutationen in der

---

13 Locus bezeichnet die physische Position eines Gens auf einem Chromosom.
14 Rekombinante Inzuchtlinien (RILs) enthalten jeweils unterschiedliche Kombinationen der elterlichen Gene und sind reinerbig (homozygot) gezüchtet. Sie werden z. B. verwendet, um Genorte oder auch Genregionen zu identifizieren, die für die Ausprägung phänotypischer Eigenschaften verantwortlich sind (sog. QTLs = „quantitative trait loci").

Regel nicht auf einer DNA-Methylierung einzelner Genorte (Einzel-Locus-Vererbung). Vielmehr waren zwei bis fünf der „quantitative trait loci" (QTLs) für die Ausprägung eines bestimmten Phänotyps verantwortlich (multigenische Eigenschaften).

Um eine „evolutionäre Katastrophe" zu verhindern, müssen allerdings fast alle funktionellen Transposons inaktiviert werden (dies gilt übrigens für alle höheren Lebewesen). Ohne eine ausgeglichene Balance zwischen aktiven und inaktiven Transposons würden diese „endogenen Mutagene" früher oder später die genetische Information eines Organismus zerstören. Zu den Mechanismen, die zu lang- und zu kurzfristigen Inaktivierungen von Transposons führen, zählen unter anderem Chromatin-Modifikationen und die DNA-Methylierung (Ito et al., 2011; Fultz et al., 2015). Pflanzliche Genome bestehen bis zu 85 % (Mais) aus Transposon-Sequenzen (SanMiguel, 1996), die unter normalen natürlichen Bedingungen durch epigenetische Mechanismen inaktiv vorliegen (Wassenegger, 2002; Fultz, 2015). Darüber hinaus sind – unabhängig von einer Inaktivierung durch Methylierung – aufgrund von Mutationen, je nach Art der Pflanze, nur noch wenige der vorhandenen Transposons funktionell, also in der Lage zu „springen".

Die genaue Anzahl der im Genom vorhandenen funktionellen Transposons, die potenziell aktiviert werden können, ist für unsere Kulturpflanzen derzeit nicht bekannt. In Mais und Reis mag es noch eine Vielzahl an Transposons geben, die durch eine genomweite Modifikation von epigenetischen Markern aktiviert werden können. Diese Veränderungen können, wie vorangehend beschrieben, mithilfe von chemischen Substanzen oder durch Verwendung von Mutanten induziert werden. Untersucht man die Nachkommen der behandelten Pflanzen oder der gekreuzten Mutanten, werden sich zahlreiche Phänotypen finden lassen, die auf die Aktivität von Transposons und nicht auf direkte epigenetisch bedingte Veränderungen von Genexpressionsmustern zurückzuführen sind. Vergleichende Sequenzanalysen der Genome verschiedener Varianten können Aufschluss über neue Transposon-Integrationsorte geben. Sollten die betroffenen Gene in den Varianten gegenüber Wildtyp-Pflanzen differenzielle Expressionsmuster aufweisen, können gegebenenfalls Rückschlüsse gezogen werden, welche Gene für die Ausprägung der Phänotypen verantwortlich sind. Nach Verifizierung der Daten (z. B. durch RNAi-Experimente) könnten letztendlich Zuordnungen von Genfunktionen erfolgen. Sollten die generierten Varianten nicht direkt in die Zucht neuer Kulturpflanzen einbezogen werden können, so könnten die identifizierten Gene immer noch als Marker für die Präzisionszucht[15] dienen.

---

15 Züchtungsmethode zur Entwicklung von neuen Sorten: Unter Nutzung genetischer Marker und moderner DNA-Analyseverfahren werden potenzielle Kreuzungspartner gezielt auf gewünschte genetische Eigenschaften hin untersucht. Auch „SMART Breeding" („selection with markers and advanced reproductive technologies") oder „marker assisted selection" (MAS) genannt.

Mit der hier beschriebenen Strategie wird die Epigenetik genutzt, um eine „biologische Mutagenese" von Pflanzen zu induzieren. Auch wenn in den Varianten und deren Nachkommen die meisten epigenetischen Marker wieder auf ihren Ursprungszustand zurückgesetzt werden (transiente epigenetische Modifikation), so bleiben die Integrationsorte der Transposons unverändert und somit können neue stabile Pflanzenlinien erzeugt werden. Ein deutlicher Nachteil dieser Technologie liegt darin, dass die induzierte Mutagenese ungerichtet ist und alle Variationen dem Zufallsprinzip unterliegen.

4.5.3 Epigenetische Kontrolle von Stresseffekten

Der zweite Ansatz, der indirekt auf epigenetische Variationen zurückgreift, beinhaltet die Erfassung von transienten epigenetischen Effekten, die durch Stress ausgelöst werden. Pflanzen reagieren auf Umweltfaktoren wie veränderte Licht- und Temperaturverhältnisse sowie auf belastende Stresssituationen, wie sie beispielsweise durch hohe Salzkonzentrationen oder Pathogenbefall ausgelöst werden können (Dorantes-Acosta et al., 2012; Kim et al., 2015). Transkriptomanalysen haben gezeigt, dass die Reaktionen der Pflanzen oft mit einer differenziellen Expression von mehreren hundert Genen einhergehen können. Die veränderte Regulation der meisten dieser Gene beruht aber wiederum auf sekundären Mechanismen. Als ein Beispiel solcher sekundärer Effekte sei hier nur die Aktivierung von Transkriptionsfaktoren (TFs) genannt (Lauria/Rossi, 2011). Transkriptionsfaktoren sind Proteine, die an definierte DNA-Abschnitte binden und darüber die Expression von Genen regulieren. Wenn Transkriptionsfaktoren bei veränderten Umwelt-/Stressbedingungen unmittelbar durch Modifizierung epigenetischer Markierungen aktiviert werden, können sie die Expression vieler Gene verstärken, deren epigenetischer Zustand selbst durch die äußeren Einflüsse nicht direkt beeinflusst wurde.

Fast alle der Umwelt-/Stress-bedingten epigenetischen Veränderungen werden nicht vererbt, sondern wieder zurückgesetzt, sobald die äußeren Bedingungen sich normalisiert haben (Paszkowski/Grossniklaus, 2011; Pecinka/Mittelsten Scheid, 2012). Diese Strategie hat den Vorteil, dass Umwelt-/Stress-induzierte Abwehrmaßnahmen auch dann noch sinnvoll für den Organismus sein können, wenn diese die Gesamtfitness beeinträchtigen und langfristig nachteilig wären. Die Reversibilität der epigenetischen Modifikationen bedeutet aber auch, dass epigenetische Veränderungen und deren Auswirkungen auf die Genexpression nur unter anhaltenden Umwelt-/Stressbedingungen identifiziert werden können. Darüber hinaus ist die Nichtvererbbarkeit ein Hemmschuh für die Pflanzenzüchtung. Dennoch lassen sich auch hier, wie bereits oben beschrieben, differenziell exprimierte Gene identifizieren, die als Marker für die Präzisionszucht genutzt werden können.

4.5.4 Züchtung mithilfe epigenetischer Manipulationen: RdDM-Technologie

Eine Züchtungsstrategie, die epigenetische Veränderungen direkt nutzt, basiert auf einer gezielten De-novo-Methylierung von Genpromotoren. Hierfür werden mithilfe gentechnischer Methoden DNA-Sequenzen in pflanzliche Zellen eingebracht, die eine Haarnadelstruktur aufweisen. Werden diese Haarnadelstrukturen transkribiert, werden in den Zellen dsRNAs generiert, die Homologie zu Promotoren von gewünschten Zielgenen besitzen und eine RNA-dirigierte Methylierung der DNA bewirken. Durch die dsRNA-induzierte RdDM werden die Promotoren an symmetrischen und asymmetrischen Positionen spezifisch methyliert (Dalakouras et al., 2009), wodurch die Promotoraktivität und damit die Expression der entsprechenden Gene inhibiert werden kann.[16] Nach Selbstungen solcher transgenen Linien entstehen unter anderem auch Nachkommen, die die dsRNA-transkribierenden Transgene verloren haben (Auskreuzen). Bei diesen Nachkommen bleibt aber die symmetrische CG-Methylierung in der Regel erhalten und kann über mehrere Generationen an die Nachkommen weitergegeben werden (Jones et al., 2001; Lunerová-Bedrichová et al., 2008; Dalakouras et al., 2012).

Es sei an dieser Stelle erwähnt, dass Pflanzen, die nach dem hier vorgestellten Verfahren generiert wurden, derzeit unter die Regularien für gentechnisch veränderte Organismen (GVO) in der EU fallen.[17] Eine europäische Expertenkommission („New Techniques Working Group")[18] veröffentlichte kürzlich eine Regulierungsempfehlung für eine Reihe neuartiger Züchtungstechniken – unter anderem die RdDM-Technologie. Es galt zu klären, wie Pflanzen, die mithilfe dieser neuen Technologien gezüchtet werden, jeweils einzustufen sind und ob sie möglicherweise, wie von der Expertenkommission empfohlen, aus dem Geltungsbereich der GVO-Regularien herausgenommen werden sollten.

Wie auch immer die Entscheidung der Europäischen Kommission sein wird, so sollte darauf hingewiesen sein, dass die RdDM-Methode einigen Einschränkungen unterliegt. Es können beispielsweise nicht alle Promotoren durch Methylierung inaktiviert werden. Selbst wenn sie in Anwesenheit des RdDM-auslösenden Transgens inaktiviert werden, heißt dies noch nicht, dass die Inaktivierung auch vererbt werden kann. Ein

---

16 Siehe auch Patentschrift „Method for the production of a transgene-free plant with altered methylation pattern", WO 2010066343 A1.
17 Richtlinien 2001/18/EC und 2009/41/EC.
18 http://ec.europa.eu/food/plant/gmo/legislation/plant_breeding/index_en.htm [13.07.2016].

leicht nachvollziehbares Beispiel ist gegeben, wenn die Sequenz eines Promotors keine oder nur sehr wenige CG-Paare besitzt. In diesem Fall wäre seine Inaktivierung auf die RdDM-vermittelte asymmetrische Methylierung zurückzuführen, die nach der Auskreuzung des RdDM-Auslösers nicht an die nächste Generation weitergegeben wird. Dennoch kann die RdDM-Technologie genutzt werden, um Gene in Pflanzen stillzulegen. Denkbare züchtungsrelevante Anwendungen wären beispielsweise die Inaktivierung von Genen, die die Fruchtreifung beeinflussen oder deren Produkte Allergien auslösen. Wie oben beschrieben, ist die Identifikation von Genen, die unter natürlichen Gegebenheiten aufgrund ihrer Methylierung und/oder Chromatin-Struktur im Promotorbereich inaktiv vorliegen, durch die Applikation von chemischen Substanzen oder die Charakterisierung von Mutanten relativ leicht zu bewerkstelligen. Dies steht im Gegensatz zur Auffindung von Genen, die natürlicherweise unmethyliert und in euchromatischen Strukturen eingebettet vorliegen, aber durch De-novo-Methylierung deaktiviert werden könnten. Es ist deshalb erforderlich, das Potenzial der RdDM-Technologie für Gene individuell empirisch auszutesten. Dazu gehört sowohl die Analyse von Promotoren, um herauszufinden, welche Regionen gegenüber einer De-novo-Methylierung oder einer Geninaktivierung besonders sensitiv sind, wie auch die Überprüfung einer möglichen Vererbbarkeit der Inaktivierung der entsprechenden Gene.

4.5.5 Züchtung mithilfe epigenetischer Marker: Genome Editing

Auch wenn nicht alle Verfahren epigenetischer Manipulationen wegen ihrer Reversibilität geeignet sind, neue Sorten zu züchten, so können sie dennoch helfen, Genfunktionen aufzuklären. Wie oben bereits beschrieben, können Rückschlüsse gezogen werden, welche Gene für die Ausprägung von Phänotypen verantwortlich sind. Diese Kenntnisse sind nicht nur für die Präzisionszucht (siehe oben) unabdingbar, sondern können heutzutage vor allem für das sogenannte „genome editing" eingesetzt werden. Unter „genome editing" versteht man innovative molekularbiologische Verfahren, mit denen Mutationen punktgenau gesetzt werden können. Zu den bedeutendsten Verfahren, die heute zur Anwendung kommen, gehören „clustered regularly interspaced short palindromic repeats" (CRISPR)/Cas, „transcription activator-like effector nucleases" (TALEN) und „zinc finger nucleases" (ZFN) (Doudna/Charpentier, 2014; Boch, 2011; Townsend et al., 2009). Mit allen drei Verfahren könnten genomische Sequenzen, die durch epigenetische Manipulationen als interessante Marker identifiziert wurden, editiert werden. Durch den Austausch oder die Deletion von nur einem Nukleotid innerhalb der Gensequenz ließe sich die entsprechende Genfunktion inhibieren. Anderseits können mit diesen Verfahren auch größere Genabschnitte eingefügt (Insertion) oder entfernt (Deletion) werden. Es wäre somit machbar, Promotersequenzen, die epigenetisch regulierbar sind, durch solche zu ersetzen, die dies nicht sind.

Nicht unerwähnt sollte die Möglichkeit bleiben, dass Gene, die bei epigenetischen Regulationen eine wichtige Funktion haben (z. B. DNA-Methylasen), mithilfe der „genome editing"-Systeme abgeschaltet werden können. Bisher war dies nur durch ungerichtete Mutationsverfahren wie chemische Mutagenese oder T-DNA-Insertionen möglich. Dabei liegt die Trefferquote für ein bestimmtes Gen, in Abhängigkeit der Genomgröße, bei einer unter 100.000 Pflanzen. Zudem liegt die Mutation dann üblicherweise nur in einem Allel vor, sodass die Produktion homozygoter Linien erforderlich ist. Alle drei Verfahren des „genome editing" lassen sich theoretisch auf alle Pflanzenarten anwenden.

4.6 Fazit

Zusammenfassend kann zunächst festgestellt werden, dass die Bedeutung epigenetischer Genregulationen lange unterschätzt wurde. Heute weiß man, dass sie wichtige Aufgaben beim Imprinting, bei der Inaktivierung elterlicher Chromosomen, bei der Ausbildung von Heterochromatin und beim „In-Schach-Halten" von Transposons übernehmen. Wir lernen erst langsam die Zusammenhänge zwischen Umwelteinflüssen, DNA-Methylierung und Chromatin-Modifikationen zu verstehen. Aber gerade die Vielfältigkeit der Epigenetik eröffnet ein immenses Potenzial für die moderne Pflanzenzüchtung. Wie andere Organismen reagieren Pflanzen häufig nur zeitlich begrenzt auf bestimmte Auslöser wie beispielsweise auf biotische/abiotische Stresssituationen. Die Gene, die an diesen transienten Reaktionen beteiligt sind, können heute identifiziert werden, was die Möglichkeit eröffnet, sie entsprechend den gewünschten Anforderungen zu beeinflussen, sie zu inaktivieren oder ihre Expression zu verstärken.

4.7 Literatur

Amoah, S. et al. (2012): A hypomethylated population of *Brassica rapa* for forward and reverse epigenetics. In: BMC Plant Biol 12:193.
Ashapkin, V. V. et al. (2002): The gene for domains rearranged methyltransferase (DRM2) in *Arabidopsis thaliana* plants is methylated at both cytosine and adenine residues. In: FEBS Lett 532(3):367–372.

Baubec, T. et al. (2009): Effective, homogeneous and transient interference with cytosine methylation in plant genomic DNA by zebularine. In: Plant J 57(3):542–554.
Boch, J. (2011): TALEs of genome targeting. In: Nat Biotechnol 29(2):135–136.

Cao, X. et al. (2003): Role of the DRM and CMT3 methyltransferases in RNA-directed DNA methylation. In: Curr Biol 13(24):2212–2217.

Cortijo, S. et al. (2014): Mapping the epigenetic basis of complex traits. In: Science 343(6175):1145–1148.

Cubas, P. et al. (1999): An epigenetic mutation responsible for natural variation in floral symmetry. In: Nature 401(6749):157–161.

Dalakouras, A./Wassenegger, M. (2013): Revisiting RNA-directed DNA methylation. In: RNA Biol 10(3):453–455.

Dalakouras, A. et al. (2012): Transgenerational maintenance of transgene body CG but not CHG and CHH methylation. In: Epigenetics 7(9):1071–1078.

Dalakouras, A. et al. (2009): A hairpin RNA construct residing in an intron efficiently triggered RNA-directed DNA methylation in tobacco. In: Plant J 60(5):840–851.

Dorantes-Acosta, A. E. et al. (2012): Biotic stress in plants: life lessons from your parents and grandparents. In: Front Genet 3:256.

Dowen, R. H. et al. (2012): Widespread dynamic DNA methylation in response to biotic stress. In: PNAS 109(32):E2183–E2191.

Doudna, J. A./Charpentier, E. (2014): The new frontier of genome engineering with CRISPR-Cas9. In: Science 346(6213):1258096.

Ebbs, M. L./Bender, J. (2006): Locus-specific control of DNA methylation by the *Arabidopsis* SUVH5 histone methyltransferase. In: Plant Cell 18(5):1166–1176.

Erdmann, R. M. et al. (2014): 5-Hydroxymethylcytosine is not present in appreciable quantities in *Arabidopsis* DNA. In: G3 (Bethesda) 5(1):1-8.

Finnin, M. S. et al. (1999): Structures of a histone deacetylase homologue bound to the TSA and SAHA inhibitors. In: Nature 401(6749):188–193.

Fire, A. et al. (1998): Potent and specific genetic interference by double-stranded RNA in *Caenorhabditis elegans*. In: Nature 391(6669):806–811.

Fu, Y. et al. (2015): N6-Methyldeoxyadenosine marks active transcription start sites in *Chlamydomonas*. In: Cell 161(4):879–892.

Fultz, D. et al. (2015): Silencing of active transposable elements in plants. In: Curr Opin Plant Biol 27:67–76.

Greer, E. L. et al. (2015): DNA Methylation on N6-adenine in *C. elegans*. In: Cell 161(4):868–878.

Hauben, M. et al. (2009): Energy use efficiency is characterized by an epigenetic component that can be directed through artificial selection to increase yield. In: PNAS 106(47):20109–20114.

Huettel, B. et al. (2006): Endogenous targets of RNA-directed DNA methylation and Pol IV in *Arabidopsis*. In: EMBO J 25(12):2828–2836.

Huh, J. H. et al. (2008): Cellular programming of plant gene imprinting. In: Cell 132(5):735–744.

Ito, H. et al. (2011): An siRNA pathway prevents transgenerational retrotransposition in plants subjected to stress. In: Nature 472(7341):115–119.

Jones, L. et al. (2001): RNA-directed transcriptional gene silencing in plants can be inherited independently of the RNA trigger and requires Met1 for maintenance. In: Curr Biol 11(10):747–757.

Kawashima, T./Berger, F. (2014): Epigenetic reprogramming in plant sexual reproduction. In: Nat Rev Genet 15(9):613–24.
Kidwell, M. G./Lisch, D. R. (2000): Transposable elements and host genome evolution. In: Trends Ecol Evol 15(3):95–99.
Kim, J. M. et al. (2015): Chromatin changes in response to drought, salinity, heat, and cold stresses in plants. In: Front Plant Sci 6:114.
Kobayashi, S. et al. (2004): Retrotransposon-induced mutations in grape skin color. In: Science 304(5673):982.
Kou, H. P. et al. (2011): Heritable alteration in DNA methylation induced by nitrogen-deficiency stress accompanies enhanced tolerance by progenies to the stress in rice (Oryza sativa L.). In: J Plant Physiol 168(14):1685–1693.

Latzel, V. et al. (2012): Epigenetic variation in plant responses to defence hormones. In: Ann Bot 110(7):1423–1428.
Lauria, M./Rossi, V. (2011): Epigenetic control of gene regulation in plants. In: Biochim Biophys Acta 1809(8):369–378.
Lisch, D. (2013): How important are transposons for plant evolution? In: Nat Rev Genet 14(1):49–61.
Lister, R. et al. (2009): Human DNA methylomes at base resolution show widespread epigenomic differences. In: Nature 462(7271):315–322.
Lunerová-Bedrichová, J. et al. (2008): Trans-generation inheritance of methylation patterns in a tobacco transgene following a post-transcriptional silencing event. In: Plant J 54(6):1049–1062.

Manning, K. et al. (2006): A naturally occurring epigenetic mutation in a gene encoding an SBP-box transcription factor inhibits tomato fruit ripening. In: Nat Genet 38(8):948–952.
Martin, A. et al. (2009): A transposon-induced epigenetic change leads to sex determination in melon. In: Nature 461(7267):1135–1138.
Mathieu, O. et al. (2007): Transgenerational stability of the Arabidopsis epigenome is coordinated by CG methylation. In: Cell 130(5):851–862.
Matzke, M. A./Mosher, R. A. (2014): RNA-directed DNA methylation: an epigenetic pathway of increasing complexity. In: Nat Rev Genet 15(6):394–408.
Melamed-Bessudo, C./Levy A. A. (2012): Deficiency in DNA methylation increases meiotic crossover rates in euchromatic but not in heterochromatic regions in *Arabidopsis*. In: PNAS 109(16):E981–E988.
Meyer, P. (2015): Epigenetic variation and environmental change. In: J Exp Bot 66(12):3541–3548.
Mirouze, M. et al. (2012): Loss of DNA methylation affects the recombination landscape in Arabidopsis. In: PNAS 109(15):5880–5885.

Paszkowski, J./Grossniklaus, U. (2011): Selected aspects of transgenerational epigenetic inheritance and resetting in plants. In: Curr Opin Plant Biol 14(2):195–203.
Pecinka, A. et al. (2010): Epigenetic regulation of repetitive elements is attenuated by prolonged heat stress in Arabidopsis. In: Plant Cell 22(9):3118–3129.
Pecinka, A./Mittelsten Scheid, O. (2012): Stress-induced chromatin changes: a critical view on their heritability. In: Plant Cell Physiol 53(5):801–808.

Pinney, S. E. (2014): Mammalian Non-CpG Methylation: Stem cells and beyond. In: Biology (Basel) 3(4): 739–751.

Regulski, M. et al. (2013): The maize methylome influences mRNA splice sites and reveals widespread paramutation-like switches guided by small RNA. In: Genome Res 23(10):1651–1662.

Roux, F. et al. (2011): Genome-wide epigenetic perturbation jump-starts patterns of heritable variation found in nature. In: Genetics 188(4):1015–1017.

SanMiguel, P. et al. (1996): Nested retrotransposons in the intergenic regions of the maize genome. In: Science 274(5288):765–768.

Shirane, K. et al. (2013): Mouse oocyte methylomes at base resolution reveal genome-wide accumulation of non-CpG methylation and role of DNA methyltransferases. In: PLoS Genet 9(4):e1003439.

Soppe, W. J. et al. (2000): The late flowering phenotype of *fwa* mutants is caused by gain-of-function epigenetic alleles of a homeodomain gene. In: Mol Cell 6(4):791–802.

Stam, M. et al. (2002): Differential chromatin structure within a tandem array 100 kb upstream of the maize *b1* locus is associated with paramutation. In: Genes Dev 16(15):1906–1918.

Stroud, H. et al. (2014): Non-CG methylation patterns shape the epigenetic landscape in *Arabidopsis*. In: Nat Struct Mol Biol 21(1):64–72.

Teixeira, F. K. et al. (2009): A role for RNAi in the selective correction of DNA methylation defects. In: Science 323(5921):1600–1604.

Tittel-Elmer, M. et al. (2010): Stress-induced activation of heterochromatic transcription. In: PLoS Genet 6(10):e1001175.

Townsend, J. A. et al. (2009): High-frequency modification of plant genes using engineered zinc-finger nucleases. In: Nature 459(7245):442–445.

Tricker, P. J. et al. (2012): Low relative humidity triggers RNA-directed de novo DNA methylation and suppression of genes controlling stomatal development. In: J Exp Bot 63(10):3799–3813.

Tsuchiya, T./Eulgem T. (2013): An alternative polyadenylation mechanism coopted to the *Arabidopsis* RPP7 gene through intronic retrotransposon domestication. In: PNAS 110(37):E3535–E3543.

Wassenegger, M. (2002): Gene silencing-based disease resistance. In: Transgenic Res 11(6):639–653.

Wassenegger, M. et al. (1994): RNA-directed de novo methylation of genomic sequences in plants. In: Cell 76(3):567–576.

Xu, G. L./Walsh, C. P. (2014): Enzymatic DNA oxidation: mechanisms and biological significance. In: BMB Rep 47(11):609–618.

Yamamuro, C. et al. (2014): Overproduction of stomatal lineage cells in *Arabidopsis* mutants defective in active DNA demethylation. In: Nat Commun 5:4062.

Yao, J. et al. (2001): Parthenocarpic apple fruit production conferred by transposon insertion mutations in a MADS-box transcription factor. In: PNAS 98(3):1306–1311.

Yao, Y. et al. (2012): *ddm1* plants are sensitive to methyl methane sulfonate and NaCl stresses and are deficient in DNA repair. In: Plant Cell Rep 31(9):1549–1561.

Zhang, G. et al. (2015): N6-methyladenine DNA modification in *Drosophila*. Cell 161(4):893–906.
Zhang, H./Zhu, J. K. (2012): Active DNA demethylation in plants and animals. In: CSH Symp Quant Biol 77:161–173.
Zheng, X. et al. (2013): Transgenerational variations in DNA methylation induced by drought stress in two rice varieties with distinguished difference to drought resistance. In: PLoS One 8(11):e80253.

Stefan Knapp, Susanne Müller

5. Chemische Open-Access-Sonden für epigenetische Zielstrukturen

Genexpression wird im großen Umfang durch die lokale Chromatinstruktur bestimmt. DNA-Sequenzen, die in einer sogenannten offenen Chromatinstruktur gepackt sind, werden bevorzugt abgelesen, da diese Bereiche für Transkriptionsfaktoren zugänglich sind. Gene, die sich im Gegensatz dazu in dicht gepacktem Chromatin befinden, werden nicht abgelesen.[1] Diese Regulationsmechanismen bestimmen daher grundlegend die Zusammensetzung des zellulären Proteoms (d. h. die Gesamtheit aller Proteine in einer Zelle) und damit die Eigenschaften und Funktionen, die eine Zelle ausführen kann. Bei der Entstehung von Krankheiten ist das Muster der exprimierten Gene oft stark verändert. Bei Krebs zum Beispiel werden bevorzugt Gene exprimiert, die das Wachstum der Krebszellen fördern und Kontrollmechanismen inaktivieren, die verhindern, dass Zellen sich unkontrolliert teilen. Chromatinstruktur wird durch den epigenetischen Code bestimmt, ein kompliziertes Muster von posttranslationalen Modifikationen an Histonen, anderen Kernproteinen und der DNA selbst, die die Struktur des Chromatins reguliert.

Dieser epigenetische Code ist daher eine komplizierte Sprache, die von Proteinen, sogenannten epigenetischen Modulatoren, „geschrieben", „gelöscht" und auch „gelesen" wird. Die Forschung auf diesem Gebiet wurde insbesondere durch die freie Verfügbarkeit von chemischen Inhibitoren vorangetrieben. Diese bieten Vorteile im Vergleich zu genetischen Methoden, die die Expression des zu untersuchenden Proteins verhindern. Denn obwohl diese Methoden gut entwickelt sind und auch durch neue Methoden wie dem CRISPR/Cas9-System einen neuen Aufschwung bekamen, lassen sie keine Rückschlüsse auf die Rolle einer bestimmten Domäne[2] im Protein zu und unterscheiden nicht zwischen der katalytischen Funktion eines Proteins und dessen Rolle,

---

1 Vgl. Einleitung zum Band für eine ausführliche Beschreibung epigenetischer Regulationsmechanismen.
2 Proteine bauen sich modular aus sogenannten Domänen mit charakteristischen Strukturen auf, die ihre individuellen Eigenschaften bestimmen.

mit anderen Proteinen zu interagieren („scaffolding function"). Diese spezifischen Aussagen können nur mithilfe komplizierter und oft langwieriger Experimente getroffen werden, wenn kein spezifischer Inhibitor frei zugänglich ist.

Selektive Inhibitoren, die die Funktion dieser epigenetischen Zielstrukturen hemmen, könnten Zellen in erkranktem Gewebe in einen nicht pathogenen Zustand zurückführen und damit neue Behandlungsmöglichkeiten schaffen. Aufgrund der Komplexität epigenetischer Prozesse lassen sich jedoch die Konsequenzen einer selektiven Hemmung von epigenetischen Leitstrukturen durch kleinmolekulare Inhibitoren nur schwer vorherbestimmen. Um dieses Problem zu lösen, haben wir[3] ein Konsortium aus akademischen und industriellen Forschungseinrichtungen etabliert, das zum Ziel hat, hochselektive und hochwirksame Inhibitoren, sogenannte chemische Sonden, zu entwickeln und diese umgehend Forschungsgruppen, die im Bereich Epigenetik oder an molekularen Grundlagen der Krankheitsentstehung arbeiten, zur Verfügung zu stellen. Dieses Open-Access-Modell ermöglichte bereits neue Formen der offenen Zusammenarbeit zwischen industrieller und öffentlicher Forschung und führte zu neuen therapeutischen Ansätzen insbesondere in der Krebstherapie sowie zu einer schnellen Umsetzung dieser Ansätze in klinische Studien. Dieses Modell könnte daher auch in anderen Bereichen der Arzneimittelentwicklung angewandt werden, die ähnliche Komplexität aufweisen, und so zu einer schnellen Validierung von Leitstrukturen führen.

5.1   Was ist Open Access?

Der Informationsbedarf der heutigen Zeit nimmt stetig zu. Open Acess oder freier, uneingeschränkter Zugang zu Information wird daher vermehrt nicht nur von der akademischen Forschung gefördert, sondern auch von der pharmazeutischen Industrie, die verstärkt auf akademische Grundlagenforschung angewiesen ist. Fördereinrichtungen wie die Deutsche Forschungsgemeinschaft DFG[4] oder die Europäische Union (über das aktuelle Forschungsrahmenprogramm „Horizon 2020")[5] stellen zum Beispiel Mittel zur Verfügung, um Publikationen für alle an Forschung interessierten Personen weltweit ohne Einschränkung durch Abonnementkosten frei zugänglich zu machen. Auch Universitäten wie zum Beispiel die Leibniz-Universität Hannover oder die Universität Ulm[6] unterstützen finanziell Open-Access-Publikationen.

---

3   www.thesgc.org [1.8.2016].
4   www.dfg.de/foerderung/programme/infrastruktur/lis/awbi/open_access/index.html [1.8.2016].
5   www.openaire.eu/open-access-in-fp7-seventh-research-framework-programme [01.08.2016].
6   www.uni-hannover.de/de/universitaet/ziele/open-access/ [01.08.2016], www.uni-ulm.de/open-access [24.08.2016].

Der Begriff „Open Access" kann jedoch sehr unterschiedlich interpretiert werden. In einer Zeit, in der Information vielfach frei zugänglich ist, wird die Verwendung dieser Information mehr und mehr eingeschränkt. Denn obwohl frei verfügbare Information ein erster Schritt ist, sollten Open-Access-Modelle auch die Nutzung dieser Information garantieren und darüber hinaus die Reagenzien und Methoden der beschriebenen Projekte zur Verfügung stellen. Diese Modelle erzeugen jedoch oft einen Interessenkonflikt: Die kommerzielle Nutzung neuer Ergebnisse erfordert oft den Schutz durch Patente, was zu langen Verzögerungen der Bekanntmachung von Forschungsergebnissen führt und generell die Zusammenarbeit zwischen Institutionen erschwert. Diese Modelle erzeugen auch nicht zu unterschätzende Kosten für den Patentschutz. Eine mögliche Lösung dieses Problems ist es, die Grenze zwischen akademischer offener Forschung und der kommerziellen Entwicklung von Arzneimitteln neu zu definieren. Inhibitoren, die für innovative Leitstrukturen in akademischen Labors entwickelt werden, müssen normalerweise für In-vivo-Untersuchungen oder gar klinische Studien aufwendig optimiert werden. Dieser Prozess erfordert in der Regel mehrere Jahre an aufwendiger pharmazeutischer Forschung. Die Patentierung und damit die Geheimhaltung dieser frühen, nicht optimierten Inhibitoren ist deshalb nicht sinnvoll. Viele pharmazeutische Firmen haben sich daher dazu entschlossen, solche Inhibitoren als sogenannte präkompetitive (vorwettbewerbliche) Reagenzien mit akademischen Labors ohne Einschränkung ihrer Nutzung zu teilen. Denn obwohl diese chemischen Verbindungen für klinische Anwendungen noch ungeeignet sind, stellen sie nach umgehender Charakterisierung sehr wichtige Reagenzien für zum Beispiel zelluläre In-vitro-Studien dar.

Diese Veränderung in der Forschungspolitik ermöglicht nun neue öffentlich-private Partnerschaften und damit neue Open-Access-Modelle, die nicht nur den Austausch von Informationen, sondern auch formlos und schnell den von Reagenzien ermöglichen und die von dem speziellen Wissen des privaten und öffentlichen Forschungssektors profitieren. Eine erfolgreiche Kollaboration dieser Art ist das Programm des Structural Genomics Consortium (SGC),[7] das der Herstellung, Charakterisierung und Verteilung spezifischer chemischer Sonden, insbesondere aus dem Bereich der Epigenetik, gewidmet ist. Die Partnerschaft umfasst derzeit acht Pharmaunternehmen und akademische Forschungslabors an den Universitäten Oxford, Toronto, North Carolina und Campinas.

---

7 www.thesgc.org [01.08.2016].

5.2 Definition einer chemischen Sonde

Kleinmolekulare Inhibitoren werden fast täglich publiziert. Häufig sind diese chemischen Substanzen jedoch zu unvollständig charakterisiert, um sie als Werkzeuge für mechanistische Studien zu verwenden. Beispielsweise kann ein neuer Src-Kinase-Inhibitor auch andere Kinasen hemmen, gegen die er nicht getestet wurde. Chemische Sonden („probes") sollten daher genau definierte Qualitätskriterien erfüllen, um die Entstehung widersprüchlicher oder ungenauer Forschungsergebnisse zu vermeiden. Es wäre wünschenswert, dass diese Qualitätskriterien für jede Leitstrukturklasse genau definiert werden. Basierend auf dem SGC-Programm und anderen Forschungsprogrammen sind im Bereich der Epigenetik jetzt viele chemische Sonden von hoher Qualität verfügbar, die umfangreich charakterisiert wurden.

Bemühungen haben sich insbesondere auf die Proteine konzentriert, die Modifikationen in den N-Terminus der Histone einfügen oder löschen und die an posttranslational modifizierte Histone binden. Insbesondere gibt es effektive chemische Sonden für Acetylierungen und Methylierungen des Chromatins. Alle diese Sonden erfüllten bestimmte Kriterien, was eine allgemeine Diskussion bezüglich Qualitätsreagenzien provozierte (Frye, 2010; Workman/Collins, 2010; Bunnage, 2011; Arrowsmith et al., 2015). Chemische Sonden sind nur dann sinnvoll, wenn sie nachweislich selektiv und ausreichend charakterisiert sind. Dies gilt nicht nur für die Interaktion mit dem Zielprotein, sondern auch – und insbesondere – für die Bindung an andere Proteine, sogenannte „off-targets", die ungewollt durch die chemische Sonde beeinflusst werden und biologische Effekte verursachen, die dann fälschlicherweise dem Zielprotein zugeschrieben werden. Auch die chemische Stabilität und pharmakologischen Eigenschaften der Inhibitoren sind relevant. Es ist daher sinnvoll, Qualitätskriterien für chemische Sonden festzulegen. Das SGC Programm benutzt für epigenetisch-chemische Sonden folgende Kriterien:

- Potenz (K_i, K_d, IC_{50}): <100 nM in vitro
- Selektivität: >30-fach (innerhalb der Proteinfamilie)
- Zelluläre Aktivität: <1 µM

Da auch nach ausführlichen Tests ungewünschte Aktivitäten nicht ausgeschlossen werden können, werden idealerweise für jede Leitstruktur mindestens zwei spezifische Inhibitoren entwickelt, die sich in ihrer chemischen Struktur unterscheiden. Dadurch können in zellulären Analysen („assays") biologische Effekte mit höherer Genauigkeit der Inhibierung einer bestimmten Zielstruktur oder einer Proteindomäne zugeordnet werden. Darüber hinaus sollte eine chemische Sonde gegen möglichst viele andere

Proteine getestet werden, um ihre Selektivität zu prüfen. Hierfür werden zum Beispiel Kinase-Bibliotheken oder kommerzielle Proteinarrays herangezogen. Ein inaktiver Inhibitor mit einer verwandten Struktur komplementiert ein ideales Daten- und Reagenzienpaket einer qualitativ hochwertigen chemischen Sonde (Brown/Muller, 2015).

5.3 Beispiele chemischer Sonden

5.3.1 Histon-Demethylasen

Histon-Demethylasen (HDMs) – Enzyme, die Methylgruppen von Histonen entfernen – sind erst seit kurzem bekannt; lange Zeit galten Histon-Methylierungen als irreversibel. HDMs können nach den benötigten Cofaktoren in zwei Gruppen unterteilt werden. Die erste identifizierte Histon-Demethylase LSD1[8] gehört zur Gruppe der Enzyme, die FAD (Flavin-Adenin-Dinukleotid) als Cofaktor benutzen. LSD1 entfernt Methylgruppen von mono- und dimethyliertem Lysin in der N-terminalen Position 3 und 4 im Histon H3 (H3K4me1 oder H3Kme2).[9] Diese Histon-Markierung führt zur Inaktivierung der Gentranskription (Shi et al., 2004). Mehrere spezifische Inhibitoren für LSD1 sind in der Literatur beschrieben. Diese Verbindungen leiten sich chemisch vom klinischen Monoaminoxidasen-Inhibitor Tranylcypromin ab (Muller/Brown, 2012). Die zweite Gruppe der Histon-Demethylasen verwendet 2-Oxoglutarat als Cofaktor und gehört zu den eisenabhängigen (Fe^{2+}) Enzymen.

Die mehr als 30 Mitglieder der 2-Oxoglutarat-abhängigen Jumonji-Familie JmjC katalysieren die Demethylierung von mono-, di- und trimethylierten Lysinen. Erst wenige spezifische Inhibitoren, die auch zelluläre Aktivität zeigen, sind für diese Gruppe beschrieben (Maes et al., 2015). Keiner der veröffentlichten Inhibitoren erfüllt alle der oben aufgeführten Kriterien. Obwohl kürzlich einige Patente Inhibitoren für JmjC-Demethylasen beschrieben, sind die veröffentlichten Daten unzureichend, um die Selektivität der Inhibitoren zu beurteilen. Auch sind diese Chemikalien nicht allgemein frei verfügbar.

Einer der am besten charakterisierten Inhibitoren ist *EPT-103182*, ein Inhibitor der KDM5-Subfamilie der Histon-Demethylasen, der zurzeit in präklinischer Entwicklung ist. Die chemische Struktur ist unbekannt, jedoch wurden In-vitro-Aktivitäten gegen KDM5B im subnanomolaren Bereich berichtet. Gegenüber der KDM4-Familie erreicht

---

8   Auch KDM1.
9   Methylierungen können an Lysinresten der unterschiedlichen Histone (H1-H5) des Chromatins stattfinden. Der Effekt auf die Genexpression hängt von der Position der Lysinreste in den Histonen und vom Grade der Methylierung (einfach, zweifach, dreifach methyliert) ab.

der Inhibitor eine 20- bis 50-fache Selektivität, gegenüber der KDM6-Familie wird eine etwa 3.000-fache Selektivität erreicht. Der Inhibitor hat eine sehr gute zelluläre Aktivität mit einer IC_{50} von 1.8 nM für das Substrat H3K4me3. Auch zeigt der Inhibitor gute Wirksamkeit in Mausmodellen für Multiples Myelom (Maes et al., 2015).

GSK-J1 ist ein potenter Inhibitor für die Histon-Demethylasen-Familie KDM6 (KDM6A und KDM6B). Der Inhibitor wurde jedoch zunächst nicht gegen die KDM5-Subfamilie getestet, da zur Zeit der Entwicklung keine geeignete Assaymethode zur Verfügung stand. Nach der erfolgreichen Entwicklung eines KDM5-Assays ergaben spätere Analysen eine geringere Selektivität (15-fach) gegenüber der KDM5-Familie (Heinemann et al., 2014; Kruidenier et al., 2014). Der Inhibitor hat aufgrund der geladenen Säuregruppe eine geringe zelluläre Aktivität, sodass stattdessen der Ethylester GSK-J4 als Prodrug[10] benutzt werden muss. Obwohl diese chemische Sonde noch verbessert werden sollte, ließ GSK-J4 klare Rückschlüsse auf die Rolle der KDM6-Histon-Demethylasen als potenzielle therapeutische Ziele („targets") zu. Mitglieder der KDM6-Subfamilie entfernen die repressiven H3K27me3-Methylmarkierungen von Histonen. Mithilfe von GSK-J4 wurde die postulierte Rolle von KDM6B in Entzündungen bestätigt. Die mit der chemischen Sonde GSK-J4 behandelten Makrophagen, die von Patienten mit chronischer rheumatoider Arthritis stammen, produzierten deutlich weniger proinflammatorische Zytokine (Kruidenier et al., 2012). GSK-J4 ist auch effektiv bei Autoimmunerkrankungen und unterdrückt die Differenzierung einer Untergruppe der T-Helferzellen, der Th17-Zellen, durch eine Regulierung der repressiven H3K27me3-Histon-Markierung an regulatorischen Elementen des essenziellen Transkriptionsfaktors RORC für Th17-Zellen sowie an Th17-abhängigen Zytokinen, wie zum Beispiel die Interleukine IL17, IL17f und IL22 (Liu et al., 2015). Mithilfe von GSK-J4 wurden auch neue therapeutische Möglichkeiten im Bereich der Onkologie nachgewiesen. Für eine Form der akuten lymphatischen Leukämie (T-Zell ALL, T-ALL) reduzierte die Behandlung mit GSK-J4 die Proliferation der entarteten Blutzellen (Ntziachristos et al., 2014). Ähnliche antiproliferative Effekte wurden auch in Glioma (Hirntumoren) beobachtet, und zwar sowohl in der Zellkultur als auch im Mausmodell. Der zelluläre Effekt konnte dabei auf eine Inhibierung von KDM6 zurückgeführt werden, da ein Anstieg der H3K27me3-Markierung zu beobachten war (Hashizume et al., 2014). Die Verwendung der GSK-J4-Sonde zeigte auch, dass KDM6B und KDM6A (UTX) wichtig für die Reaktivierung von *Herpes-simplex*-Virus 1 (HSV-1) sind. Die H3K27me3-Markierung der lytischen Gene von HSV-1 verhindert die Expression dieser Gene in der latenten Phase des Virus. Die Inhibierung der Demethylierung

---

[10] Prodrugs sind biologisch inaktive Reagenzien, die in vivo durch chemische oder enzymatische Prozesse in eine aktive Form umgewandelt werden.

von H3K27me3 durch GSK-J4 verhindert so eine Reaktivierung der latenten Virusgene, was einen möglichen therapeutischen Ansatz zur Behandlung von HSV darstellen könnte (Messer et al., 2015).

Wie wichtig eine sorgfältige Charakterisierung einer chemischen Sonde ist, inklusive möglicher Kreuzreaktivitäten, zeigt auch eine kürzlich erschienene Publikation. Kamikawa und Donohoe (2015) benutzten *GSK-J4*, um die Rolle von H3K27me3-Methylierung bei der Inaktivierung des weiblichen X-Chromosoms zu studieren. Das inaktive X-Chromosom ist bedeckt von der repressiven H3K27me3-Markierung. Umgekehrt wird in einer somatischen Zelle, bei der Pluripotenz induziert wurde, das inaktivierte X-Chromosom durch Entfernen der H3K27me3-Markierung reaktiviert. Die Studie identifizierte die Histon-Demethylase UTX als Schlüsselenzym („masterregulator") für die X-Inaktivierung und -Reaktivierung, und zwar über die Regulierung des Transkriptionsfaktors PrdM14 sowie der beiden langen nicht codierenden RNAs Tsix und Xistt. Aufgrund der berichteten möglichen Kreuzreaktivität zu den H3K4me3-Histon-Demethylasen der KDM5-Subfamilie testeten die Autoren auch diese Histonmarkierung, die in der Tat auch durch den Inhibitor beeinflusst war. Dies ließ eine korrekte und differenzierte Interpretation der Daten und der regulierten Gene zu (Kamikawa/Donohoe, 2015).

5.3.2 Histon-Methyltransferasen

Auch für Histon-Methyltransferasen sind mehrere frei verfügbare spezifische Inhibitoren beschrieben worden, die zum Teil von unterschiedlichen chemischen Klassen stammen. Insbesondere Inhibitoren für die Mono-, Di- und Tri-Methylase von Lysin 27 auf Histon 3 (H3K27) wurden vielversprechende Ergebnisse bei der Behandlung von B-Zell-Lymphomata berichtet und erste klinische Studien haben begonnen. Für weiterführende Details sei auf Brown und Muller (2015) verwiesen.

5.3.3 Bromodomäne-Proteine

Bromodomänen-Proteine sind epigenetische Modulatoren, die Histon-Modifikationen „lesen" („reader" proteins). Sie erkennen Acetylierungen und – wie erst kürzlich gezeigt wurde – auch Butyrilierungen und Krotonylierungen von Lysinen in Histonen oder anderen Proteinen im Zellkern und binden daran (Flynn et al., 2015; Filippakopoulos et al., 2012). Die 61 Bromodomänen, die im menschlichen Genom identifiziert wurden, sind Teil unterschiedlicher Kernproteine, die eine Vielzahl zusätzlicher Domänen enthalten können. Dies können entweder katalytische Domänen (z. B. Histon-Acetyltransferase-Domänen (HAT) oder Helikase-Domänen) oder non-katalytische Protein-Protein-Interaktionsdomänen (z. B. BAH- oder PHD-Domänen)[11] sein, wobei das Protein im letzteren Fall Gerüst-Funktionen („scaffolding") hat. Proteine, die Bromodomänen enthalten, sind oft Teil großer Molekülkomplexe und dienen durch Bindung an acetylierte Sequenzen der Verankerung von Proteinen an Chromatinstrukturen wie zum Beispiel an acetylierte Histone oder auch dem Zusammenhalt großer Komplexe.

Bromodomänen sind kompakte stabile Domänen von circa 110 Aminosäuren, die über eine tiefe hydrophobe Bindetasche verfügen, in die Kleinmoleküle leicht binden können. Sie gelten daher als „druggable", das heißt, sie stellen attraktive Angriffsziele für pharmazeutische Wirkstoffe wie Inhibitoren dar (Filippakopoulos/Knapp, 2014; Vidler et al., 2012). Eine zentrale Aminosäure in der Acetyllysin-Bindetasche ist ein Asparagin, das in den meisten Bromodomänen konserviert ist und eine Wasserstoffbrücke zu dem Acetylrest bildet. Es trägt so maßgeblich zur Erkennung der Acetylierung bei. Mutationen dieser Aminosäure zu Alanin oder Phenylalanin verhindern in den meisten Fällen die Bindung des gesamten Proteins an Chromatin (Philpott et al., 2014). Aber auch andere Aminosäuren wie Tyrosin, Threonin oder Aspartat werden in den sogenannten atypischen Bromodomänen anstelle des konservierten Asparagins gefunden. Die Auswirkung dieser Substitution für die Substraterkennung ist noch Gegenstand derzeitiger Forschung.

Fast alle Bromodomänen können in rekombinanter Form gereinigt werden und für die Mehrheit gibt es Kristallstrukturen (Filippakopoulos et al., 2012). Die große Anzahl experimenteller Proteinstrukturen bot ideale Voraussetzungen für die strukturbasierte Inhibitorentwicklung („structure based drug design"). Für die Bromodomänenfamilie gibt es mittlerweile für fast alle Subfamilien chemische Sonden mit jeweils unterschiedlicher inhibitorischer Potenz und basierend auf unterschiedlichen chemischen Klassen; eine zuverlässige Interpretation zellulärer Daten ist somit gegeben (Abbildung 1).

---

11 BAH-Domäne = Bromo adjacent homology domain, PHD-Domäne = plant homeodomain.

5. Chemische Open-Access-Sonden für epigenetische Zielstrukturen   103

Abbildung 1: Beispiele frei verfügbarer chemischer Sonden für Bromodomänen

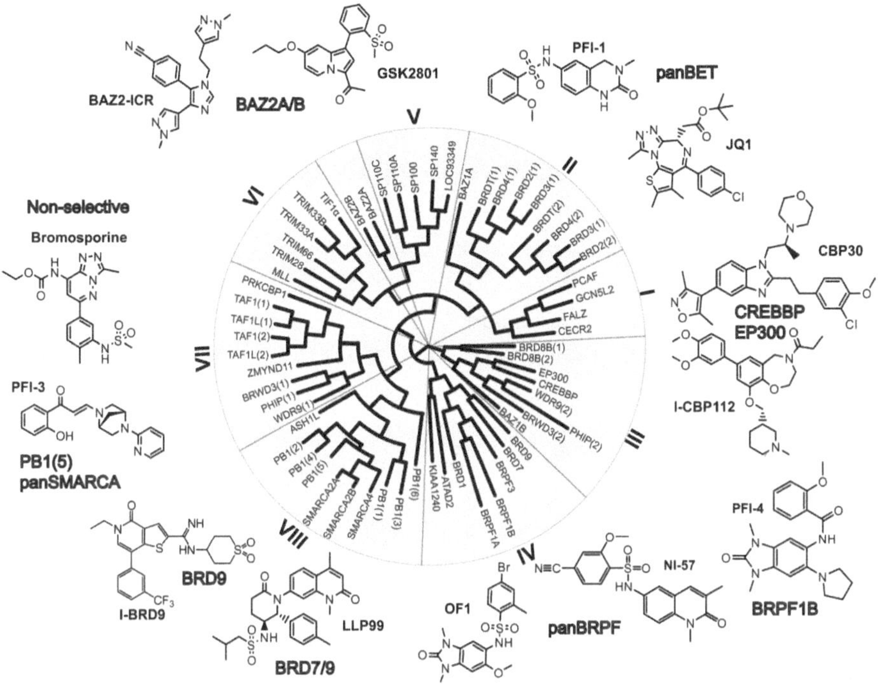

Strukturbasiertes Dendrogramm der humanen Bromodomänen in Anlehnung an Filippakopoulos et al., 2012. Die acht Subfamilien der Bromodomänfamilie sind durch römische Ziffern gekennzeichnet.

Es wurden beispielsweise zwei Inhibitoren für die Bromodomänen-enthaltenden Histon-Acetyltransferasen CBP und EP300 beschrieben (Hammitzsch et al., 2015; Picaud et al., 2015). CBP und EP300 sind zwei verwandte Proteine, die als Koaktivatoren der Genexpression wirken und in vielen physiologischen und pathophysioloischen Vorgängen eine Rolle spielen. Außer der Bromodomäne und der HAT-Domäne enthalten diese beiden Proteine noch eine Anzahl weiterer DNA- und Proteininteraktions-Domänen. Die Aktivierung der CBP/EP300-abhängigen Zytokine hängt vom Zusammenspiel der unterschiedlichen Proteindomänen ab und wird auf genspezifische Weise kontrolliert. Obwohl die Inhibierung der Bromodomäne nicht dazu führt, dass CBP oder EP300 global vom Chromatin verdrängt werden, wie in Deletions-und Mutationsstudien gezeigt wurde (Philpott et al., 2014), so trägt die Bromodomäne zur Aktivierung spezifischer HAT-abhängiger Genexpression bei. Beispielsweise ist die Transkription des Zellzyklusregulators p21 abhängig von der EP300-Bromodomäne, wohingegen ein anderes EP300-abhängiges Gen, *E2F1*, nicht durch die Funktion der Bromodomäne beeinflusst wird (Chen et al., 2010). Mithilfe des Inhibitors *SGC-CBP30* wurde gezeigt, dass die Inhibierung der CBP-Bromodomäne auch eine Rolle bei Autoimmunkrankheiten wie dem Morbus Bechterew (ankylosierende Spondylitis) oder der Schuppenflechten-Arthritis (Arthritis psoriatica) spielen kann. In Zellen, die von Patienten stammten, die an diesen Krankheiten litten, führte die Behandlung mit *SGC-CBP30* zu einer reduzierten Sekretion des proinflammatorischen Zytokins IL-17A, das maßgeblich an beiden Krankheitsbildern beteiligt ist (Hammitzsch et al., 2015). Die CBP-Bromodomäne spielt auch eine Rolle bei Leukämieerkrankungen; mithilfe der chemischen Sonde *I-CBP112* wurde gezeigt, dass insbesondere Leukämiestammzellen abhängig von CBP sind. CBP-Inhibitoren wären daher idealerweise als Sekundärtherapie nach einer Chemotherapie einsetzbar, um einen Rückfall zu verhindern (Picaud et al., 2015).

Die Anzahl verfügbarer epigenetischer Sonden hat mittlerweile zugenommen, und so ist es jetzt möglich, gleichzeitig mehrere Proteine in einem Proteinkomplex zu inhibieren. Ein Beispiel sind die sogenannten BAF- oder PBAF-Chromatin-Remodellierungskomplexe: Multiproteinkomplexe, die jeweils mehrere Untereinheiten mit Bromodomänen enthalten. Mutationen und Überexpression von BAF- und PBAF-Proteinen sind eng mit der Entstehung maligner Erkrankungen (Karzinogenese) assoziiert. Chemische Sonden wären daher wünschenswert, um das therapeutische Potenzial der Inhibierung einer oder mehrerer Bromodomänen in diesen Komplexen zu erforschen. Die katalytischen Komponenten dieser Komplexe (BRM oder BRG1) enthalten neben der ATPase-Domäne auch eine C-terminale Bromodomäne, für die bereits ein spezifischer Inhibitor (*PFI-3*) beschrieben ist. Daneben sind in den BAF- und PBAF-Komplexen auch die strukturell verwandten Proteine BRD9 und BRD7 enthalten. Der PBAF-Komplex enthält darüber hinaus das Protein PB1, das aus sechs Bromodomänen besteht. Gleich mehrere chemischen Sonden stehen für BRD9 und BRD7 zu Verfügung (Clark et al., 2015; Theodoulou et al., 2016).[12] Zwei dieser Sonden haben eine duale Aktivität und inhibieren sowohl BRD9 als auch in abgeschwächter Form BRD7; die dritte (*I-BRD9*) ist spezifisch für BRD9. Auch die bekannten Kreuzreaktivitäten innerhalb der Bromodomänen-Familie sind verschieden, sodass sich die vorhandenen Inhibitoren sehr gut ergänzen. Eine Überexpression von BRD9 wurde beim Zervixkarzinom beschrieben (Scotto et al., 2008), wohingegen die Expression von BRD7 in Tumoren herunterreguliert ist und daher eine Funktion als Tumorsuppressor für dieses Protein postuliert worden ist (Clark et al., 2015). Ein Effekt auf Krebszellen wurde bisher für keinen dieser Inhibitoren beschrieben, aber BRD9-Inhibition hat eine Wirkung auf die Sekretion proinflammatorischer Zytokine (Clark et al., 2015). Studien mit Inhibitorkombinationen

---

12 Vgl. www.thesgc.org/Chemical-Probes/Bi-9564 [02.08.2016].

für den BAF/PBAF-Komplex sind noch nicht beschrieben, doch wäre es interessant zu verstehen, welche Rolle die einzelnen Komponenten im Komplex haben. Die zur Verfügung stehenden Inhibitoren stellen eine gute Basis für Forschungsaktivitäten zu diesen Fragen dar.

Während der Embryonalentwicklung, aber auch in der Karzinogenese, gibt es ein Gleichgewicht der Gentranskription zwischen dem repressiven PRC-Komplex („polycomb repressive complex") und dem SWI/SNF-Komplex („switching defective/sucrose non-fermenting complex"). Der PRC-Komplex unterdrückt die Genexpression durch Markierung des Chromatins mit der repressiven H3K27me3-Markierung, während der SWI/SNF-Komplex – zu dem auch die BAF- und PBAF-Komplexe gehören – Nucleosomen repositioniert und dadurch ultimativ Gentranskription erleichtert. Es ist daher nicht verwunderlich, dass Komponenten dieser beiden Komplexe miteinander in Wechselwirkung stehen und auch funktionell synergistisch agieren. Zum Beispiel wurde eine Interaktion zwischen BRD7, der Arginin-Methyltransferase PRMT5 und dem Polycomb-Komplex PRC2 beschrieben (Tae et al., 2011). Gemeinsam inhibieren diese Proteine die Transkription von Genen, die vom PRC2-Komplex reguliert werden. Die Expression von PRC2-Komponenten ist häufig bei verschiedenen Krebsarten, zum Beispiel bei Melanomen, Lymphomen, Brust- oder Prostatakrebs, erhöht (Margueron/Reinberg, 2011). Gleich mehrere epigenetische Sonden sind für diesen Komplex verfügbar: *GSK591* zur Inhibierung von PRMT5,[13] die bereits beschriebenen Inhibitoren von BRD9 und BRD7 sowie mehrere Inhibitoren für die Methyltransferase EZH2 (Verma et al., 2012; Knutson et al., 2012; Xu et al., 2015), die als Teil des PRC2-Komplexes die repressive H3K-27Me3-Methylierung katalysiert (Abb. 2).

Auch andere epigenetische Enzyme können der Repression von PRC entgegenwirken. Die Acetylierung der Aminosäure K27 im Histon H3 verhindert die Methylierung dieses Lysinrestes. Die katalytische Untereinheit BRM des SWI/SNF-Komplexes interagiert mit der Histon-Demethylase KDM6A (UTX) sowie der bereits erwähnten Histon-Acetylase CBP, die die Acetylierung an K27 katalysiert, und wirkt dadurch einer Repression der entsprechenden Gene entgegen (Tie et al., 2012). Für alle diese Komponenten sind Inhibitoren vorhanden, die – alleine oder in Kombination – die Erforschung des genauen Mechanismus unter physiologischen oder pathophysiologischen Verhältnissen ermöglichen können (Abb. 2).

---

13 Vgl. www.thesgc.org/chemical-probes/GSK591 [02.08.2016].

Abbildung 2: Beispiele für das Zusammenspiel verschiedener Proteine in Chromatinkomplexen und die Auswirkung auf die Gentranskription

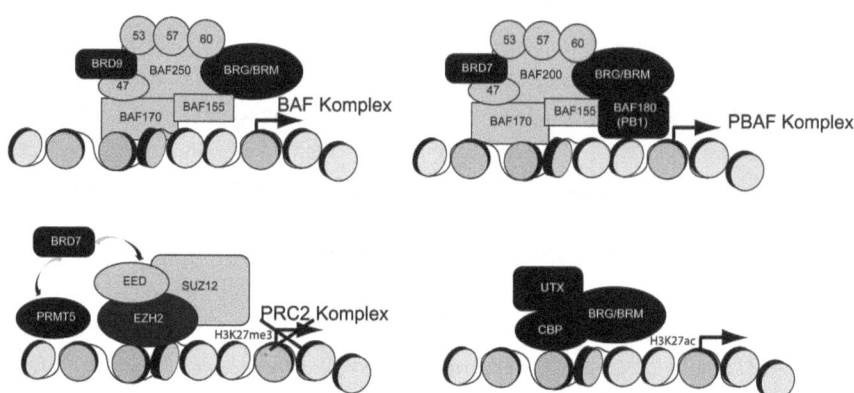

Eigene Darstellung. Proteine, für die chemische Sonden zur Verfügung stehen, sind in schwarz gezeigt.

Auch Kombinationen mit anderen Inhibitoren posttranslationaler Modifikationen sind denkbar. Besonders fruchtbar wären mögliche Kombinationstherapien mit bereits zugelassenen Medikamenten oder mit Inhibitoren in klinischen Studien. Ein interessanter Ansatz ist auch die Hemmung mehrerer Enzyme oder Proteine durch einen einzigen Inhibitor (Polypharmakologie), der einen Vorteil gegenüber den sehr aufwendigen klinischen Studien mit mehreren Inhibitoren darstellen könnte. Beispiele für vielversprechende Strategien sind duale Inhibitoren von Bromodomäne-Kinasen (Ciceri et al., 2014). Es ist wahrscheinlich, dass durch die gleichzeitige Inhibition verschiedener Signaltransduktionskaskaden, die zur Entstehung von Tumoren beitragen, Resistenzen vermieden oder hinausgezögert werden können, und zwar ohne die klinischen Nachteile der Kombinationstherapie, wie zum Beispiele synergistische Nebeneffekte der einzelnen Medikamente.

5.4 Der Einfluss chemischer Sonden auf die Grundlagenforschung

Die ersten Bromodomäne-Inhibitoren wurden gegen Mitglieder der BET-Familie[14] (BRD2, BRD3, BRD4 und BRDT) entwickelt (Filippakopoulous et al., 2010; Nicodeme et al.,

---

14 BET = Bromodomain and ExtraTerminal domain.

2010). Die Mitglieder der BET-Familie besitzen zwei N-terminale Bromodomänen sowie andere potenzielle Interaktionsdomänen im Bereich ihres C-Terminus. Sie enthalten jedoch keine katalytische Domäne. Die uneingeschränkte Verfügbarkeit des BET-Inhibitors *(+)-JQ1* führte bisher zu über 1000 Publikationen seit der Veröffentlichung des Inhibitors im Dezember 2010 – also mehr Publikationen, als die Summe der Publikationen, die für diese Proteinfamilie vor 2010 veröffentlicht wurden.[15]

BET-Proteine, insbesondere BRD4, spielen eine zentrale Rolle in der Transkriptionskontrolle. BRD4 interagiert mit dem Elongationsfaktor P-TEFb („positive transcription elongation factor") und reguliert dadurch die Phosphorylierung und in weiterer Konsequenz den Elongationsschritt der RNA-Polymerase II an Genpromotoren. Diese Funktion ließ vermuten, dass durch die Hemmung von BRD4 die Gentranskription global negativ reguliert werden würde. Genexpressionsstudien zeigten jedoch, dass BET-Inhibitoren selektiv wirken und nur die Transkription bestimmter Gene beeinflussen. Dies wurde durch die Funktion von BRD4 in Enhancern und Super-Enhancern erklärt, wo es unter anderem auch die Transkription von nicht codierenden Enhancer-RNAs (eRNA) reguliert (Kanno et al., 2014) oder über die Regulation der Mediatorkomplexe direkt auf die Transkription spezifischer Gene Einfluss nimmt (Whyte et al., 2013).

Das Zusammenspiel von zellspezifischen Transkriptionsfaktoren, Histon-Acetyltransferasen und BRD4 spielt beispielsweise eine zentrale Rolle für Signaltransduktionskaskaden bei Leukämien (Roe et al., 2015). Insbesondere regulieren BET-Proteine wichtige Gene, die für den Zellzyklus (p21), die Proliferation (Aurora) und Apoptose (*Bcl-xL*) verantwortlich sind, sowie Onkogene wie *c-Myc*. Es ist daher nicht verwunderlich, dass BET-Inhibitoren effektive Tumorinhibitoren darstellen (Mirguet et al., 2013; Filippakopoulos/Knapp, 2014). Auch unterliegen metabolische Gene (z. B. *LDHA*; Qiu et al., 2015) wie auch Gene, die an Lern- und Gedächtnisprozessen beteiligt sind (z. B. *IEG*; Korb et al., 2015), der Regulation durch BRD4.

Gene, die an Entzündungsprozessen mitwirken, können auf zweifache Weise durch BET-Proteine reguliert werden: Zum einen beeinflussen sie wie beschrieben Promotoren und Enhancer, zum anderen interagieren sie mit ihren Bromodomänen mit Nicht-Histonproteinen wie Transkriptionsfaktoren. Beispielsweise bindet BRD4 an die p65-Untereinheit des Transkriptionsfaktors NFkB und nimmt dadurch Einfluss auf Entzündungsgene (Xu Vakoc, 2014). Interessanterweise scheint an entzündlichen Prozessen im Gehirn überwiegend BRD2 beteiligt zu sein, und zwar über die Regulation des Gens *PAI-1* („plasminogen activator inhibitor 1"). Im Gegensatz dazu sind andere

---

15 Recherche in der Literatur-Datenbank MEDLINE (U.S. National Library of Medicine). Online unter: www.ncbi.nlm.nih.gov [03.08.2016].

proinflammatorische Zytokine wie *IL-6* oder *TNF-α*, die in peripheren Entzündungen aktiviert sind, nicht involviert (Choi et al., 2015). Durch Interaktion mit dem Androgenrezeptor oder dem Tumorsuppressor 53 reguliert BRD4 die Androgen- oder p53-abhängigen Gene. Entsprechend zeigten BET-Inhibitoren vielversprechende Effekte bei Prostatakrebs oder in p53-abhängigen Leukämiemodellen (Asangani et al., 2014; Stewart et al., 2013).

Diese Einblicke in die physiologischen Funktionen der BET-Proteine wurden durch die Verfügbarkeit gut charakterisierter Sonden ermöglicht. Unerwünschte Nebeneffekte durch die Inhibierung anderer Proteine können durch die Verwendung mehrerer, strukturell unterschiedlicher Sonden und inaktiver Kontrollsubstanzen verhindert werden. Beispielsweise gehört der BET-Inhibitor *(+)-JQ1* chemisch zur Klasse der Benzodiazepine. Diazepine binden auch an G-Protein-gekoppelte Rezeptoren (GPCR) wie den GABA-Rezeptor und werden daher als Beruhigungs- und Schlafmittel eingesetzt. In-vitro-Screening gegen GPCRs ergab jedoch, dass *(+)-JQ1* keine nennenswerte Aktivität für GPCRs hat. Zusätzlich kann der Effekt des BET-Inhibitors *(+)-JQ1* in zellulären Assays durch die Anwendung des alternativen Tetrahydro-Quinazolin-BET-Inhibitors *PFI-1* bestätigt werden. Darüber hinaus gibt es für das aktive Enantiomer *(+)-JQ1* eine geradezu ideale Kontrollsubstanz, nämlich das inaktive Stereoenantiomer *(-)-JQ1*, das nicht an BET-Proteine bindet. Durch die Kombination der verfügbaren Substanzen kann so eine sichere Aussage bezüglich der beobachteten Effekte getroffen werden.

5.5 Der Einfluss chemischer Sonden für die Entwicklung neuer Pharmazeutika

Die vielversprechenden Berichte über zelluläre Experimente und Tiermodelle haben eine Flut von klinischen Studien hervorgerufen. Fünfzehn klinische Studien wurden oder werden bereits durchgeführt (Tabelle 1). Dies ist eine bemerkenswert kurze Zeit seit der Entdeckung und Publikation der Inhibitoren. Die hervorragende Validierung und Erprobung von BET-Inhibitoren in Laboren aus aller Welt hat zu diesem raschen Fortschreiten der Arzneimittelentwicklung entscheidend beigetragen. Erste Ergebnisse bei Akuter Myeloischer Leukämie (AML) und Lymphomata sind vielversprechend, jedoch wurden als Nebeneffekte auch Thrombozytopenie und Neutropenie berichtet.[16]

---

[16] http://tatcongress.org/wp-content/uploads/2015/03/O7.3-Patrice-Herait.pdf [01.08.2016].

Tabelle 1: BET-Inhibitoren in klinischen Studien

Arzneimittel-kandidat	Firma	Phase	Indikation
ABBV-075	Abbvie	I	Solide Tumoren
BAY1238097	Bayer	I	Fortgeschrittene solide Tumoren
BMS-986158	Bristol Meyer Squibb	I/IIa	Solide Tumoren
CPI-0610	Constellation	I	Progressives Lymphom
CPI-0610	Constellation	I	Multiple Myeloma
CPI-0610	Constellation	I	Akute Leukämie, Myelodysplatisches Syndrom oder Myelodysplastische/Myeloproliferative Neoplasmen
GSK525762	GSK	I	NUT Midline Karzinom (NMC) und andere Krebsarten
GSK525762	GSK	I	Refraktäre Hämatologische Tumoren
INCB054329	Incyte Corporation	I, II	Fortgeschrittene Tumoren
OTX015	Merck (Oncoethix)	I	Akute Myeloische Leukämie
OTX015	Merck (Oncoethix)	I	NUT Midline Karzinom, Solide Tumoren
OTX015	Merck (Oncoethix)	I	Akute Leukämie, andere hämatologische Krebsarten
OTX015	Merck (Oncoethix)	IIa	Glioblastom
TEN-010	Tensha	I	Akute Myeloische Leukämie und Myelodysplatisches Syndrom
TEN-010	Tensha	I	Solide Tumoren

Quelle: www.cancer.gov

Die prinzipielle pharmakologische Verträglichkeit von BET-Inhibitoren wurde in klinischen Studien mit dem Inhibitor *RVX-208/RVX000222* gezeigt. *RVX000222* wurde in einem phänotypischen Screening-Verfahren als Substanz identifiziert, die Apolipoprotein A-I und High-density Lipoprotein Cholesterol (HDL) hochreguliert und daher eine positive Wirkung bei koronaren Herzerkrankungen haben sollte. Klinische Studien bis zu Phase IIb wurden durchgeführt, ohne dass substanzielle Nebeneffekte berichtet wurden. RVX-208 bindet jedoch bevorzugt an die zweite Bromodomäne der BET-Proteine. Dies hat andere Effekte auf die Genregulation, als die Inhibition beider oder der ersten Bromodomäne von BET wie zum Beispiel durch den BET Inhibitor *(+)-JQ1* (Picaud et al., 2013) sie erzeugt.

Präklinische Experimente bei Leukämie zeigen jedoch schon, dass sich auch Resistenzen gegen BET-Behandlung bilden können. Diese Resistenzen beeinträchtigen nicht direkt die BET-Proteine, sondern bewirken über Chromatinremodelling die Re-Expression von Tumorgenen wie zum Beispiel *c-Myc*. Dabei kommt der Aktivierung der WNT-Signaltransduktionskaskade eine entscheidende Rolle zu (Rathert et al., 2015). Interessant dabei ist, dass die Resistenz unabhängig von der chemischen Struktur des verwendeten Inhibitors ist. So sind Zellen, die resistent gegen den BET-Inhibitor *I-BET* sind, auch resistent gegen *(+)-JQ1*, das chemisch zu einer anderen Klasse gehört (Fong et al., 2015). Erste Resistenzen haben sich auch schon in Pankreaskarzinomzellen gezeigt (Kumar et al., 2015).

5.6 Ausblick

Open Access ist ein Trend, der sich in allen Bereichen der Wissenschaft und der Medizin ausbreitet. Die zunehmend steigenden Kosten für die Medikamentenentwicklung haben die Pharmaindustrie für neue Wege geöffnet. Öffentlich-private Partnerschaften finden dabei immer häufiger ihren Platz. Insbesondere im Bereich der Epigenetik haben Open-Access-Projekte die Wissenschaft auf diesem Gebiet sprunghaft vorangetrieben. Wir denken, dass es von grundlegender Bedeutung ist, dass akademische Institute untereinander frei und unbürokratisch zusammenarbeiten. Dabei ist ein Gleichgewicht zwischen freier akademischer Forschung und zielgerichteter translationaler Projekte von Bedeutung. Die uneingeschränkte Verfügbarkeit epigenetischer Sonden hat sowohl viele neue Bereiche der Biologie als auch therapeutische Ansätze erschlossen. Es ist zu hoffen, dass für die verbleibenden epigenetischen Proteine ein ähnlicher Erfolg herbeigeführt werden kann. Noch gibt es wenige chemische Sonden für Methyl-bindende Proteine oder DNA-modifizierende Proteine. Auch für die regulatorischen RNAs, die hier nicht behandelt wurden, sowie spezifische Sonden für chromatinmodifizierende Komplexe wären wünschenswert. Open-Access-Kollaborationen können helfen, dieses Ziel schneller zu erreichen.

5.7 Literatur

Arrowsmith, C. H. et al. (2015): The promise and peril of chemical probes. In: Nat Chem Biol 11(8):536–541.
Asangani, I. A. et al. (2014): Therapeutic targeting of BET bromodomain proteins in castration-resistant prostate cancer. In: Nature 510(7504):278–282.

Brown, P. J./Muller, S. (2015): Open access chemical probes for epigenetic targets. In: Future Med Chem 7(14):1901–1917.
Bunnage, M. E. (2011): Getting pharmaceutical R&D back on target. In: Nat Chem Biol 7(6):335–339.

Chen, J. et al. (2010): Interplay of bromodomain and histone acetylation in the regulation of p300-dependent genes. In: Epigenetics 5(6):509–515.
Choi, C. S. et al. (2015): The Epigenetic Reader BRD2 as a Specific Modulator of PAI-1 Expression in Lipopolysaccharide-Stimulated Mouse Primary Astrocytes. In: Neurochem Res 40(11):2211–2219.

Ciceri, P. et al. (2014): Dual kinase-bromodomain inhibitors for rationally designed polypharmacology. In: Nat Chem Biol 10(4):305–312.
Clark, P. G. et al. (2015): LP99: Discovery and synthesis of the first selective BRD7/9 bromodomain inhibitor. In: Angew Chem 54(21):6217–6221.

Filippakopoulos, P./Knapp, S. (2014): Targeting bromodomains: epigenetic readers of lysine acetylation. In: Nat Rev Drug Discovery 13(5):337–356.
Filippakopoulos, P. et al. (2012): Histone recognition and large-scale structural analysis of the human bromodomain family. In: Cell 149(1):214–231.
Filippakopoulos, P. et al. (2010): Selective inhibition of BET bromodomains. In: Nature 468(7327):1067–1073.
Flynn, E. M. et al. (2015): A subset of human bromodomains recognizes butyryllysine and crotonyllysine histone peptide modifications. In: Structure 23(10):1801–8114.
Fong, C. Y. et al. (2015): BET inhibitor resistance emerges from leukaemia stem cells. In: Nature 525(7570):538–542.
Frye, S. V. (2010): The art of the chemical probe. In: Nat Chem Biol 6(3):159–161.

Hammitzsch, A. et al. (2015): CBP30, a selective CBP/p300 bromodomain inhibitor, suppresses human Th17 responses. In: PNAS 112(34):10768–10773.
Hashizume, R. et al. (2014): Pharmacologic inhibition of histone demethylation as a therapy for pediatric brainstem glioma. In: Nat Med 20(12):1394–1396.
Heinemann, B. et al. (2014): Inhibition of demethylases by GSK-J1/J4. In: Nature 514(7520):E1–2.

Kamikawa, Y. F./Donohoe, M. E. (2015): Histone demethylation maintains prdm14 and tsix expression and represses xist in embryonic stem cells. In: PloS one 10(5):e0125626.
Kanno, T. et al. (2014): BRD4 assists elongation of both coding and enhancer RNAs by interacting with acetylated histones. In: Nat Struct Mol Biol 21(12):1047–1057.
Knutson, S. K. et al. (2012): A selective inhibitor of EZH2 blocks H3K27 methylation and kills mutant lymphoma cells. In: Nat Chem Biol 8(11):890–896.
Korb, E. et al. (2015): BET protein Brd4 activates transcription in neurons and BET inhibitor Jq1 blocks memory in mice. In: Nat Neurosci 18(10):1464–1473.
Kruidenier, L. et al. (2012): A selective jumonji H3K27 demethylase inhibitor modulates the proinflammatory macrophage response. In: Nature 488(7411):404–408.
Kruidenier, L. et al. (2014): Kruidenier et al. reply. In: Nature 514(7520):E2.
Kumar, K. et al. (2015): GLI2-dependent c-MYC upregulation mediates resistance of pancreatic cancer cells to the BET bromodomain inhibitor JQ1. In: Sci Rep 5:9489.

Liu, Z. et al. (2015): The histone H3 lysine-27 demethylase Jmjd3 plays a critical role in specific regulation of Th17 cell differentiation. In: J Mol Cell Biol/(6):505–516.

Maes, T. et al. (2015): Advances in the development of histone lysine demethylase inhibitors. In: Curr Opin Pharmacol 23:52–60.
Margueron, R./Reinberg, D. (2011): The Polycomb complex PRC2 and its mark in life. In: Nature 469(7330):343–349.

Messer, H. G. et al. (2015): Inhibition of H3K27me3-specific histone demethylases JMJD3 and UTX blocks reactivation of herpes simplex virus 1 in trigeminal ganglion neurons. In: J Virol 89(6):3417-3420.

Mirguet, O. et al. (2013): Discovery of epigenetic regulator I-BET762: lead optimization to afford a clinical candidate inhibitor of the BET bromodomains. In: J Med Chem 56(19):7501-7515.

Muller, S./Brown, P. J. (2012): Epigenetic chemical probes. In: Clinical pharmacology and therapeutics 92(6):689-693.

Nicodeme, E. et al. (2010): Suppression of inflammation by a synthetic histone mimic. In: Nature 468(7327):1119-1123.

Ntziachristos, P. et al. (2014): Contrasting roles of histone 3 lysine 27 demethylases in acute lymphoblastic leukaemia. In: Nature 514(7523):513-517.

Philpott, M. et al. (2014): Assessing cellular efficacy of bromodomain inhibitors using fluorescence recovery after photobleaching. In: Epigenetics Chromatin 7:14.

Picaud, S. et al. (2013): RVX-208, an inhibitor of BET transcriptional regulators with selectivity for the second bromodomain. In: PNAS 110(49):19754-19759.

Picaud, S. et al. (2015): Generation of a Selective Small Molecule Inhibitor of the CBP/p300 Bromodomain for Leukemia Therapy. In: Cancer Research 75(23):5106-5119

Qiu, H. et al. (2015): JQ1 suppresses tumor growth through downregulating LDHA in ovarian cancer. In: Oncotarget 6(9):6915-6930.

Rathert, P. et al. (2015): Transcriptional plasticity promotes primary and acquired resistance to BET inhibition. In: Nature 525(7570):543-547.

Roe, J. S. et al. (2015): BET Bromodomain Inhibition Suppresses the Function of Hematopoietic Transcription Factors in Acute Myeloid Leukemia. In: Mol Cell 58(6):1028-1039.

Scotto, L. et al. (2008): Integrative genomics analysis of chromosome 5p gain in cervical cancer reveals target over-expressed genes, including Drosha. In: Mol Cancer 7:58.

Shi, Y. et al. (2004): Histone demethylation mediated by the nuclear amine oxidase homolog LSD1. In: Cell 119(7):941-953.

Stewart, H. J. et al. (2013): BRD4 associates with p53 in DNMT3A-mutated leukemia cells and is implicated in apoptosis by the bromodomain inhibitor JQ1. In: Cancer Med 2(6):826-835.

Tae, S. et al. (2011): Bromodomain protein 7 interacts with PRMT5 and PRC2, and is involved in transcriptional repression of their target genes. In: Nucleic Acids Res 39(13):5424-5438.

Theodoulou, N. H. et al. (2016): Discovery of I-BRD9, a Selective Cell Active Chemical Probe for Bromodomain Containing Protein 9 Inhibition. In: J Med Chem 59(4):1425-1439.

Tie, F. et al. (2012): Histone demethylase UTX and chromatin remodeler BRM bind directly to CBP and modulate acetylation of histone H3 lysine 27. In: Mol Cell Biol 32(12):2323-2334.

Verma, S. K. et al. (2012): Identification of potent, selective, cell-Active inhibitors of the Histone Lysine Methyltransferase EZH2. In: ACS Med Chem Lett 3(12):1091-1096.

Vidler, L. R. et al. (2012): Druggability analysis and structural classification of bromodomain acetyl-lysine binding sites. In: J Med Chem 55(17):7346–7359.

Whyte, W. A. et al. (2013): Master transcription factors and mediator establish super-enhancers at key cell identity genes. In: Cell 153(2):307–319.

Workman, P./Collins, I. (2010): Probing the probes: fitness factors for small molecule tools. In: Chem Biol17(6):561–577.

Xu, B. et al. (2015): Selective inhibition of EZH2 and EZH1 enzymatic activity by a small molecule suppresses MLL-rearranged leukemia. In: Blood 125(2):346–357.

Xu, Y./Vakoc, C. R. (2014): Brd4 is on the move during inflammation. In: Trends Cell Biol 24(11):615–616.

Christoph Rehmann-Sutter

6. Zur biophilosophischen Bedeutung der Epigenetik

Was ins Auge springt, wenn man die Epigenetik betrachtet, ist die überraschende Erkenntnis, dass Gene durch Umwelteinflüsse veränderbar sind. Die Epigenetik stellt ein molekulares Paradigma für eine „lamarckistische" Vererbung[1] dar. Eine kürzlich publizierte Studie zeigte zum Beispiel, dass die traumatischen Erfahrungen von Holocaust-Opfern das Methylierungsmuster des Gens *FKBP5* verändern und dass sich dieselben Veränderungen auch in ihren Nachkommen finden. Diese Veränderungen beeinflussen den hormonellen Stoffwechsel (Cortisol), sind also funktional relevant, wenn auch deren genaue molekulare Bedeutung noch unklar ist (Yehuda et al., 2015). Eine „Umwelt"-Erfahrung kann also nicht nur die Aktivität eines Gens beeinflussen, die dann über die Lebenszeit der Betroffenen stabil bleibt, sondern sie kann diese sogar über eine Generation hinweg verändern. Der Nachweis desselben Effekts in der Folgegeneration ist ein Nachweis der Vererbbarkeit einer erworbenen Eigenschaft.

Die „Synthese" des Darwinismus mit der Molekularbiologie geht davon aus, dass sich Anpassungen an die Umwelt durch Veränderungen im Genom ergeben, die durch zufällige, ungerichtete Mutationen entstehen. Die Anpassung erfolgt nicht als Reaktion auf eine Umweltveränderung. Jede Anpassung bedarf einer Selektion der geeigneten Mutation. Diese Annahme legt den Schluss nahe, dass biochemische Veränderungen, die auf Erfahrungen zu Lebzeiten zurückgehen, nicht zu vererbbaren Folgen führen. Wenn dies nun doch möglich erscheint, verändert sich das Bild der Vererbung und der Evolution. Die Frage ist, wie epigenetische transgenerationelle Anpassungen mit dem darwinistischen Grundkonzept vereinbar sind.

---

1 Mit „lamarckistischer" Vererbung ist die Weitergabe von im Laufe des Lebens eines Individuums erworbenen Eigenschaften gemeint. „Darwinistisch" ist die Vererbung, wenn die genetischen Veränderungen zufällig erfolgen und der nachfolgenden Selektion unterliegen. Mit „Vererbung" meine ich die Weitergabe von Eigenschaften und Informationen an eine nächste Generation von Individuen, sei dies auf zellulärer Ebene in der Sukzession von Zellgenerationen oder auf der Ebene multizellulärer Individuen bei der Erzeugung von Nachkommen.

Ohne diese theoretische Frage beantwortet zu haben, können solche erst erworbenen und dann transgenerationell weitergegebenen Veränderungen, wie sie zum Beispiel im Methylierungsmuster von Genen erfolgen, bei ihren Trägern „getestet", das heißt nachgewiesen werden. Einige von ihnen dürften klinische Relevanz besitzen. Sie könnten, ähnlich wie DNA-Varianten für bestimmte Merkmale einen prädiktiven Wert aufweisen. Das heißt, man könnte auch mit epigenetischen Befunden bestimmte Krankheitsrisiken ermitteln.

Die Bedeutung der Epigenetik für die Philosophie des Lebendigen reicht aber weiter. Ich werde sie in diesem Kapitel in drei Richtungen erkunden. Nach ein paar Bemerkungen zu den verschiedenen Definitionen des Begriffs der Epigenetik (6.1) wende ich mich zunächst der Frage zu (6.2), wie denn dieser lamarckistische Befund, den die epigenetische Forschung erbracht hat, zu verstehen ist. Was folgt daraus für das Bild der Evolution und der daraus hervorgehenden Organismen? Dann (6.3) soll diskutiert werden, welche Konsequenzen das epigenetische Denken für den Zusammenhang zwischen der Entwicklung und der transgenerationellen Vererbung hat. Es ist ja so, dass in die Ausdifferenzierung von verschiedenen Geweben und Zellen im Laufe des Lebens eines multizellulären Organismus (wie wir Menschen auch selbst einer sind) epigenetische Mechanismen in ganz entscheidender Weise involviert sind, während man sich lange Zeit die Vererbung als Transmission vor allem von genetischer Information gedacht hat, aus der wiederum ein Organismus hervorgebracht wird. Nun müssen die Zusammenhänge zwischen Evolution und Entwicklung als enger miteinander verflochten vorgestellt werden. Schließlich (6.4) werden die Konsequenzen für die Philosophie der Genetik untersucht. Die epigenetische Vererbung erweitert nicht nur unsere Vorstellungen der Vererbbarkeit, sondern auch unsere Vorstellungen der Rolle von Genen und des Genoms im Zusammenhang der Zellen eines Lebewesens.

6.1 Zum Begriff „Epigenetik"

In dem gegenwärtig im molekularbiologischen Forschungskontext vorherrschenden genomischen Paradigma erscheint es sinnvoll, unter „epigenetics" das Studium der strukturellen Anpassungen in bestimmten chromosomalen Regionen zu fassen, die nicht auf Veränderungen der DNA-Sequenz beruhen, in denen aber Veränderungen in der Aktivität des Genoms entweder (i) registriert, (ii) signalisiert oder (iii) perpetuiert werden (Bird, 2007). Zu den klassischen epigenetischen Systemen gehören die Polycomb- und Trithorax-Systeme sowie die DNA-Methylierung; dazu kommen aber weitere Markierungsmechanismen von Chromatin. In dieser von Adrian Bird vorgeschlagenen Definition werden – entgegen früheren Vorschlägen, etwa aus der Gruppe von Arthur Riggs (Russo et al., 1996) – epigenetische Ereignisse nicht auf diejenigen Modifikationen eingeschränkt, die vererbbar sind. Es kann sein, dass diese nur im Verlauf der Lebenszeit einer einzigen Zelle stabil bleiben und dennoch für die chromosomale Funktion des Genoms dieser Zelle wirksam sind. Es scheint sinnvoll, diese als epigenetisch zu klassifizieren, weil sonst eine Reihe lebenswichtiger Mechanismen, die für die Erklärung der Genfunktion notwendig sind, ausgeschlossen würden. Die Vererbbarkeit einer Veränderung ist unter diesem Gesichtspunkt zweitrangig.

Die Definition Birds schließt aber Phänomene aus dem Begriff des Epigenetischen aus, die unter anderen Gesichtspunkten tatsächlich einbezogen würden, nämlich die dreidimensionalen Architekturmuster zellulärer Membransysteme und die Prionen. Gissis und Jablonka (2011a) beschreiben eine Reihe von „epigenetic inheritance systems", die vier Gruppen zuzuordnen sind: die Markierung von Chromatin, RNA-vermittelte Vererbung, selbsterhaltende Regulationsschleifen und strukturelle Vererbung. Die zellulären Membransysteme und die Prionen fallen in die letzte Gruppe. Der von Gissis und Jablonka verwendete Begriff steht im Zusammenhang eines breiter angelegten Interesses für Vererbungsmechanismen, das das genomische Paradigma erweitert. Sie fragen konsequent danach, welche Faktoren in Vorgängerzellen die Strukturen und Eigenschaften von Tochterzellen beeinflussen. Wenn man so fragt, ist das Genom und alles, was mit DNA zusammenhängt, *eine* wichtige Informationsressource, aber nicht die einzige. Und es ist besonders interessant, dass die epigenetischen Vererbungssysteme im Unterschied zum genomischen System „lamarckistisch" funktionieren, nicht notwendigerweise „darwinistisch". Es ist möglich, dass die epigenetischen Veränderungen im Verlauf des Lebens einer Zelle oder eines Organismus *erworben* werden und dann von diesen an die Nachfolgegenerationen mehr oder weniger stabil weitergereicht werden. Im „darwinistischen" Paradigma stellt man sich die vererbbaren Veränderungen ausschließlich stochastisch vor. Welche Veränderungen weitergegeben werden, hängt dann von den Selektionsprozessen ab. Stochastik kann auch für die epigenetischen Veränderungen eine Rolle spielen, aber es ist für sie charakteristisch, dass sie „responsiv" sind (Bird, 2007), das heißt, dass sie durch andere Vorgänge im Lebensverlauf hervorgerufen und dann stabilisiert werden.

Welche Zuspitzung man dem Begriff des Epigenetischen geben will, hängt offensichtlich davon ab, was man sich unter einem „Gen" vorstellt, gegenüber dem, was epigenetisch sein soll. Der Begriff des Gens, wie er von Wilhelm Johannsen 1909 eingeführt wurde, enthielt bekanntlich keine materiale Hypothese. Die Definition war formal:

„Bloß die einfache Vorstellung soll Ausdruck finden, dass durch ‚etwas' in den Gameten eine Eigenschaft des sich entwickelnden Organismus bedingt oder mitbestimmt wird oder werden kann. Keine Hypothese über das Wesen dieses ‚etwas' sollte dabei aufgestellt oder gestützt werden" (Johannsen, 1909:124).

In den 1940er Jahren wurde experimentell gezeigt, dass die Substanz, die sich in den Gameten befindet und die Eigenschaften des sich entwickelnden Organismus bedingt oder mitbestimmt, die DNA ist. Damit ist in der Mitte des 20. Jahrhunderts, in der Folge von Franklins, Watsons und Cricks Entdeckung der Doppelhelix-Struktur der DNA, eine Situation entstanden, in der sich das Interesse der Forschung fast ausschließlich auf die DNA fokussierte und andere mögliche Faktoren, die Johannsens Definition des Gens ebenfalls erfüllen könnten, wenig beachtet wurden. Die neue Zuwendung zu „epigenetischen" Vererbungssystemen, die in den letzten Jahren unter anderem durch Eva Jablonka und Marion Lamb vorangetrieben wurde (Jablonka/Lamb, 1995 u. 2005), übernimmt den auf DNA eingeschränkten Genbegriff und klassifiziert all das als „epigenetisch", was nicht in der DNA codiert ist. Aber sämtliche der epigenetischen Vererbungssysteme erfüllen Johannsens Definition ohne Vorbehalt und könnten von daher eigentlich „genetisch" genannt werden.

Dieser Befund wirft natürlich sofort die Frage auf, welche Gründe dafür vorliegen, so stark an der Gleichung Genom = DNA festzuhalten. Eine mögliche Erklärung dafür wäre die, dass die DNA im Unterschied zu den epigenetischen Vererbungssystemen ein codierendes Informationssystem darstellt und Anschlussmöglichkeiten für eine Schriftmetaphorik bildet. Man kann sich vorstellen, dass die in der DNA-Sequenz „gespeicherte" Information die Zellen der nächsten Generation in die Lage versetzt, den Organismus aus dem Genotyp neu zu bilden. Ich nenne diese Auffassung „Sequenzialismus". Wenn man die jetzt als epigenetisch bezeichneten Faktoren auch in den Begriff des Gens einsortieren würde, wäre der Sequenzialismus durchbrochen, denn diese strukturellen Eigenschaften werden zum großen Teil direkt (uncodiert) von einer Zelle zu den Tochterzellen weitergegeben. Ich komme darauf im Abschnitt 6.4 zurück.

Damit ist eine ältere Debatte wieder lebendig geworden, in der eine Vorgängerversion des Begriffs „Epigenetik" eine Rolle spielte, nämlich die Präformationismus-Epigenese-Debatte. Diese theoretisch-spekulative Diskussion wurde seit dem Ende des 17. Jahrhunderts bis durch das gesamte 18. Jahrhundert weitergeführt. Es ging darum, ob man sich die Entwicklung der Lebewesen so vorstellen sollte, dass die Entwicklung ihrer Eigenschaften als ein Prozess der Entfaltung oder als Prozess einer Konstruktion aufgefasst werden soll. Die Idee der „Entfaltung" setzt die Weitergabe einer winzigen Version des erwachsenen Tieres oder eines Vor-Bildes voraus; die Idee der „Konstruktion" stellt sich die Entwicklung des Embryos als sukzessive graduelle Veränderungen aus einer amorphen Zygote vor. Struktur entwickelt sich immer neu und ist nicht vorgegeben. Ein solcher Prozess wurde „epigenetisch" genannt. Die Epigenesis-Annahme hat sich in der modernen Entwicklungsbiologie durchgesetzt, wenn auch die Zygote heute keineswegs als amorph vorgestellt wird und man im Konzept eines „genetischen Programms", das in den 1960er Jahren aufgekommen ist, durchaus noch präformationistische Züge erkennen kann (Oyama, 1985). Die Zygote ist eine hochkomplexe und hochgradig geordnete organische Struktur und diese ist für die Funktion der DNA unverzichtbar. Die Struktur der Zygote und die Sequenz der DNA sind aber nicht 1:1 mit der Struktur des adulten Organismus korrelierbar, wie das der Präformationismus annehmen müsste. Eine geradezu identitätsstiftende Grundannahme der modernen Biologie ist, dass die Gameten die *Information* für die Struktur beisteuern und nicht die Struktur selbst (Smith/Szathmáry, 1999).

Die zweite, ältere Verwendungsweise des Begriffs der Epigenetik geht auf Conrad Waddington zurück, der damit in den frühen 1940er Jahren eine Richtung biologischer Forschung bezeichnete, welche die kausalen Interaktionen zwischen Genen und ihren Produkten untersuchen sollte, also die Prozesse, welche aus dem Genotyp den Phänotyp hervorbringen (vgl. Jablonka/Lamb, 2002). Diese Wortverwendung hat sich verloren. Heute nennt man diese Forschungsrichtung einfach „Entwicklungsbiologie" oder „Entwicklungsgenetik" („developmental biology", „developmental genetics"). Waddington ist aber durch seine Bilder von einer „epigenetic landscape" auch heute noch sehr bekannt geblieben (vgl. Baedke, 2013). Diese Vorstellung beschreibt eindrucksvoll die Kanalisierung von Entwicklungsverläufen von Zellen im Verlauf ihrer Differenzierung als einen Gang durch einen strukturierten interaktiven Kontext von Genen und ihren Produkten. Die Gene wurden von Waddington als Pflöcke dargestellt, an denen die Genprodukte wie Seile befestigt sind und eine Oberfläche wie eine Zeltplane dreidimensional gestalten. Auf dieser gefurchten Oberfläche (der „epigenetischen Landschaft") rollt die als Kugel dargestellte Zelle nicht wahllos, sondern durch die Furchen kanalisiert durch den Möglichkeitsraum von Formen und Strukturen.

Waddingtons Epigenetik blieb eigentlich immer noch gen-zentristisch. Die „Landschaft" ist nämlich nicht eigentlich die Umwelt des Organismus, wie das Wort suggerieren könnte, sondern eine abstrakte Funktion von genetischen Determinanten für den Entwicklungsverlauf, die sich zum großen Teil innerhalb der Zelle selbst oder in ihrer unmittelbaren Nachbarschaft von Schwesterzellen ergeben.[2] Gleichwohl steckt in dem Bild der epigenetischen Landschaft ein Gedanke, der sich gegenwärtig in der epigenetischen Forschung weiterträgt, nämlich der Gedanke der Kontextualität. Wenn man nur die Oberseite in Waddingtons Bild nimmt, also die Pflöcke und Seile weglässt,

---

2 Diesen Hinweis verdanke ich Brian Goodwin (mündlich).

die wiederum auf Gene zurückführen, dann zeigt es an, wie man sich heute den Differenzierungsprozess von Zellen vorstellt. Die Kanalisierung ist dann die epigenetische Programmierung des Genoms.

6.2 Responsive Evolution

Aufgrund der heute zur Verfügung stehenden Evidenz scheint es ziemlich deutlich, dass die Erkenntnisse über epigenetische Vererbungsmechanismen – so wichtig sie sind – das Basiskonzept der Evolution, wie es sich auch in der neo-darwinistischen sogenannten „modernen Synthese" (zuerst Huxley, 1942) niedergeschlagen hat, zwar erschüttern und erweitern, aber kaum werden kippen können. Weder die Tatsache der Evolution selbst steht infrage noch die Vorstellung, dass die Vererbung in wesentlichen Bereichen „darwinistisch" verläuft. Aber es gilt nun, in diese Konzeption wichtige lamarckistische Anteile an der Vererbung einzubeziehen. Das Bild der Evolution, das uns heute vor Augen gebracht wird, ist pluralistisch. Es gibt verschiedene evolutionäre Regime, die auf mehreren Ebenen ansetzen und zusammenwirken. Wenn die „moderne Synthese" historisch über die konsequente Ablehnung der lamarckistischen Vererbung und über die ausschließliche Fokussierung auf DNA definiert wurde, so sprengt sie die Erweiterung tatsächlich und *eine neue Synthese* muss gefunden werden. Das ist die Position, auf die der von Gissis und Jablonka herausgegebene, einschlägige Konferenzband hinausläuft (Gissis/Jablonka, 2011b:406f).

Die epigenetischen Vererbungssysteme (Jablonka/Lamb, 2005) führen nicht zu einer „lamarckistischen" Veränderung der DNA-Sequenz über die Generationen hinweg, wenn sie auch als „soft inheritance" Bedeutung haben[3] und wenn es induzierte Mutagenese gibt. Sie betreffen in entscheidender Weise die Funktionszustände der DNA, bestimmen also die Aktivität der DNA. Und sie beeinflussen die Mutationsraten. Entsprechend muss sich die Theorie der evolutionären Mechanismen erweitern. Die theoretisch zu lösende Aufgabe ist, wie diese Erweiterung genauer auszugestalten ist. Wie kann die offensichtlich bestehende Komplementarität mehrerer Vererbungssysteme überhaupt gedacht werden? Wie stehen das genetische und das epigenetische System zueinander? Wirken sie evolutionär betrachtet unabhängig voneinander? Oder kann man es auch so konzipieren, dass die Entstehung epigenetischer Vererbungsmechanismen letztlich aus genetischen Variationen erklärbar ist?[4] Es gibt Wirkungen der epigenetischen Me-

---

3 Dieser Begriff grenzt sich gegen die Vererbung über DNA als „hard inheritance" ab und geht auf die Arbeiten des Chromosomenforschers Cyril Darlington in den 1930er Jahren zurück (Lamb, 2011).
4 Haig (2007) argumentiert dafür. Epigenetische Prozesse seien wie „Krane" zu interpretieren, die zwar neue Funktionen ermöglichen, aber selbst Produkte genetischer Basisprozesse sind.

chanismen, welche (direkt oder indirekt) zu Veränderungen der Gene führen.[5] Ist das epigenetische System fundamentaler und älter als das genetische, indem die Funktion der DNA erst möglich wird *innerhalb* von strukturierten zellulären Systemen?

Dass einzelne Zellen und multizelluläre Organismen in der Lage sind, sich responsiv auf Umweltsituationen einzustellen und diese zu stabilisieren, teilweise sogar über Generationen hinweg, ist eine Fähigkeit dieser Organismen, die zweifellos ihre evolutionäre Fitness erhöht. Ebenso ist die Fähigkeit von Zellen, sich in multizellulären Verbänden zu differenzieren, zu organisieren und diese Differenzierung in Form von Aktivitätsmustern ihres Genoms an die Tochterzellen weiterzugeben, für sie selbst ein Anpassungsvorteil. Diese Fähigkeit ermöglicht es, dass es aus ursprünglich einem einzigen Typus von embryonalen Stammzellen schließlich strukturierte Gewebe und Organe geben kann. Damit wurde es möglich, evolutionär neue Nischen zu besetzen. Man muss sich vorstellen, dass die Entwicklung dieser Fähigkeiten die Evolution von Einzellern zu Vielzellern ermöglicht hat. Der in verschiedene Gewebe und Organstrukturen organisierte Vielzeller ist in der Lage, Organe zu bilden und damit neue Funktionen *als* Gesamtorganismus zu ermöglichen. Dasselbe wäre in einer Kolonie von gleichen Zellen nicht möglich. Dass es überhaupt genombezogene epigenetische Vererbungsmechanismen gibt, ist deshalb (auch) als ein evolutives Ergebnis zu werten, dessen Grundlagen – zumindest soweit sie die DNA betreffen – darwinistisch entstanden sein *können*. Die zu klärende Frage ist die, welchen Stellenwert man der „soft inheritance", die *nicht* über DNA läuft, in diesen Verläufen zuerkennen soll.

Ohne das Ergebnis dieser Debatten vorwegnehmen zu können, möchte ich darauf hinweisen, dass aus biophilosophischer Sicht die Erkenntnisse über die epigenetische Vererbung schon deshalb bedeutungsvoll sind, weil sie das Bild der Lebewesen und das Verständnis ihrer Positionierung in ihrer Umwelt verändern. Lebewesen sind keine „Überlebensmaschinen" ihrer Gene (Dawkins, 1978:25), die, von Genen gesteuert, besser oder schlechter dazu führen, dass Genome in verschiedenen ökologischen Nischen fortbestehen und sich darin ausbreiten können. Das gen-zentristische Bild von Dawkins zeichnet die Körper der Lebewesen als besser oder schlechter geeignete Geräte, die es den Genen als zentralen Replikatoren erlauben, neue Nischen erfolgreich zu besetzen: „[E]in Fisch ist eine Maschine, die Gene im Wasser fortbestehen lässt, und es gibt sogar einen kleinen Wurm, der für den Fortbestand von Genen in deutschen Bierdeckeln sorgt. Die DNS agiert recht mysteriös" (ebd.). Überall dort, wo tatsächlich Leben anzutreffen ist (Schimmelpilze in Kühlschränken), ist das eine Leistung der Kör-

---

5 Siehe neueste Befunde der Forschung über B-Zell-Lymphome (Kretzmer et al., 2015). Ich danke Jörn Walter für den Hinweis.

permaschinen, die wiederum als Produkt der genetischen Programme gesehen werden müssen. Alle Variationen entstanden in diesem Bild durch zufällige Kopierfehler der Replikatoren, letztlich unabhängig von den Änderungen in der Umwelt. Die Anpassung ist ein Ergebnis der Selektion zwischen unterschiedlich angepassten Varianten über viele Generationen hinweg. Die epigenetische Responsivität ist hingegen eine Fähigkeit eines Systems, flexibel *während der Lebenszeit* des Individuums auf Umwelt zu reagieren und Anpassungen vorzunehmen, die dem Organismus nützen. Diese Anpassungen verändern den Phänotyp und dieser erscheint wiederum in einer veränderten Weise in der Umwelt von benachbarten Organismen. Zweifellos verändern sich dadurch auch die Selektionsbedingungen für benachbarte Organismen.

So erklärt sich auch die Zelldifferenzierung in der Embryogenese. Ursprünglich (bis ca. zum 8-Zell-Stadium) sind alle Tochterzellen einer sich teilenden Zygote gleich. Sobald sich durch einen chemischen Gradienten oder durch ein Signal aus dem Milieu eine Richtung abzeichnet, haben die verschiedenen Zellen an unterschiedlichen Orten des Embryos nicht mehr dieselben Voraussetzungen und können mit unterschiedlichen Differenzierungsschritten reagieren. Jeder Differenzierungsschritt hat wiederum Signalwirkung für neu entstandene Nachbarzellen, die in Interaktion mit dem Genom und auf der Grundlage der bisher eingerichteten epigenetischen Genomprogrammierung in diesen weitere Differenzierungsschritte auslöst (Bürglin, 2006). Das geht so weit, dass es im menschlichen Organismus sehr viele verschiedene ausdifferenzierte Stammzellen gibt, deren Tochterzellen dieselben Gewebemerkmale aufweisen. Es gibt zum Beispiel Muskelstammzellen oder hämatopoietische Stammzellen, deren Teilungsprodukte Muskelzellen oder weiße Blutzellen sind. Diese haben zwar alle dasselbe Genom, dieses wirkt sich aber anders aus und die Zellen sind in ihren zellulären Charakteristika, also phänotypisch, vielleicht ähnlich verschieden wie ein Igel und ein Blauwal.[6] Zellen können sozusagen „aufeinander hören", wenn sie sich entwickeln. Und so kann Koordination in einem verteilten Regime entstehen, ohne dass es eine zentrale Organisationsinstanz gibt. Entsprechend können die Organismen auch auf spezielle Eigenschaften ihres Milieus hören, die sie als Signale erkennen und darauf reagieren, wenn sie sich in einer konkreten Gestalt entwickeln und wenn sie sich auf eine bestimmte Weise verhalten. Die responsive Fähigkeit ist ein evolutiver Vorteil. Die epigenetische Registrierung, Signalisierung und Perpetuierung von Veränderungen scheint ein zentraler Mechanismus zu sein, mit dem diese Fähigkeit zustande kommt:

---

6   Jablonka und Lamb (2005:114ff.) haben sich in einem Gedankenexperiment nach diesem Modell der Gewebedifferenzierung bei gleichbleibendem Genom, wie wir sie in Metazoen finden, eine Evolution vorgestellt, in der sich Lebewesen in großer Vielfalt ausschließlich durch epigenetische Vererbung entwickelt haben.

„It could be argued that the responsive nature of epigenetic processes is a unifying feature, because classic epigenetic systems such as the DNA methylation system and the Polycomb/Trithorax systems seem to respond to previous switches in gene activity in this way" (Bird, 2007:398).

Die Responsivität richtet sich also sowohl auf den interzellulären Kontext mit einer Vorgeschichte früherer Differenzierungsschritte in einem multizellulären Entwicklungssystem wie auch auf den inter-organismischen Kontext. Die in einem Kontext zu Vorteilen führende Regulation der Responsivität kann dort wiederum ein Selektionsmerkmal sein, das dann zu einem genotypischen Wandel in einer Population führt.

Lebewesen werden in der Epigenetik als responsive Entwicklungssysteme gedacht, deren assimilatorische Fähigkeit wesentlich durch eine mehrstufige und mehrschichtige Regulation der Genaktivität gewährleistet ist. Im Fokus dieses Bildes ist es nicht mehr ausschließlich das Genom, das alles steuert und relativ zu welchem alles andere als Mittel zum Zweck seiner Verbreitung erscheint. Es wird das gesamte dynamische System des Organismus betrachtet, zu welchem die DNA wie auch die Austauschbeziehungen mit der Umgebung gehören. Der Gen-Zentrismus, der sich in der Mittel-Zweck-Relation zwischen „Überlebensmaschine" und Replikator ausdrückte, ist im Niedergang begriffen. Nicht nur das effizientere In-Dienst-Nehmen seiner Umgebung zur möglichst erfolgreichen Replikation der DNA ist ein evolutiver Vorteil, sondern auch die Fähigkeit zur Responsivität.

Lenny Moss (2002) hat eine wichtige Überlegung zu den Konsequenzen angestellt, die diese von der Forschung aufgedeckten Zusammenhänge für das philosophische Bild des Organismus haben. Sie verdeutlicht die Bedeutung der „Responsivität", welche von epigenetischen Vererbungssystemen gewährleistet wird. Bird (2007:398) führt den Begriff „responsiv" im Gegensatz zu „proaktiv" ein, also in einem zeitlichen Sinn: „In other words, epigenetic systems of this kind would not, under normal circumstances, initiate a change of state at a particular locus but would register a change already imposed by other events." Wenn man die Beispiele anschaut, die Bird dafür gibt – er nennt die Kollision der DNA mit ionisierender Strahlung und eine entwicklungsbedingte Umschaltung in der Genexpression –, wird deutlich, dass seine Vorstellung von Responsivität in erster Linie in Bezug auf die früheren Ereignisse in der Zelle selbst abzielt, die von den epigenetischen Systemen registriert, signalisiert und perpetuiert werden. Dasselbe kann aber auch für Ereignisse in der unmittelbaren Nachbarschaft der Zelle innerhalb eines multizellulären Zusammenhangs gelten, wie auch für Ereignisse in der Umgebung des Organismus. Auch dort hieße Responsivität die Fähigkeit zum Reagieren auf bereits erfolgte Veränderungen. Moss verleiht dieser Vorstellung eine erweiterte Relevanz, indem er die Begriffe der Kontingenz, Offenheit und Emergenz einführt.

Die Kontingenz steht für Moss im Zusammenhang des von Gerhart und Kirschner (1997) vorgeschlagenen Konzepts des „contingency making" in der Evolution von Komplexität. Damit ist die Fähigkeit von Zellen und Organismen gemeint, Komponenten auszudifferenzieren, deren Interaktionen abhängig sind von der Situation. Sie werden von den Situationsbedingungen „reguliert". Damit wird deutlich, dass die evolutionäre Leistung nicht einfach darin besteht, dass Organismen offen sind für Perturbationen irgendwelcher Art. Das wäre eher nachteilig für sie, indem es ihre Stabilität bedroht. Es müssen vielmehr differenzierende, gleichsam gezielte Formen von Offenheit gemeint sein, die bestimmte Veränderungen in der Situation als entwicklungsrelevante Bedingungen relevant werden lassen und andere diskriminieren. Kontingenz meint insofern nicht blinden Zufall, sondern die Offenheit für die Situation am jeweiligen Ort und in der jeweiligen Zeit, das heißt darin auf Bedingungen reagieren zu können, die nicht vorherbestimmt werden können. Es ist insofern eine vom Organismus hergestellte Kontingenz. Die Herstellung von Kontingenz und die Evolution der Multifunktionalität von Genen und Genprodukten gehen Hand in Hand. Denn es ist insbesondere die Regulation der *spezifischen Verwendung* von DNA-Sequenzabschnitten als Ressourcen für die Herstellung von Proteinen (nach situationsbedingtem alternativem Spleißen), also die Multifunktionalität der DNA, welche die Kontextsensitivität der genetischen Information ermöglicht – in Verbindung mit den epigenetischen Regulationsmechanismen der differenzierten Genaktivität, einschließlich der spezifischen regulatorischen Wirkung von nicht codierender RNA. Vor diesem Hintergrund wird natürlich die im Bild des „genetischen Programms" und in verwandten Metaphern enthaltene repräsentationelle Auffassung der DNA schwer aufrecht zu halten sein. Das ist für die Theorie des Genoms von Bedeutung – ich gehe unten darauf ein. Heute wird die Idee, dass die biologischen Funktionen in strengen Schlüssel-Schloss-Beziehungen durch Ausübung genetischer Kontrolle realisiert werden, durch ein neues Modell ersetzt, das davon ausgeht, dass die regulatorisch wirksamen Komponenten und Informationen direkt am Ort und zur Zeit im Entwicklungssystem koordiniert werden. Regulation ist nicht prädeterminiert, sondern selbst ein Ergebnis von Interaktionen: Das neue Modell „sees various key sites as regulatory events take place by way of the on-site, at-the-time recruitment of modular components into adhesive complexes whose regulatory upshot is the emergent property of the whole assembly" (Moss, 2002:228). Für das Bild des Organismus in der Evolution ergibt sich für Moss Folgendes: „[W]hat has evolved is an epigenesis of openness to both inner and outer worlds" (ebd.:229). Das ist mehr als ein bedingter Reflex oder eine Reaktionsnorm, denn in diesen beiden Modellen wäre die Spezifitätsbestimmung der Offenheit schon festgelegt. Die als spezifische Responsivität gedachte Offenheit der Organismen ist aber so vorzustellen, dass ihre Spezifitätsbestimmung nicht prädeterminiert, sondern selbst emergent ist. Es ist eine in der Evolution entstandene Fähigkeit von Organismen zur Epigenese.

6.3 Die Verflochtenheit von Evolution und Entwicklung

Wenn sich Responsivität sowohl auf den interzellulären Kontext in einem multizellulären Entwicklungssystem richtet wie auch auf den inter-organismischen Kontext, dann entsteht die Frage, wie die beiden Kontexte im Rahmen der Evolution zusammenwirken. Kann man sie überhaupt voneinander trennen? In der evolutionären Entwicklungsbiologie werden ihre Zusammenhänge auf unterschiedlichen Komplexitätsniveaus (molekular, zellulär und organismisch) untersucht. Zwei Fragerichtungen werden verfolgt: Wie wird die Evolution von Entwicklung beeinflusst? Wie wird die Entwicklung von Evolution kontrolliert? Es geht darin unter anderem um entwicklungsbedingte bedingungen für die Evolution (sie kann sich offensichtlich nicht alles „leisten", wenn die Organismen in der Lage sein müssen, sich erfolgreich zu entwickeln) und um die Evolution der ontogenetischen Prozesse. In diesem Zusammenhang spielt die Epigenetik eine wichtige Rolle. Um die damit aufgeworfenen theoretischen Fragen zu diskutieren, knüpfe ich hier an den aufschlussreichen Beitrag von James Griesemer (2002) an.

Die Biologie des 20. Jahrhunderts wurde dominiert von einer theoretischen Perspektive, die Griesemer (ebd.) „Weismannismus" nennt. Danach muss alle Kausalität in Entwicklung und Evolution letztlich auf die Keimbahn oder die Gene zurückgeführt werden. Denn der Körper oder der Phänotyp ist in diesem Konzept letztlich eine kausale Sackgasse. Was durch den intergenerationellen „Flaschenhals" (Rehmann-Sutter, 2002) weitergegeben wird, ist das Genom. Dieses ist wiederum Ursprung eines Phänotyps. Diese weismannistische Auffassung findet sich auch in Francis Cricks „central dogma" der Molekularbiologie: Kausalitäten auf der Ebene der Genprodukte sind für die Erklärung der Genwirkung belanglos, weil sie nicht auf die Gene zurückwirken können. Die im Weismannismus eingebaute Logik setzt die Entwicklung und die Vererbung zueinander in eine Opposition, als zwei besondere und abtrennbare biologische Prozesse. Der in einer streng genomischen Lesart des Weismannismus enthaltene extreme genetische Reduktionismus wird allerdings heute kaum mehr vertreten.

Griesemer (2002) zeigt nun zwei Arten von Phänomenen auf, die heute als typisch epigenetische Phänomene klassifiziert werden. Erstens: Die Wirkung von Chromatin-Markierungssystemen wie Methylierung oder Polycomb-Maschinen treten im Zusammenhang der zellulären Vererbung auf. Die Entwicklung und die zellulären Unterschiede sollen aus den Prozessen heraus erklärt werden, die zelluläre Vererbung ermöglichen. Hier erscheint *Entwicklung als Vererbung*. Und zweitens kann auch *Verer-*

bung als Entwicklung auftreten. Dazu gehören etwa die von Stuart Newman und Gerd Müller untersuchten epigenetischen Mechanismen als generative Agenzien der morphologischen Eigenschaftsbildung wie Achsenbildung, Kompartimentierung oder Segmentierung (Newman/Müller, 2000 u. 2006). Darin werden Gene so einbezogen, dass sie epigenetisch produzierte Formbildungen stabilisieren: „Genes play a role *after* character origination to integrate and stabilize characters produced epigenetically" (Griesemer 2002:103). Die Eigenschaft kommt zuerst durch epigenetische Prozesse der Zellen und ihres Zusammenwirkens zustande, und die genetische Integration und Stabilisierung kommt nachher. Die Vererbung wird interpretiert durch die Linse der Entwicklung. Diese Sicht ist explizit anti-weismannistisch ausgerichtet.

Griesemer schlägt vor, die Vererbung und die Entwicklung als zwei Stränge der Kausalität wie zwei miteinander verwundene Stränge eines Seils zu denken. Das Seil selbst ist die *Reproduktion* – ein Begriff, den Griesemer mit Bedacht wählt, weil er einen physischen Prozess der Hervorbringung beinhaltet, und weil er ihn nicht als Replikation verstanden haben will, die sich nur auf numerische Vermehrung bezieht: „A reproduction process involves the entwined processes of hereditary propagation and developmental emergence" (Griesemer, 2002:105). Das ist ein zeitlich ausgedehnter Prozess, in dem lebende Entitäten multipliziert werden mit einer materialen Überlappung zwischen Eltern und Nachkommen. Durch den intergenerationellen „Flaschenhals", so müssen wir nun sagen, fließt nicht nur ein Genom, sondern es fließen ganze Zellen und leibliche Kontexte. Teile der Eltern und auch die Zeit des elterlichen Lebens werden zu Teilen der Nachkommen zu einer späteren Zeit. Die „reproducer perspective" (siehe auch Griesemer, 2006) beinhaltet zwei Zusammenhänge: In der Reproduktion wird die Fähigkeit zur Entwicklung weitergegeben und die Entwicklung ist die Erwerbung der Fähigkeit zu reproduzieren. Genetische Vererbungssysteme sind dann diejenigen, bei denen die in der Reproduktion weitergegebenen Entwicklungsmechanismen *Codierungsmechanismen* sind. Genetische Vererbung ist ein Spezialfall von Vererbung, in dem sich die Entwicklungsmechanismen so evoluiert haben, dass sie mit Codes funktionieren. Und epigenetische Vererbungssysteme sind entsprechend dann diejenigen, die nicht genetisch sind.

Der Vorzug dieses theoretischen Modells von James Griesemer ist der, dass darin die Entwicklung nicht als Produkt der Vererbung erscheint, sondern auch umgekehrt die Vererbung in ihren Abhängigkeiten von Entwicklung thematisiert werden kann. Die genetische Vererbung ist *eine* Art von Vererbung unter anderen, die spezielle Mechanismen (eben die codierenden Mechanismen) verwendet. Und die epigenetische Vererbung ist nicht etwa ein weniger wichtiger Zusatz zur Genetik. „Epi" bedeutet nicht, dass etwas weniger fundamental ist. Es werden hier umgekehrt die im Weismannismus inhärenten und selten explizit ausgewiesenen Wertungen konsequent zurückgehalten, die besagen, dass die Gene die Ursache seien und der Körper als die Wirkung der Gene beschrieben werden soll. Dieses Modell kommt der biologischen Forschung der Epigenetik näher als die weismannistische Sicht, weil dort gerade die Abhängigkeit von genetischer Information (d. h. des intentionalen Gehalts des Gens aus der systemischen Sicht des sich entwickelnden Organismus) von zellulären und chromatinstrukturellen Vorgängen Thema ist. Es „gibt" ein Gen gar nicht, wenn man es abgelöst von diesen Vorgängen denkt.

6.4 Philosophie der Genomik

Wenn (i) die genetische Vererbung eine Art der Vererbung unter anderen ist und (ii) die Prämisse zurückgewiesen wird, dass die genetische Ebene die Ursachen für die Phänomene auf allen anderen Ebenen enthält, entsteht die Frage, wie sich die genetische Ebene vor den anderen Ebenen von Vererbung und Bestimmung auszeichnet. Diese Frage lässt sich nicht mehr ontologisch beantworten. Denn die ontologische Antwort wäre gewesen: Das Genom ist die Ursache von allem anderen. Die Frage lässt sich, wie wir bei Griesemer gesehen haben, formal beantworten: Die genetische Vererbung ist – im Unterschied zur epigenetischen – diejenige, die mit Codierung operiert. Die Reihenfolge der Basenpaare ist über den genetischen Code mit Aminosäuren der Polypeptide korreliert. Wenn ein bestimmtes Protein zum Phänotyp gehört, bildet die Information von der Zusammensetzung dieses Proteins (die Aminosäuresequenz) den entsprechenden Genotyp. Was weitergegeben wird, ist die Information (verkörpert in der DNA-Sequenz), nicht das Protein. Die epigenetischen Vererbungssysteme werden hingegen durch direktes Kopieren von Zelle zu Zelle weitergegeben; Codierung kommt darin nicht vor.[7] Dieser Unterschied zwischen dem genetischen und dem epigenetischen Vererbungssystem ist aber nicht mehr ontologisch, sondern funktional. Es kann sein, dass die nicht codierte Vererbung genauso als ursächlich für das Dasein eines Lebewesens angesehen werden muss wie die genetische Information, die zu ihrem Dasein notwendig ist. Diese Relativierung der *ontologischen* Bedeutung des genetischen Vererbungssystems gegenüber dem epigenetischen ist aber keineswegs als eine Zurückweisung der *biologischen* Bedeutung zu sehen. Selbst Eva Jablonka und Marion Lamb beginnen ihr Plädoyer für das epigenetische Vererbungssystem (Jablonka/Lamb, 2005:5) mit der Feststellung: „The first dimension of heredity and evolution is the genetic dimension. It

---

7 Etwas missverständlich spricht man zuweilen von einem „epigenetischen Code" (siehe die semiotischen Überlegungen bei Turner, 2007). Damit meint man kein Codierungs- oder Decodierungsverhältnis, außer dass die Transkription an spezifizierten Stellen und Zeiten startet und stoppt.

is the fundamental system of information transfer in the biological world, and is central to the evolution of life on earth." Das Wort „fundamental" kann darin aber nicht im ontologischen Sinn gelesen werden. Es ist der Erklärungserfolg gemeint, den man mit dem Studium des genetischen Systems erreicht hat und weiterhin erreichen wird. Die genetischen Unterschiede erklären sehr viel, das bedeutet aber nicht, dass das Dasein des Lebewesens in der Welt als Ausdruck seiner genetischen Information verstanden werden könnte. Die *ontologische Dekonstruktion des Genoms als Erstursache* ist eine erste Aussage in Bezug auf die philosophische Bedeutung des Genoms, die durch die Epigenetik nahegelegt wird.

Eines der kräftigsten Bilder, das für die ontologische Fundamentalbedeutung des Genoms verwendet wurde, ist das des „genetischen Programms". Es tauchte um 1960 in der Diskussion auf und erlebte fortan eine erstaunliche Karriere. Wie Lily Kay nachgewiesen hat, erscheint das genetische Programm zum ersten Mal im Notizbuch des am Institut Pasteur in Paris forschenden Mikrobiologen Jacques Monod, in einem Eintrag vom Mai 1959 (Kay, 2000:221). Monod skizzierte einen konzeptuellen Weg, um die „Notwendigkeit" endpunktorientierter Prozesse mit der „Zufälligkeit" der Innovationen in der Evolution zu versöhnen. Die Lösung schien ihm in der mechanischen Zielgerichtetheit eines computerartig vorgestellten „genetischen Programms" zu liegen. Wenig später schrieben Monod und François Jacob in einem Review-Artikel über Regulationsmechanismen in der Proteinsynthese: „The discovery of regulator and operator genes, and of repressive regulation of the activity of structural genes, reveals that the genome contains not only a series of blue-prints, but a co-ordinated program of protein synthesis and the means of controlling its execution" (Jacob/Monod, 1961:354). Fast gleichzeitig hat Ernst Mayr (1961) vorgeschlagen, das alte Teleologieproblem in der Biologie mit dem Postulat eines genetischen Programms zu lösen: Systeme, die auf der Basis eines Programms, eines Informationscodes operieren, können die Eigenschaften zielgerichteter Entwicklung und zielgerichteten Verhaltens aufweisen, ohne dass man eine Intelligenz annehmen muss, die das System zielgerichtet steuert. Sie erscheinen so, als ob sie zielgerichtet wären, obwohl in ihnen tatsächlich „nur" ein genetisches Programm funktioniert, das sich aus der Evolution durch zufällige Mutationen und durch eine Selektion der besser angepassten (reproduktiv erfolgreicheren) Varianten ergeben hat. Diese ontologische Deutung des Genoms findet sich zuweilen auch heute noch im populären Schrifttum. Craig Venter etwa behauptete 2012, dass „all living cells that we know of on this planet are DNA software driven biological machines" (zitiert in Rehmann-Sutter, 2013:116). Das ist eine ontologisch gemeinte Aussage: Wir wissen nun, so seine These, dass die Zellen Maschinen *sind*, die von genetischen Programmen gesteuert werden.

Diese Vorstellung von einem genetischen Programm ist durch eine ganze Reihe von Entdeckungen der molekularen Genetik der letzten Jahrzehnte immer unplausibler geworden: Alternatives Spleißen, mRNA-Editing, verschiedene unorthodox funktionierende Gene und weitere „odd"-Phänomene zeigen auf, dass die Bedeutung von DNA-Sequenzen hochgradig kontextabhängig ist und sich in keiner Weise aus der Sequenz selbst ableiten lässt. Genome bedingen diese Prozesse freilich *mit*, entweder direkt (über Genvarianten) oder indirekt (über epigenetische Steuerungsmechanismen). Die Bedeutung der Sequenz, also ihre „genetische Information", *ergibt* sich so erst in diesen Kontexten, das heißt zur Zeit und am Ort ihrer tatsächlichen Verwendung in der Zelle. Diesen Gedanken einer Ontogenese der genetischen Information hat zum ersten Mal Susan Oyama (1985) formuliert. Wenn man ihn ernst nimmt und auf die philosophische Interpretation der molekularen Genomik bezieht, fällt die Programmgenomik gleichsam wie ein Zelt, dem man die Stützen entzieht, in sich zusammen. Der Weg zu einer Systemgenomik ist frei, in der aber auch neue anschauliche Bilder und Metaphern gefunden werden müssen, um die ontologische Bedeutung des Genoms zu plausibilisieren. Das Genom enthält kein genetisches Programm. Es ist nicht die Blaupause des Lebewesens, das Buch des Lebens oder ein Instruktionsbuch für die Zelle. Es enthält überhaupt keine Vorbilder von irgendetwas. Von allen Vorstellungen einer Repräsentation des Phänotyps durch das Genom muss man sich verabschieden. Es bestimmt nicht einmal die Proteine, die mithilfe der genetischen Information in den Zellen synthetisiert werden. Das Genom ist eher mit einer großen Bibliothek vergleichbar, die von der Zelle immer nur selektiv, aber gleichzeitig kreativ benutzt wird, um in einem interpretativen Lesen (jedes Lesen ist Interpretation, vgl. Gadamer, 1990) die Informationen zu generieren, die in einem bestimmten Entwicklungsschritt an einem bestimmten Ort im multizellulären Zusammenhang aufgrund einer bestimmten Umweltsituation tatsächlich verwendet werden, um jeweils einen nächsten Entwicklungsschritt zu ermöglichen und gleichzeitig die Entwicklungsfähigkeit des Systems zu erhalten und in dem nächsten Moment weiterzureichen.[8]

Die Relativierung der Genetik durch die Epigenetik geht aber noch weiter und greift auch auf die biologische Ebene über. Es ist ja nicht so, dass die Chromatin-Markierungssysteme und die epigenetische Steuerung der Proteinsynthese nur die zu einem bestimmten Zeitpunkt tatsächlich hergestellte Menge der einzelnen Genprodukte kontextabhängig regulieren. Es wird auch reguliert, *welche* Produkte aus einem Gen überhaupt entstehen. Die Regulierung des Spleißens von mRNA bestimmt, welche

---

[8] Den Übergang von der Programm- zur Systemgenomik habe ich in früheren Arbeiten ausführlich diskutiert; vgl. Rehmann-Sutter (2005), aber auch Neumann-Held/Rehmann-Sutter (2006).

mRNA-Sequenz dann tatsächlich für die Proteinsynthese verwendet wird. Zudem wird der DNA-Bestand zum Teil von den Zellen im Verlauf der Entwicklung verändert. Es treten kontrollierte Polyploidien oder Polytänien auf;[9] einzelne Chromosomenteile werden unter- oder überrepliziert, amplifiziert oder diminuiert; Chromosomenteile werden rearrangiert (Jablonka/Lamb, 2005:68f.). Das Genom in einer spezialisierten Körperzelle ist also in vielen Fällen nicht mehr identisch mit dem Genom oder anderen Körperzellen.

Wenn man sich an Johannsens Epistemologie der Gene erinnert, ist zu fragen, weshalb man überhaupt von „Epi-Genetik" spricht und nicht einfach von Genetik. Die Definition von Johannsen würde das ja eigentlich nicht nur zulassen, sondern notwendig machen, denn auch Epigene sind Faktoren, die in den Gameten vorhanden sind und Eigenschaften des entstehenden Organismus bestimmen oder mitbestimmen. Man kann die Epigenetik von der Genetik nicht mit Johannsens Gendefinition trennen, sondern braucht als zusätzliche Bestimmung die Codierung, die ein „genetisches" Vererbungssystem von einem epigenetischen unterscheidet.

Komplizierter ist die Überlegung, ob die epigenetischen Determinanten auch zum Genotyp gehören oder ob sie dem Phänotyp zugerechnet werden müssen. Das ist deshalb nicht trivial, weil ja auch die genetische Information nicht mehr so vorgestellt werden kann, dass sie einfach vorliegt und im Verlauf der Entwicklung abgerufen oder umgesetzt wird. Information, die zur Erklärung von Entwicklungsschritten relevant ist, hängt vom Kontext und der Entwicklungssituation ab. Es gibt sie vorher noch nicht. Deshalb hat man schon vorgeschlagen, die Zuordnung eines genetischen Programms zum Genotyp aufzugeben (Morange, 2002) und dem Phänotyp zuzurechnen. Es gibt dann ein phänotypisches Programm. Dieser Vorschlag hat allerdings den Nachteil, dass er von einem „Programm" da noch spricht, wo es keine vorher vorhandene Information gibt. Das dehnt den Begriff des Programms über seine eigenen Grenzen hinaus. Plausibler erscheint mir zu sagen, dass Ordnung emergent ist und dass deshalb die Darstellung der Regelmäßigkeiten der Entwicklungskaskaden epistemologisch eine Unternehmung *ex post factum* ist. Es *gibt* diese programmierte Regelmäßigkeit erst, indem sie sich verwirklicht. Und das heißt nicht, dass sie unregelmäßig wird. Die Regelmäßigkeit eines Naturprozesses ergibt sich nicht nur daraus, dass er programmiert abläuft. Die Physik und die Chemie behandeln viele Prozesse, die regelmäßig ablaufen, ohne dass man irgendwo eine Information *für* diese Prozesse in den Prozessen selbst unterstellen müsste, die dann für diese Regelmäßigkeit dieser Prozesse zuständig wäre. Regelmäßigkeit ist *nicht* abhängig von einer repräsentationalen Erklärung. Das gilt auch für die

---

9 Polyploidie, Polytänie = Chromosomensätze liegen in einer Zelle vervielfacht vor.

Erklärung der biologischen Prozesse. Das ist eine zweite Aussage in Bezug auf die philosophische Bedeutung des Genoms, die durch die Epigenetik nahegelegt wird.

6.5 Konklusionen

Heute erklären wir Komplexität aus Komplexität, nicht mehr Komplexität aus einem Rezept für Komplexität. Der Epigenetik ist ein Essentialismus fremd, wie er gleichsam die Anfälligkeit der Genetik darstellt. Essentialismus meint die Auffassung, dass ein Ganzes aus einem Teilaspekt erklärt werden kann; er ist nicht zu verwechseln mit einem Reduktionismus der Erklärung, in dem die Möglichkeit von Komplexerem aus einfacheren Zusammenhängen erklärt werden soll. Epigenetik denkt radikal kontextuell und klärt Zusammenhänge in einem komplexen System, ohne den Anspruch zu erheben, das Ganze aus einem Teil zu erklären. Sie verbleibt aber damit innerhalb der naturwissenschaftlichen Logik einer reduktionistischen Erklärung: Komplexeres wird aus einfacheren Zusammenhängen zu erklären versucht.

Eine Naturphilosophie (oder Philosophie der Biologie) muss den Reduktionismus nicht mitmachen, welcher der naturwissenschaftlichen Methodik inhärent ist. Sie kann phänomenologisch und hermeneutisch verfahren. Ihr Interesse ist das Verständnis von Sinnzusammenhängen. Die Epigenetik hat die Biologie empfänglicher gemacht für eine philosophische Deutung. Die Responsivität kann sich in *Sensibilität* (im Sinn von Empfindlichkeit und Irritabilität) von Biosystemen äußern: innerhalb des Systems, das heißt des Körpers, und außerhalb. Die Prozesse können – mit Henri Bergson (2013) gesprochen – die *Dauer* eines sich aufeinander aufschichtenden individuellen Daseins entfalten und im Sinn eines molekularen Gedächtnisses der Zellen gedeutet werden. Diese Deutungen stehen aber zur naturwissenschaftlichen Evidenz nicht in einem deduktiven, sondern in einem interpretativen Verhältnis.

6.6 Literatur

Baedke, J. (2013): The epigenetic landscape in the course of time: Conrad Hal Waddington's methodological impact on the life sciences. In: Stud Hist Philos Biol Biomed Sci Part B 44(4):756–773.
Bergson, H. (2013): Philosophie der Dauer. Textauswahl von Gilles Deleuze. Meiner, Hamburg.
Bird, A. (2007): Perceptions of epigenetics. In: Nature 447(7143):396–398.
Bürglin, T. (2006): Genome analysis and developmental biology. The nematode Caenorhabditis elegans. In: Neumann-Held, E.M./Rehmann-Sutter, C. (eds.): Genes in development. Re-reading the molecular paradigm. Duke University Press, Durham:15–37.

Dawkins, R. (1978): Das egoistische Gen (übers. von de Sousa Ferreira, K.). Springer, Berlin.

Gadamer, H.-G. (1990): Wahrheit und Methode. Grundzüge einer philosophischen Hermeneutik. Gesammelte Werke Band 1. Mohr, Tübingen.
Gerhart, J./Kirschner, M. (1997): Cells, embryos, and evolution. Blackwell Science, Malden, MA.
Gissis, S./Jablonka, E. (2011a): Appendix B: mechanism of cell heredity. In: Gissis, S./Jablonka, E. (eds.): Transformations of Lamarckism. From subtle fluids to molecular biology. MIT Press, Cambridge, MA:413–421.
Gissis, S./Jablonka, E. (2011b): Final discussion. In: Gissis, S./Jablonka, E. (eds.): Transformations of Lamarckism. From subtle fluids to molecular biology. MIT Press, Cambridge, MA:395–409.
Griesemer, J. (2002): What is „epi" about epigenetics? In: Ann NY Acad Sci 981:97–110.
Griesemer, J. (2006): Genetics from an evolutionary process perspective. In: Neumann-Held, E.M./Rehmann-Sutter, C. (eds.): Genes in development. Re-reading the molecular paradigm. Duke University Press, Durham:199–237.

Haig, D. (2007): Weismann Rules! OK? Epigenetics and the Lamarckian temptation. In: Biol Philos 22:415–428.
Huxley, J. (1942): Evolution: The Modern Synthesis. Allen & Unwin, London.

Jablonka, E./Lamb, M. (1995): Epigenetic inheritance and evolution. The Lamarckian dimension. Oxford University Press, Oxford.
Jablonka, E./Lamb, M. J. (2002): The changing concept of epigenetics. In: Ann NY Acad Sci 981:82–96.
Jablonka, E./Lamb, M. J. (2005): Evolution in four dimensions. Genetic, epigenetic, behavioral, and symbolic variation in the history of life. MIT Press, Cambridge, MA.
Jacob, F./Monod, J. (1961): Genetic regulatory mechanisms in the synthesis of proteins. In: J Mol Biol 3:318–356.
Johannsen, W. (1909): Elemente der exakten Erblichkeitslehre. G. Fischer, Jena.

Kay, L. (2000): Who wrote the book of life? A history of the genetic code. Stanford University Press, Stanford.
Kretzmer, H. et al. (2015): DNA methylome analysis in Burkitt and follicular lymphomas identifies differentially methylated regions linked to somatic mutation and transcriptional control. In: Nature Genetics 47:1316–1325.

Lamb, M. J. (2011): Attitudes to soft inheritance in Great Britain, 1930s-1970s. In: Gissis, S./Jablonka, E. (eds.): Transformations of Lamarckism. From subtle fluids to molecular biology. MIT Press, Cambridge, MA:109–120.

Mayr, E. (1961): Cause and effect in biology. In: Science 134 (1961):1501–1506.
Morange, M. (2002): The misunderstood gene. Harvard University Press, Cambridge, Mass.
Moss, L. (2002): From representational preformatism to the epigenesis of openness to the world? Reflections on a new vision of the organism. In: Ann NY Acad Sci 981:219–229.

Neumann-Held, E. M./Rehmann-Sutter, C. (eds.) (2006): Genes in development. Re-reading the molecular paradigm. Duke University Press, Durham.

Newman, S. A./Müller, G. B. (2000): Epigenetic mechanisms of character origination. In: J Exp Zool 288(4):304–317.

Newman, S. A./Müller, G. B. (2006): Genes and form. Inherency in the evolution of development mechanisms. In: Neumann-Held, E.M./Rehmann-Sutter, C. (eds.): Genes in development. Re-reading the molecular paradigm. Duke University Press, Durham:38–73.

Oyama, S. (1985): The Ontogeny of Information. Cambridge University Press, Cambridge, MA.

Rehmann-Sutter, C. (2002): Genetics, embodiment and identity. In: Grunwald, A. et al. (eds.): On human nature. Anthropological, biological, and philosophical foundations. Springer, Berlin:23–50.

Rehmann-Sutter, C. (2005): Zwischen den Molekülen. Beiträge zur Philosophie der Genetik. Francke, Tübingen.

Rehmann-Sutter, C. (2013): Leben 2.0. Ethische Implikationen synthetischer lebender Systeme. In: ZEE 57(2):113–125.

Russo, V. E. A. et al. (eds.) (1996): Epigenetic mechanisms of gene regulation. Cold Spring Harbor Laboratory Press, Woodbury.

Smith, J. M./Szathmáry, E. (1999): The origins of life. From the birth of life to the origin of language. Oxford University Press, Oxford.

Turner, B. M. (2007): Defining an epigenetic code. In: Nat. Cell. Biol. 9:2–6.

Yehuda, R. et al. (2015): Holocaust exposure induced intergenerational effects on FKBP5 methylation. In: Biol Psychiatry [Epub ahead of print].

Vanessa Lux

7. Kulturen der Epigenetik[1]

Im November 2015 veröffentlichte „Nature Reviews Genetics" einen Überblick über die molekularen Grundlagen der Vererbung erworbenen Verhaltens auf nicht genetischem Wege. Die Autoren Johannes Bohacek und Isabelle M. Mansuy diskutieren darin Konzepte und experimentelle Befunde für die nicht genetische transgenerationelle Vererbung über die Keimbahn. Als Übertragungswege nehmen sie die Weitergabe über epigenetische Mechanismen, insbesondere DNA-Methylierung und nicht codierende RNA in Spermien, an (Bohacek/Mansuy, 2015). Das Zusammenspiel verschiedener epigenetischer Mechanismen, wie DNA-Methylierung, Histon-Modifikationen und RNA-Interferenz, wird seit einigen Jahren als zentral für die Regulation der Gen-Expression in der Zelldifferenzierung diskutiert (Jaenisch/Bird, 2003). Wie gezeigt werden konnte, sind zudem einige der epigenetischen Mechanismen sensibel gegenüber Umwelteinflüssen, insbesondere Ernährung und Stress (z. B. Waterland et al., 2008; Meaney/Szyf, 2005). Auch für den „Nature"-Review gab eine Studie zu den Auswirkungen von Stress auf epigenetische Mechanismen den Anlass: Die Arbeitsgruppe um Mansuy an der Universität Zürich untersucht seit einigen Jahren Auswirkungen auf Verhalten und molekularbiologische Korrelate von Stress in frühen Lebensphasen in einem Mausmodell. Hierfür verwenden sie ein Stressexperiment, bei dem die neugeborenen Mäuse kurz nach der Geburt über mehrere Tage zeitweilig vom Muttertier getrennt werden und das Muttertier in der Trennungszeit zusätzlich durch Verhaltenstests gestresst wird. Dasselbe experimentelle Design gilt auch als Tiermodell zur Erforschung frühkindlicher Traumatisierung. In der Studie zur Transgenerationalität wurden die gestressten Mäuse und deren Nachkommen (die F2-Generation) jeweils mit nicht gestressten Mäusen gepaart

---

1   Der Beitrag fasst wesentliche Ergebnisse meiner Auseinandersetzung mit den Kulturen der Vererbung zusammen, wie sie aus dem von Sigrid Weigel am Zentrum für Literatur- und Kulturforschung Berlin geleiteten Forschungsschwerpunkt zu interdisziplinären Perspektiven der Vererbungsforschung entstanden sind. Ich danke Sigrid Weigel ganz herzlich für wertvolle Anmerkungen zu einer ersten Fassung dieses Textes.

und auch selbst nicht erneut gestresst (Franklin et al., 2010). Die Arbeitsgruppe konnte zeigen, dass die gestressten Mäuse in späteren Verhaltenstests statistisch ein „depressiveres" und „impulsiveres" Verhalten zeigten als nicht gestresste Mäuse (Franklin et al., 2010). Der Unterschied zwischen den beiden Gruppen war zudem auch in den zwei darauffolgenden Generationen der männlichen Linie, also bis in die F3-Generation signifikant nachweisbar. Zusätzlich zur Verhaltensdifferenz konnte die Arbeitsgruppe in den Spermien und im Gehirn eine allgemein erhöhte Methylierung der DNA sowie eine erhöhte Methylierung an funktionellen DNA-Sequenzabschnitten, die in die Stressregulation eingebunden sind, nachweisen. Auch dieser Effekt ließ sich bis in die F3-Generation messen (Franklin et al., 2010). Die Arbeitsgruppe wertete dies als epigenetische Übertragung der Folgen von Stress in einer frühen Lebensphase über die Keimbahn. Allerdings steht der Nachweis eines mechanistischen Zusammenhangs zwischen der transgenerationellen Konstanz des Phänotyps auf der Verhaltensebene und den epigenetischen Veränderungen noch aus.

Nur wenige Jahre zuvor wäre die Überlegung, solche Stressfolgen oder andere Traumata könnten über die Keimbahn vererbt werden, mit dem Vorwurf des Lamarckismus bedacht und als unwissenschaftlich qualifiziert worden.[2] Dabei sind viele der Mechanismen, die die Epigenetik untersucht, aus der Reproduktionsmedizin, der Krebsforschung und der Pflanzengenetik seit Jahrzehnten bekannt. Dass jetzt an sie angeknüpft wird, ist nicht zuletzt der mit dem Ende des Humangenomprojekts offensichtlich gewordenen Krise des bisherigen Vererbungsmodells geschuldet. Die lange Jahre sehr produktive Vereinfachung, wie sie in der Vorstellung von der DNA als Code des Lebens zugespitzt worden war, hatte die Biologie in eine Sackgasse geführt. Mehr noch führte sie dazu, dass viele Hinweise auf die Komplexität und Plastizität biologischer Entwicklung tabuisiert wurden. Was die Aufhebung dieses Tabus durch die Epigenetik für unsere Vorstellung von Vererbung und für die Evolutionstheorie bedeutet, ist dabei bislang nicht in allen Konsequenzen reflektiert.

Im Folgenden möchte ich dies zum Anlass nehmen, um einige kulturelle und wissenschaftshistorische Rahmenbedingungen der gegenwärtigen Debatte um die Epigenetik zu rekonstruieren. Hierfür werde ich zunächst den Bedeutungswandel der Epigenetik aus begriffs- und wissenschaftsgeschichtlicher Perspektive sowie die konzeptionelle Abgrenzung von Vererbung und Transgenerationalität nachzeichnen. Anschließend rekonstruiere ich exemplarisch, wie diese die Diskussion um die transgenerationelle

---

2   Die Rede von erworbenem Verhalten („acquired behaviours") statt der etablierten Formel von den erworbenen Eigenschaften („acquired characteristics") bei Bohacek und Mansuy (2015) zeugt davon. Ihre Wortwahl ist an dem von ihnen experimentell erfassten, weil erfassbaren Verhalten orientiert und lässt offen, ob diesem stabile Eigenschaften zugrunde liegen.

Übertragung psychischer Traumata sowie die epigenetische Forschung zum Trauma grundieren. Schließlich plädiere ich für eine Epigenetik als Schwellenkunde, die das Wissen darum, dass der biologisch gefasste Entwicklungsprozess von Beginn an in einem materiellen Austauschprozess mit Kultur steht, zum Ausgangspunkt nimmt, um die einzelwissenschaftlichen Beschränkungen des Forschungsfeldes (selbst)kritisch zu reflektieren und Ansätze für Brückenschläge in die Diskussion zu bringen.

7.1 Bedeutungswandel der Epigenetik – begriffs- und wissenschaftsgeschichtliche Perspektive

Die Vorgeschichte der Epigenetik ist durch die Theorie der Epigenesis und die an sie anschließenden Studien zur Epigenese in der Embryologie gekennzeichnet. Die Theorie der Epigenesis steht seit der Antike für die Auffassung, dass zentrale morphologische Strukturen sich erst im Laufe der Entwicklung des Organismus herausbilden. Damit steht sie im Gegensatz zur Präformationslehre, der zufolge alle Merkmale eines entwickelten Individuums bereits in den Keimzellen vorliegen, die bei der ersten Schöpfung erschaffen wurden und aus denen heraus sich jede neue Generation entwickle. Diese Vorstellung, die oft mit Bildern von kleinen Männchen in Spermien oder Eizellen illustriert wurde, dominierte das Verständnis von der menschlichen Entwicklung weitestgehend bis in die frühe Neuzeit. Erst im 18. Jahrhundert wurde die lange schwelende Auseinandersetzung zwischen den Anhängern beider Vorstellungen zugunsten der Epigenesis entschieden.[3] Einen wesentlichen Beitrag hierzu lieferten Caspar Friedrich Wolffs (1734–1794) Beobachtungen der morphologischen Entwicklung des Hühnerembryos aus dem undifferenzierten befruchteten Hühnerei (vgl. Roe, 1981). Seine Beschreibungen und Skizzen, zuerst veröffentlicht in seiner Dissertation „Theoria Generationis" (1759), sowie seine Kontroverse mit dem damals führenden Anhänger der Präformationslehre, Alfred von Haller (1708–1777), gaben wesentliche Anstöße dafür, dass die Vorstellung von der Präformation preisgegeben wurde. An ihren Platz rückte die Annahme, dass die Generationen durch das Zusammenspiel des Zeugungsstoffs der Eltern und die Wirkung eines Bildungstriebes entstünden (etwa Blumenbach, 1791:13f.; vgl. Weigel, 2006:132).

Während im Umfeld der Haller-Wolff-Kontroverse der Begriff der Entwicklung noch an die Präformationslehre gekoppelt war und der Begriff der Bildung für die Epigenesis stand, sollte sich dies im 19. Jahrhundert ändern. Entwicklung wurde in ein „abstrak-

---

3 Vgl. Roe (1981), kritisch zur Entgegensetzung von Epigenese und Präformation siehe Müller-Wille (2014); vgl. auch Müller-Sievers (1993:30ff. u. 1997).

tes gattungstheoretisches Prinzip übertragen" (Weigel, 2006:132) und stand fortan für jedwede Entstehung von Individuen und Arten. Dieses Prinzip wurde wiederum mit der Zeugungs- und Vererbungstheorie sowie dem Konzept der Generation verbunden; der Bildungsbegriff erhielt dagegen eine primär kulturelle Semantik (Weigel, 2006:133). Diese begriffliche Trennung nimmt dabei die spätere epistemologische Trennung zwischen biologischer und kultureller Entwicklung vorweg. In diesem Kontext avancierte die Embryologie zur Wissenschaft der biologischen Entwicklung eines Organismus und schuf einige der Grundlagen für die ersten Evolutionstheorien. Durch die Verbindung von Entwicklung, Zeugung, Vererbung und Generation konnten das Wissen um die Herausbildung neuer biologischer Strukturen aus vorher undifferenzierter Materie und die Ähnlichkeit der Embryonalstadien verschiedener Tierarten als Hinweise auf die Wandelbarkeit der Arten gedeutet werden.

Ende des 19. Jahrhunderts fand innerhalb der Embryologie ein Paradigmenwechsel statt: Die vormals beschreibende Disziplin wurde zur Experimentalwissenschaft. Wesentlich hierfür waren die Arbeiten von Wilhelm His (1831–1904), Wilhelm Roux (1850–1924) und Hans Driesch (1867–1941) (vgl. z. B. van Speybroeck, 2002:31f.). In ihren Versuchen manipulierten sie gezielt die Embryonalentwicklung von beispielsweise Fröschen und Seeigeln und dokumentierten die hervorgerufenen Abweichungen im Entwicklungsverlauf. Embryologie und Evolutionsbiologie waren zu diesem Zeitpunkt noch eng verbunden: Die Erforschung der Individualentwicklung zielte auch darauf, die Prinzipien der Gattungsentwicklung aufzuklären. Das Entwicklungsmodell orientierte sich am Entwicklungsmodell der Epigenesis. In seiner „Entwicklungsmechanik" interpretiert Roux seine Ergebnisse als Zusammenwirken von Selbstdifferenzierung und induzierter Differenzierung (vgl. Roux, 1888). Die experimentelle Embryologie lieferte allerdings auch erste theoretische Grundlagen und empirische Befunde für ihre spätere Trennung von der Evolutionsbiologie, darunter Roux' Chromosomentheorie der Vererbung und His' Kritiken an Ernst Haeckels Gleichsetzung der Embryonalstadien mit der Artentwicklung (dem sog. biogenetischen Grundgesetz). Diese Trennung wird schließlich um 1900 durch die wachsende Popularität der Weismann'schen Vererbungstheorie und die Annahme einer strikt zufälligen Weitergabe der Erbanlagen, wie sie durch die Mendel'schen Regeln vorgegeben schien, Schritt für Schritt manifest.

Das Zusammenspiel von Vererbung und Entwicklung wurde für die neu entstehende Genetik schließlich so problematisch, dass es als Paradox aufgefasst wurde. So fragte Thomas Hunt Morgan in seiner Nobelpreisrede von 1934: „Every cell comes to contain the same kind of genes. Why then, is it that some cells become muscle cells, some nerve cells, and others remain reproductive cells?" (Morgan, 1934:324). Die Lösung, die er schließlich für das Paradox in seiner Rede vorschlägt, ist die Interaktion zwischen Genen und Zellplasma. Die Unterschiede entstünden durch die regionale Beschaffenheit des Zellplasmas sowie die Reihenfolge, in der die Gene im Entwicklungsprozess aktiv würden (Morgan, 1934:325). Er interpretiert damit das von Roux beschriebene Zusammenspiel aus Selbstdifferenzierung und abhängiger Differenzierung als primär genetisches Geschehen. Damit verlagert Morgan aber das Entwicklungspotenzial von der Ebene der Zelle auf die Ebene der Gene. Die in der Fähigkeit zur Selbstdifferenzierung anklingende Vorstellung eines Bildungstriebs wird den Genen zugewiesen, die Gene werden zum alleinigen Träger des Entwicklungspotenzials. Zugleich verweist Morgan die Frage nach der Zelldifferenzierung aus dem Gegenstandsbereich der Genetik heraus in die Physiologie, die er zudem unter das Primat der Genetik stellt: „The physiological action of the genes on the protoplasm, and reciprocally that of the protoplasm on the genes, is a problem of functional physiology" (Morgan, 1934:325).

Allerdings wird die Zelldifferenzierung bei gleicher genetischer Ausstattung der Zellen nur unter genetischen Vorzeichen zum Paradox. Oder, wie James Griesemeyer pointiert zusammenfasst: „The paradox of development is a paradox of genetics" (Griesemer, 2000:272). Aus der Perspektive der Embryologie und Physiologie ist die Unterschiedlichkeit von zellulärem Milieu, Zellpopulationen und Gewebe, vom chemischen Gefälle innerhalb der Eizelle bis zum ausdifferenzierten Organ immer schon gegeben und ihr Einfluss auf den Entwicklungsprozess in vielen Fällen experimentell beobachtbar. Die Erfolge der experimentellen Genetik verdrängten jedoch immer mehr die Perspektiven der Embryologie und Entwicklungsbiologie an den Rand der Disziplin (Gilbert, 2000:556). Die Synthese aus Populationsgenetik und Evolutionstheorie sowie die Entdeckung der DNA schienen die privilegierte Betrachtung biologischer Phänomene durch die Perspektive der Genetik umfassend zu legitimieren.

Aus dieser Konstellation heraus entstand schließlich der erste Vorschlag für eine biologische Disziplin der „Epigenetik". Conrad H. Waddington, der den Begriff erstmals prägte (vgl. Jablonka/Lamb, 2002:82; Holliday, 2002), versuchte zeit seines Lebens, die Embryologie wieder mit der Evolutionstheorie und Genetik zu versöhnen (vgl. Gilbert, 2012; siehe auch Waddington, 1940). Dabei knüpft Waddington mit der Bezeichnung „epigenetics" philologisch und konzeptuell an die Epigenesis an (vgl. Waddington, 1942; Petronis et al., 2000:342; van Speybroeck et al., 2002; Willer, 2010). Der Embryologie schreibt er die Rolle einer Vermittlungsinstanz zwischen Genetik und Evolutionsbiologie zu. Seine Epigenetik ist zugleich eine Wiederaufnahme von Roux' Entwicklungsmechanik (vgl. Huxley, 1956:807; Haig, 2012:14; Gilbert, 2012). Ähnlich wie Roux interessiert sich Waddington für die enorme Stabilität organischer Entwicklung trotz variierender Umweltbedingungen. Allerdings verschiebt Waddington den Fokus auf die epistatischen Phänomene der Gen-Aktivität. Seine Epigenetik zielt auf die Interaktionsprozesse zwischen Genen und zwischen Gen-Netzwerken und der Umwelt, durch die der Phänotyp aus dem Genotyp entsteht, wobei Waddington das Gesamt dieser Entwicklungsprozesse als „epigenotype" (Waddington, 1942:18) bezeichnet. Die emergenten Entwicklungsprozesse betonend weist er einen einfachen genetischen Determinismus zurück. Stattdessen schlägt er ein Entwicklungspfad-Modell für die Organentwicklung vor. Die von ihm als „Chreoden" bezeichneten Entwicklungspfade repräsentieren den Weg einer embryonalen Stammzelle zu beispielsweise einer Herz- oder Hautzelle. Das Modell integriert genetische und physiologische Prozesse und trägt auch der Fähigkeit komplexer Organismen und Zellstrukturen Rechnung, Störungen zu frühen Zeitpunkten in der Embryonalentwicklung ausgleichen zu können.

Dieses Entwicklungspfad-Modell illustriert Waddington als epigenetische Landschaft (vgl. Waddington, 1940; 1957:26ff.).[4] Die jeweils mehr oder weniger eindeutigen Wechselwirkungen und Feedback-Schleifen zwischen Genen und Umwelt bestimmen die Struktur der epigenetischen Landschaft – die spezifische Form des Tales. Waddington verwendet das Modell aber auch, um eine Brücke zwischen phänotypisch relevanten Veränderungen des Genotyps auf der Ebene des Individuums und der Entstehung einer Art aus einer anderen in der Evolution zu beschreiben (Waddington, 1957; 1962; 1970). Jeweils größere Veränderungen, wie die Entstehung neuer Arten, werden als Pfadwechsel verstanden (Waddington, 1970:355f.). Vor diesem Hintergrund reformuliert Waddington die Frage nach dem Verhältnis von Stabilität und Variabilität der genetischen Ausstattung eines Organismus in der Evolution als Frage nach den durch äußere Faktoren hervorgerufenen Änderungen der genetischen Konfiguration des Entwicklungspfades (Waddington, 1970:335f.), wofür er dann auch den Vorwurf des Lamarckismus und sogar Lyssenkoismus (nach eigenen Angaben durch Jacques Monod, Waddington, 1974) erhielt.

In der gegenwärtigen Debatte zur Epigenetik gilt Waddington vor allem als Namensgeber der neuen biologischen Teildisziplin (z. B. Jablonka/Lamb, 2002; Holliday, 2002; Haig, 2012). Doch auch seine Zurückweisung des genetischen Determinismus und die von ihm aufgeworfene Frage nach den epigenetischen Modifikationen des Genoms sowie der damit assoziierte Vorwurf des Lamarckismus finden Widerhall (vgl. Gissis/Jablonka, 2011). Waddingtons Versuch der Synthese von Genetik, Embryologie und Evolutionsbiologie hat zudem die Frage nach der Bedeutung epigenetischer Mechanismen

---

4 Deren Darstellung geht auf ein Bild des Malers John Piper zurück, das einen Fluss zeigt, der durch ein Tal fließt und sich in verschiedene Talschluchten verzweigt (vgl. Parnes, 2007), wobei die ausfächernden Talschluchten der epigenetischen Landschaft die potenziellen Entwicklungspfade darstellen. Vgl. zur erkenntnistheoretischen Bedeutung von Waddingtons Pfadmodell für seinen Syntheseversuch Weigel (2002:87).

für die Evolutionstheorie und die Debatte um eine *Extended Synthesis* beeinflusst (vgl. Pigliucci/Müller, 2010). Darüber hinaus wirkte die epigenetische Landschaft in der Klon- und Stammzellforschung als produktive Heuristik. Das topographische Modell hat das Konzept der Reprogrammierung befördert und dient auch der systembiologischen Modellierung großer molekularbiologischer Zelldatenmengen (vgl. Baedke/Brandt, 2014).

Gegenüber Waddingtons noch stark embryologischer Epigenetik hat die heutige molekularbiologische Epigenetik jüngst jedoch einen Bedeutungswandel vollzogen. Dieser folgt aus einem mittlerweile veränderten Forschungsgegenstand: Statt allgemeiner Entwicklungsmechanismen untersucht die molekularbiologische Epigenetik über die Zellteilung hinweg stabile Mechanismen der Genregulation: Der Fokus liegt auf „mitotically and/or meiotically heritable changes in gene function that cannot be explained by changes in DNA sequence" (Riggs et al., 1996:1; ähnlich Holliday, 1994; Wu/Morris, 2001). Geprägt durch die Dominanz von Genetik und Genomik und ihre Experimentalpraxen und Auswertungsmethoden liegt der Fokus der molekularbiologischen Epigenetik auf der DNA und der Gen-Aktivität. Damit hat sich die Epigenetik von ihren entwicklungsbiologischen Ursprüngen, die noch bei Waddington wesentlich waren, weit entfernt. Die Hinweise auf eine mögliche Beeinflussbarkeit epigenetischer Mechanismen etwa durch Ernährung oder Stress und ihre itransgenerationellen Effekte haben stattdessen die Interpretation nahegelegt, dass die Epigenetik eine molekularbiologische Fundierung der Vererbung erworbener Eigenschaften biete.

7.2 Vererbung und Transgenerationalität

Dies wirft die Frage nach der Bedeutung der Epigenetik für unser Verständnis von biologischer Vererbung auf. Die Entgegensetzung von Darwinismus und Lamarckismus, unter deren Vorzeichen die Frage diskutiert wird, wird dabei weder Darwin noch Lamarck gerecht (vgl. Weigel, 2010a:108ff.).[5]

Den theoretischen Rahmen für die strikte Zurückweisung der Vererbung erworbener Eigenschaften, die sich um 1900 zunehmend etablierte, lieferte vielmehr August

---

5 Beispielsweise ging Darwin (1868:394) von der Theorie der Pangenesis aus, nach der die einzelnen Organe Keimchen („gemmules") abgeben, die sich schließlich auch in den Sexualorganen ansammeln. Diese Keimchen dienen dann als Nachkommen der Organe, über die ihre Eigenschaften an die nächste Generation weitergegeben werden. Der Kreislauf ist offen für Variationen aufgrund veränderter Lebensbedingungen: „In variations caused by the direct action of changed conditions, whether of a definite or indefinite nature [...], the tissues of the body, according to the doctrine of pangenesis, are directly affected by the new conditions, and consequently throw off modified gemmules, which are transmitted with their newly acquired peculiarities to the offspring."

Weismanns Annahme von der Kontinuität des Keimplasmas. Ausgehend von der Beobachtung, dass sich bei sexueller Fortpflanzung der neue Organismus aus den Keimzellen der Eltern-Organismen entwickelt, schlussfolgert er:

> „[E]ntweder die Substanz der elterlichen Keimzellen besitzt die Fähigkeit, einen Kreislauf von Veränderungen durchzumachen, welche durch den Aufbau des neuen Individuums hindurch wieder zu identischen Keimzellen führt, oder die Keimzellen entstehen in ihrer wesentlichen und bestimmenden Substanz *überhaupt nicht aus dem Körper des Individuums, sondern direct aus der elterlichen Keimzelle.* Ich halte die letztere Ansicht für die richtige" (Weismann, 1885:4f.; Herv. V.L.).

Er begründet dies unter anderem mit Beobachtungen an Nesseltieren, bei denen nur bestimmte embryonale Zellen die Fähigkeit haben, einen ganzen neuen Organismus hervorzubringen, was gegen die Kreislauftheorie und insbesondere gegen die Möglichkeit einer Rückbildung des Kernplasmas somatischer Zellen zu Keimplasma spreche (Weismann, 1885:52).

Weismanns Theorie gründet somit auf zwei zentralen Annahmen: 1. dass „Vererbung dadurch zu Stande kommt, dass ein Stoff von bestimmter chemischer und besonders molekularer Beschaffenheit von einer Generation auf die andere sich überträgt" – das Keimplasma – und 2. dass „bei jeder Ontogenese ein Theil des specifischen ‚Keimplasmas', welches die elterliche Eizelle enthält, nicht verbraucht wird beim Aufbau des kindlichen Organismus, sondern *unverändert* reserviert bleibt für die Bildung der Keimzellen der folgenden Generation" (Weismann, 1885:5; Herv. V.L.). Weismann verbindet somit die Bestimmung der Vererbungssubstanz mit der Annahme von ihrer Konstanz. Demgegenüber entstünde alle phänotypische Varianz aus der Vermischung von väterlichem und mütterlichem Keimplasma sowie unterschiedlichen hierzu hinzutretenden Entwicklungsbedingungen des Keims beziehungsweise des Organismus, wie insbesondere die der Ernährung (Weismann, 1885:8f.). Auf der Grundlage dieser Konstanz-Annahme weist er dann auch die Pangenesis-Theorie zurück und setzt seine Keimplasma-Theorie in Opposition zur Annahme der Vererbung erworbener Eigenschaften (Weismann, 1885:6ff.; 1889).

Weismanns Theorie bildete einen der Ausgangspunkte für die molekularbiologische Suche nach den materialen Trägern der Vererbung im Keimplasma. Sie prägte die Interpretation der Chromosomen und der DNA und zugleich die Beschränkung des Vererbungsbegriffs auf deren Weitergabe. Dass in der Epigenetik nun die transgenerationelle Weitergabe von anderen Molekülstrukturen untersucht wird, rüttelt an dieser Gleichsetzung von biologischer mit genetischer DNA-basierter Vererbung. Im Anschluss an

Phänomene wie die elterliche Prägung (*parental imprinting*) von Chromosomen oder die transgenerationelle Übertragung von Modifikationen der DNA-Methylierung wurden die epigenetischen Mechanismen dabei zunächst als zusätzliches Vererbungssystem interpretiert, das mit der genetischen Vererbung in Wechselwirkung steht und diese ergänzt (vgl. z. B. Jablonka/Lamb, 2005). Die Vorstellung von weiteren Vererbungssystemen neben der DNA hat durchaus Vorläufer in der Biologie, etwa in der Diskussion um die extrachromosomale und Zellvererbung, wie sie intensiv bis in die späten 1950er Jahre diskutiert wurde (vgl. Haig, 2004:2). Der Zellbiologe David L. Nanney schlug beispielsweise die Annahme eines eigenständigen, paragenetischen Regulationssystems in der Zelle vor, das das genetische System ergänze und das er in Anlehnung an Waddington als „epigenetic" bezeichnete (Nanney, 1958:712).

In der aktuellen Diskussion um die transgenerationelle nicht genetische Vererbung, wie sie Bohacek und Mansuy in dem „Nature"-Review aufmachen, geht es allerdings gerade nicht um die Einführung zusätzlicher Vererbungssysteme. Vielmehr bahnt sich hier, sollten sich die Ergebnisse bestätigen, ein viel fundamentalerer Wandel in unserem Vererbungsverständnis an. Wir könnten demnach nicht mehr davon ausgehen, dass die DNA, abgesehen von spontanen Mutationen, im Allgemeinen unverändert weitergegeben würde. Stattdessen wäre diese relativ stabile Weitergabe selbst als Ergebnis umfassender zellulärer und potenziell extrazellulärer Regulationsprozesse zu verstehen, an denen unter anderem nicht codierende RNA in den Keimzellen, Kreisläufe der DNA-Methylierung, -Demethylierung und -Remethylierung sowie potenziell weitere molekulare Prozesse beteiligt wären. Dies käme allerdings einem systemischen Vererbungsmodell nahe, wonach die genetische Vererbung das Ergebnis eines komplexen Zusammenspiels unterschiedlicher Mechanismen und Wirkebenen wäre – eine Vorstellung, wie sie etwa Susan Oyama mit ihrer Developmental Systems Theory diskutiert (vgl. Oyama, 2000). Dann stellte sich allerdings die Frage, ob es noch sinnvoll möglich ist, zwischen genetischer und nicht genetischer Vererbung zu unterscheiden. Auch die Grenzen zwischen Keimbahn und nachfolgender Ontogenese, zumal im Säugermodell oder gar beim Menschen, müssten neu betrachtet werden, wenn potenziell die gleichen epigenetischen Mechanismen, die in der Ontogenese sensibel für Umwelteinflüsse sind, an der Regulierung von Vererbung über die Keimbahn beteiligt sind. Bohacek und Mansuy betonen allerdings weiterhin die strikte Unterscheidung zwischen der Vererbung über die Keimbahn und anderen Formen transgenerationeller Weitergabe:

„[C]onsidering the fundamental importance of the concept of transgenerational inheritance for biology, the highest standards of theoretical and experimental models are required, including rigorous distinction between non-germline and germline inheritance, confirmation of germline inheritance across at least two generations, confirmation in independent cohorts of animals, strict validation of results and exclusion of non-germline factors" (Bohacek/Mansuy, 2015:650).

Die ausschließliche Weitergabe über die Keimbahn bleibt methodologischer Referenzpunkt in der epigenetischen Debatte um Vererbung. Die zusätzliche Markierung der diskutierten nicht genetischen Vererbung als „transgenerational" (Bohacek/Mansuy, 2015:641) zeigt dabei, dass mit der Loslösung von den Genen beziehungsweise der DNA die Qualifizierung als Vererbung begrifflich nach wie vor prekär ist. Im Begriff der Vererbung ist die Transgenerationalität immer schon mitgemeint, sie muss nicht gesondert angezeigt werden.

Zugleich entsteht hierdurch aber auch eine Verengung des Begriffs der Transgenerationalität. Der Wortzusatz „transgenerational" war gerade gebildet worden, um Übertragungswege jenseits der Keimbahn zu untersuchen. Weismanns Keimplasmatheorie war nämlich auch der Ausgangspunkt für die moderne Variante der Anlage-Umwelt-Debatte, wie sie insbesondere für die Entwicklungspsychologie bis heute bestimmend ist. Denn für alles das, was seit Weismann nicht mehr biologisch vererbt, da nicht über das Keimplasma weitergegeben wurde – wie individuelle Erfahrungen, kulturelle Verhaltensmuster, Sprache –, mussten andere Übertragungswege beschrieben werden. Der Entwicklungspsychologe Karl Groos war Ende des 19. Jahrhunderts einer der Ersten, die Weismann folgend die Vererbung erworbener Eigenschaften durch das Wechselspiel von ererbten Anlagen, die sich in Reflexen und Instinkten äußerten, und erworbener oder modifizierter Anpassung ersetzten, wobei für Letztere „die Nachahmung von ausserordentlicher Wichtigkeit" (Groos, 1899:364) ist. Unter Nachahmung versteht Groos eine Form des sozialen Lernens, die in der Ethologie ähnlich als Tradierung gefasst ist und den Prototyp einer transgenerationellen Übertragung darstellt. Groos' Arbeiten beeinflussten Karl Bühler, dessen Werk „Die geistige Entwicklung des Kindes" von 1918 als zentrale Gründungsschrift der Entwicklungspsychologie gilt. Bühler übernimmt hierin die Differenzierung in Instinkthandlungen (starre Anlagen) und Gewohnheitshandlungen (plastische Anlagen) von Groos und konzipiert die Ontogenese des Psychischen im frühen Kindesalter als das Ergebnis der Wechselwirkung angeborener Reflexe und Instinkte mit erworbenen, durch Sinneseindrücke und Üben beeinflussten neuronalen Verschaltungen – eine Vorstellung, die die Entwicklungspsychologie bis heute prägt.

An Groos lässt sich beobachten, wie mit der Trennung von biologischer Vererbung und erworbener Anpassung die Weitergabe von Kultur zu einer zusätzlichen Voraussetzung im Entwicklungsprozess wird:

„Von allen unseren Kulturerrungenschaften scheint sich so gut wie nichts physisch zu vererben. Hier sehen wir die Nachahmung nicht mehr bloss ergänzend eingreifen, sodass sie zu dem ‚noch nicht' oder ‚nicht mehr' genügenden Instinkt die nöthige Vervollständigung liefert, sondern auf ihr beruht einzig und allein die nicht mehr physische, bloss noch ‚sociale' Vererbung der Kultur von Geschlecht zu Geschlecht. Der Nachahmungstrieb, ohne den es kein Erlernen, keine Ueberlieferung gäbe, ist der unentbehrliche Träger einer continuirlichen und damit die nothwendige Voraussetzung einer sich steigernden, nicht immer wieder ab ovo beginnenden Kultur der Menschheit" (Groos, 1899:364).

Aus Sicht der biologischen Vererbung sind diese kulturellen und psychosozialen Übertragungsmechanismen jedoch potenziell fragil. Die dennoch offensichtliche Stabilität ihrer transgenerationellen Übertragung, die Transgenerationalität von Kultur überhaupt, lässt sich mit ihr nicht (mehr) erklären.

7.3   Traumata und Erinnerungsspuren

Besonders gilt dies für die impliziten psychischen Bedeutungsdimensionen von Kultur, die der nächsten Generation nicht aktiv unterrichtet werden, wozu gerade auch Erinnerungsspuren und Symptome traumatischer Erfahrungen gehören. Sigmund Freud prägt hierfür 1937 in seiner Schrift „Moses und die monotheistische Religion" schließlich den Begriff der „archaischen Erbschaft" (Freud, 1940ff., GW XVI:204f.).[6] Diese umfasse „nicht nur Dispositionen, sondern Inhalte [...], Erinnerungsspuren an das Erleben früherer Generationen" (Freud, 1940ff., GW XVI:206), die im Unbewussten der nachfolgenden Generationen wirkten (vgl. Weigel, 2006:139ff.; 2010b). Virulent wird die Frage nach der transgenerationellen Übertragung kultureller Erfahrung neuerlich in den 1970er Jahren, als bei Kindern von Holocaust-Überlebenden eine auffallende Trauma-Symptomatik beobachtet wurde (Weigel, 1999; 2006:141). Wie Ohad Parnes, Ulrike Vedder und Stefan Willer anhand der Entwicklung erster Formen der Familientherapie, etwa durch den Psychoanalytiker und Kindertherapeuten Nathan Ackermann, aufzeigen, ist die Vorstellung von einer innerfamiliären oder psychischen Verursachung und schließlich auch Übertragung psychischer Störungen in den 1950er und 1960er Jahren durchaus verbreitet (Parnes et al., 2008:291ff.). Allerdings wurde der Übertragungsmechanismus in den Beziehungen zwischen den Mitgliedern der Kernfamilie und beson-

---

6   Schon zuvor hatte er sich intensiv mit dem Problemkomplex unbewusster Übertragung zwischen den Generationen beschäftigt, so etwa in seinen Arbeiten zu „Totem und Tabu" (1912/13) (Freud, 1940ff., GW IX). Siehe hierzu sowie zur Bezugnahme Freuds auf Überlegungen von Heinrich Heine zur Weitergabe von Affekten, Gebrechen, Leidenschaften und Aggressionen zwischen Generationen Weigel (2010b:bes.124–131).

ders in der Beziehung zwischen Mutter und Kind gesehen. Die Übertragung wurde also als interpersonell konzeptualisiert, und die Therapie habe entsprechend inter- oder mehrgenerationell zu sein, um die Beziehungen und damit Übertragungswege mit einbeziehen und an ihnen ansetzen zu können. Die Mehrgenerationalität war aber kein eigenständiges Charakteristikum der Störung. Dies ändert sich Ende der 1960er und in den 1970er Jahren, als in der zweiten Generation der Holocaust-Überlebenden auffällig gehäuft traumatypische Symptome beobachtet und als transgenerationelle Traumatisierung (vgl. Bohleber, 1990) gedeutet werden. „Das Konzept des ‚Transgenerationellen' schließt dabei an Freuds Konzept der archaischen Erbschaft an" (Weigel, 2006:141). Dabei war die Annahme einer transgenerationellen Übertragung der Traumata aus Holocaust und Krieg von Anfang an mit Fragen von Verantwortung und Entschädigung verknüpft (Kellermann, 2001:36). Erstmals stellte sich daher auch für die nicht psychoanalytische klinische Psychologie und Psychiatrie die Frage, wie eine solche Transgenerationalität eigentlich wissenschaftlich zu bestimmen ist, was dann auch in verschiedenen Studien versucht wurde.[7] Wie der Psychologe Nathan Kellermann herausarbeitet, zeigte sich zwar eine spezifische Symptomatik in der zweiten Generation der Holocaust-Überlebenden. Wenn in einer emotionalen Problemlage, zeigten Kinder von Holocaust-Überlebenden im Vergleich mit anderen Patientengruppen stärkere Schwierigkeiten beim Stress-Coping, traumaähnliche Symptome sowie eine höhere Vulnerabilität für eine Posttraumatische Belastungsstörung (PtBS). Sie wiesen jedoch im Vergleich zur Normalbevölkerung keine generell erhöhte Prävalenz für psychische Störungen auf. Kellermann erklärt dieses scheinbar widersprüchliche Ergebnis damit, dass klinische und nicht klinische Studien vermischt worden wären. Wenn man diese unterscheide, dann ließen sich die Ergebnisse als Beleg für die Übertragung einer „Vulnerabilität" für eine spezifische Traumasymptomatik interpretieren:

„[A]lthough the second generation in general does not differ from others in psychopathology, after additional stress their latent vulnerability will become more manifest. Thus it seems that offspring seem to experience a contradictory mixture of vulnerabilities and resilience, very similar to their Holocaust survivor parents. Excellent occupational, social and emotional functioning in ordinary circumstances may be interrupted by periods of anxiety and depression, that has a distinct ‚Holocaust flavor', in times of crisis" (Kellermann, 2001:43).

Nicht das Trauma wird transgenerationell übertragen, sondern die Symptomatik und das spezifische Verhaltensmuster, auf Stresssituationen zu reagieren. Kellermann diskutiert vier mögliche Übertragungswege: 1. psychodynamisch (über die El-

---

[7] Für einen Überblick vgl. Kellermann (2001).

tern-Kind-Beziehung), 2. soziokulturell (über die Sozialisation, Rollenvorstellungen, Erziehungsstile), 3. systemisch (über die Kommunikation/Nicht-Kommunikation des Erlebten im Familiensystem) und 4. biologisch (über eine genetische Vulnerabilität für eine Posttraumatische Belastungsstörung (PtBS) oder Angststörungen).[8] Er selbst geht zunächst noch von einer Kombination der verschiedenen Übertragungswege inklusive der genetischen Faktoren aus. Ab 2011 berücksichtigt Kellermann dann erstmals auch epigenetische Forschung zur Übertragung von Traumata und grenzt sich zugleich von einer genetischen Ursache deutlicher ab.[9] Mit der Epigenetik lassen sich nämlich die psychodynamische und soziale transgenerationelle Übertragung des Traumas biologisch fundieren, ohne eine genetische und damit vom Trauma unabhängige Vulnerabilität zu konstituieren. Die Annahme epigenetischer Mechanismen ermöglicht es, eine externe Verursachung und dennoch molekularbiologische Übertragung der psychischen Traumafolgen anzunehmen:

„Epigenetics is typically defined as the study of heritable changes in gene expression that are not due to changes in the underlying DNA sequence. Such heritable changes in gene expression often occur as a result of environmental stress or major emotional trauma and would then leave certain marks on the chemical coating, or *methylation,* of the chromosomes [...]. The coating becomes a sort of ‚memory' of the cell and since all cells in our body carry this kind of memory, it becomes a constant physical reminder of past events; our own and those of our parents, grandparents and beyond. [...] Because of their neurobiological susceptibility to stress, children of Holocaust survivors may thus easily imagine the physical suffering of their parents and almost ‚remember' the hunger, the frozen limbs, the smell of burned bodies and the sounds that made them scared. This kind of epigenetic cell memory can possibly explain how ‚elements of experience may be carried across generations'."[10]

Der Nachweis einer solchen, durch das psychisch Erlebte verursachten, letztlich molekularbiologisch sich niederschlagenden Traumatisierung und die transgenerationelle Übertragbarkeit der molekularen Korrelate steht zwar aus. Das psychische Trauma ist aber zu einem wichtigen Forschungsfeld epigenetischer Forschung geworden. Wie Kellermanns Verwendung der Gedächtnismetapher andeutet, ist damit zugleich das Verhältnis von Molekularbiologie und Kulturtheorie des Traumas angesprochen.

---

8 Vgl. Kellermann, N. P. F. (o.J.): Transmission of Holocaust Trauma. Unter: www1.yadvashem.org/yv/en/education/languages/dutch/pdf/kellermann.pdf [07.09.2011].
9 Vgl. Kellermann, N. P. F. (2011): Epigenetic transmission of Holocaust Trauma: Can nightmares be inherited? Unter: http://peterfelix.tripod.com/home/Epigenetic_TTT2.pdf [30.03.2016].
10 Ebd.:3.

7.4 Neue Perspektiven auf die Traumaforschung

Die Suche nach epigenetischen Folgen von Traumatisierung und den Mechanismen ihrer transgenerationellen Übertragung knüpft dabei an drei Beobachtungen aus der klinischen Forschung zum Trauma an: 1. psychische Traumata werden durch lebensbedrohende Erfahrungen ausgelöst, doch nicht alle Menschen entwickeln nach einer traumatisierenden Erfahrung langfristig eine Posttraumatische Belastungsstörung (PtBS); 2. eine einmal entwickelte PtBS kann relativ kurzfristig wieder vergehen oder aber relativ stabil über einen langen Zeitraum andauern und mit einer fundamentalen Veränderung der sensorischen und emotionalen Erlebnisqualität der Betroffenen einhergehen; 3. PtBS tritt in Familien, etwa in Holocaust-Survivor-Familien, gehäuft auf, genetische Faktoren konnten jedoch nicht eindeutig identifiziert werden (vgl. Yehuda/Bierer, 2009; Schmidt et al., 2011). Für die Traumaforscherinnen Rachel Yehuda und Linda M. Bierer bieten epigenetische Mechanismen, „a way of understanding effects of an environmental exposure in a manner that integrates both preexisting risk factors and posttraumatic biological adaptations so as to account for the range of individual responses to focal events of similar intensity" (Yehuda/Bierer, 2009:427; vgl. auch Schmidt et al., 2011:77). Es liegen bislang jedoch nur wenige Studien vor, die mögliche epigenetische Folgen einer Traumatisierung untersucht haben. Den direktesten Versuch stellt wohl ein Vergleich der Genexpressionsmuster und Kortisolwerte im Blut von Betroffenen der Anschläge auf das World Trade Center am 11. September 2001, die eine PtBS entwickelt haben, und solchen ohne PtBS dar (vgl. Yehuda et al., 2009): Die auf den Daten von 35 Personen basierende Studie ergab, dass Unterschiede in der Genexpression von 16 Genen zu finden waren, darunter eine statistisch signifikant verringerte Expression des FK506 binding protein 5 (FKBP5) bei Probanden mit PtBS. Für das Protein FKBP5 wird angenommen, dass es mit dem Glucocorticoid-Rezeptor-Protein (GR) interagiert, das unter anderem an der Kortisolregulation im Rahmen der physiologischen Stressreaktion beteiligt ist. Auch wurden erniedrigte Blutkortisolwerte in den Studienteilnehmern mit PtBS gemessen. Als weitere Hinweise für eine epigenetische Regulation der physiologischen Stressreaktion durch psychisch traumatische Erlebnisse werden Studien interpretiert, die einen erniedrigten GR-Expressionswert in *Postmortem*-Gewebe von Selbstmördern mit einem frühkindlichen Trauma im Vergleich zu nicht traumatisierten Selbstmördern berichten (vgl. McGowan et al., 2009) oder ein Zusammenwirkungen von FKBP5, frühkindlicher Traumatisierung und der Entwicklung einer späteren PtBS statistisch aufweisen (vgl. Binder et al., 2008). Hierauf aufbauend wird für die Ätiologie der PtBS angenommen, dass eine frühkindliche Traumatisierung die physiologische Stressreaktion dahingehend langfristig beeinflusst, dass die Betroffenen nach einer weiteren traumatischen Erfahrung in ihrem späteren Leben eher eine PtBS entwickeln als andere.[11] Zugleich wird unter Verweis auf erniedrigte Blutkortisolwerte bei Kindern aus Holocaust-Survivor-Familien, bei denen die Mütter eine PtBS entwickelt haben (Yehuda/Bierer, 2008), sowie bei Kindern, deren Mütter während der World Trade Center-Anschläge mit ihnen schwanger waren und anschließend eine PtBS entwickelten (Yehuda et al., 2005), ein transgenerationeller Effekt des psychischen Traumas gesehen. Yehuda und Bierer sehen in diesen Ergebnissen den Hinweis auf eine mögliche epigenetische transgenerationelle Übertragung von Traumafolgen in Form eines „developmental programming" des Kortisolstoffwechsels *in utero* (Yehuda/Bierer, 2009:431).

Innerhalb der gegenwärtigen molekularbiologischen Epigenetik wurden zudem Hinweise auf durch Verhalten transgenerationell übertragene Folgen von Stress in frühen Lebensphasen im Rattenmodell beobachtet. Die Arbeitsgruppen von Micheal Meaney und Moshe Szyf konnten einen Zusammenhang zwischen maternalem Pflegeverhalten und späterem Stressverhalten bei Ratten aufzeigen: Mehr Pflege führte zu höherer Stressresistenz und umgekehrt. Zusätzlich konnten Differenzen in der Histon-Acetylierung und insbesondere der DNA-Methylierung an für die Regulation der physiologischen Stressreaktion relevanten DNA-Abschnitten bei den unterschiedlich umsorgten Ratten festgestellt werden (Fish et al., 2004). In einem weiteren Schritt konnten Meaney und Szyf nachweisen, dass die Differenzen im Pflegeverhalten über soziales Lernen an die nächste Generation weitergegeben wurden – und damit indirekt auch die Methylierungsmuster sowie die Stressresistenz oder Stressanfälligkeit. In Adoptionsstudien, bei denen Ratten von wenig pflegenden Muttertieren zu intensiv pflegenden Muttertieren umgesetzt wurden und umgekehrt (Cross-fostering Design), glichen sich sowohl die DNA-Methylierungsmuster als auch das Stressverhalten und das weitergegebene Brutpflegeverhalten dem der Adoptivmutter an (Weaver et al., 2004). Vermutet wird, dass den Ergebnissen eine durch Verhalten verursachte Veränderung der DNA-Methylierung in einer kritischen Entwicklungsphase des Stresssystems zugrunde liegt, durch die die Stressreaktion langfristig beeinflusst wird.

Auch wird eine Beteiligung epigenetischer Mechanismen an der Gedächtnisbildung angenommen. Die Verfestigung, extreme Vitalität und tendenzielle Verselbständigung traumatischer Erinnerungen gilt als eine der Indikatoren für die Herausbildung einer PtBS und trägt auch langfristig zur Symptomatik bei. Wie Jonathan Levenson und David Sweatt bereits 2005 in einem Beitrag für „Nature Reviews Neuroscience" diskutierten, könnte das Zusammenspiel von Histonmodifikationen und DNA-De-/Methylie-

---

11 Vgl. zur psychoanalytischen Reinterpretation dieser Studienergebnisse Leuzinger-Bohleber/Fischmann (2014).

rung an der Transformation von Gedächtnisinhalten vom Kurzzeit- in das Langzeitgedächtnis sowie der allgemeinen synaptischen Plastizität beteiligt sein (Levenson/ Sweatt, 2005). Auf der Grundlage von Studien zur Angstkonditionierung an Ratten gehen sie davon aus, dass das parallele Wirken von Histonacetylierung und dem für die DNA-Methylierung wesentlichen Enzym DNA-Methyltransferase zur Veränderungen in der DNA-Methylierung und Genexpression an für Plastizität und Gedächtnisfunktionen relevanten DNA-Sequenzabschnitten führt (siehe u. a. Miller et al. 2008; Miller/Sweatt, 2007). Der epigenetische Komplex reagiert dabei dynamisch auf die neuronale Aktivität und beeinflusst die Gedächtnisbildung vermutlich über Effekte auf das Langzeitpotenzial, die morphologische Plastizität (z. B. die Dornenbildung) und die allgemeine Zell- und synaptische Erregbarkeit (Zovic et al., 2013). Wie diese epigenetische Regulation auf Zellebene mit der an der Gedächtnisbildung beteiligten Netzwerkbildung und Bahnung zusammenhängt, ist bislang ungeklärt. Die Arbeitsgruppe um David Sweatt geht aber davon aus, dass möglicherweise kurzfristige epigenetische Modifikationen, besonders der DNA-Methylierung, in einem Hirnareal über neuronale Aktivität auf ein anderes Hirnareal übertragen werden und dort zu langfristigen epigenetischen Modifikationen führen. In diesem Zusammenhang sprechen Day und Sweatt sogar von „,systems heritability' of epigenetic marks" (Day/Sweatt, 2010:1322).

Für das psychische Trauma bietet die Epigenetik daher nicht nur einen konzeptionellen Rahmen, in dem die Übersetzung psychischen Erlebens in physiologische Strukturen denkbar wird. Sie ermöglicht es auch, das umfassende klinische und kulturelle Wissen über die Folgen von Traumatisierung mit zu integrieren, insbesondere die Bedeutung früherer und frühkindlicher Traumatisierung für eine spätere Symptomatik, die Verbindung von Stress und Gedächtnis sowie die verschiedenen sozialen und kulturellen Übertragungsweisen. Die mit der Epigenetik einhergehende Öffnung molekularbiologischer Forschung gegenüber kulturellen und sozialen Übertragungswegen könnte hier eine interdisziplinäre Traumaforschung begründen, die auf das bestehende Wissen aufbaut und das Wechselspiel von Kultur, Psyche und Physiologie in den Blick nimmt.

7.5 Epigenetik als Schwellenkunde[12]

Die durch die Epigenetik in den Blick genommenen Verschränkungen von biologischer Vererbung und anderen Formen transgenerationeller Übertragung rütteln an den dis-

---

12 Die hier ausgeführten Überlegungen zur ‚Epigenetik als Schwellenkunde' basieren teilweise auf den diesbezüglichen Arbeiten von Sigrid Weigel, siehe Weigel (2006; 2010a; Weigel/Lux, 2012).

ziplinären Grenzziehungen im Bereich der Wissenschaften vom Lebendigen. Die meisten der bisher berichteten epigenetischen Modifikationen finden während der Zelldifferenzierung in der Ontogenese statt und werden gerade nicht über die Keimbahn an die nächste Generation weitergegeben. Hier bedarf es dringend einer Rekonzeptualisierung der Unterscheidung zwischen Vererbung und Entwicklung (vgl. Parnes, 2013:223). Ein Wiedereintragen der Entwicklungsperspektive in die molekularbiologische epigenetische Forschung würde dabei den Blick auf die Interaktionen des epigenetischen mit anderen physiologischen Systemen, etwa mit Stoffwechselprozessen sowie dem Immun- oder Hormonsystem richten. Zugleich stellt sich mit der Modellierung solcher Interaktionsprozesse aber die Frage nach der Erfassung und Interpretation der bekannten Wechselwirkungen dieser Systeme mit der Umwelt des Organismus. Soweit es dabei um den Menschen geht, bedeutet dies in der Konsequenz eine Öffnung der molekularbiologischen Forschung für das Kulturelle. Die Epigenetik konfrontiert uns mit dem Wissen, dass der biologisch gefasste Entwicklungsprozess nicht einfach durch eine nachgetragene Enkulturation ergänzt wird, sondern von Beginn an in einem materiellen Austauschprozess mit Kultur steht.

Geistes- und Kulturwissenschaften können hier dazu beitragen, die semantischen Implikationen der Metaphern und Bilder, die die molekularbiologische Dateninterpretation und damit die Erkenntnisproduktion leiten (Gedächtnis, Prägung/Imprinting, Reprogrammierung, In-/Aktivierung etc.), zu untersuchen. Ansatzpunkte könnten hier Vorläufer aus der Wissensgeschichte der Epigenetik selbst sein. So ist eine Verbindung von Gedächtnis, Reproduktion und Vererbung bereits Ende des 19. Jahrhunderts von Ewald Hering als alternative Sichtweise zur Vererbung erworbener Eigenschaften vorgeschlagen worden (Hering, 1876; siehe Weigel, 2010a:119f.; 2006:69). Hering erweitert den Begriff des Gedächtnisses von seiner rein psychologischen Bedeutung – der Fähigkeit, Erfahrungen zu erinnern – auf ein generelles Merkmal aller lebenden Materie, darunter Zellen, Muskeln, Organe, das Gehirn, aber auch Organismen und Arten. Darüber beschreibt er die tägliche Reproduktion des Organismus als Erinnerungsprozess, der zugleich der individuellen wie der Arterhaltung dient und die transgenerationelle Übertragung des artspezifischen Verhaltens sichert. Der Gedächtnisbegriff ermöglicht es ihm, ontogenetische und phylogenetische Entwicklung zusammen zu denken und zugleich die verschiedenen Zeitspannen und Entwicklungsebenen zu berücksichtigen. Hering unterscheidet etwa zwischen sporadischer und wiederholter Erfahrung einer Art, wobei die Letztere sich „dem Gedächtniß dieses Keimes fester einprägt [...] als was nur eben erst im Laufe eines Lebens an ihr und durch sie geschah" (Hering, 1876:17). Die Verbindung von Gedächtnis, Reproduktion und Vererbung integriert konzeptionell nicht nur die Weitergabe über die Keimzelle mit Lernprozessen, individueller Einübung,

Ernährung und mütterlichen Effekten während der Schwangerschaft als gleichwertige Reproduktionsmechanismen der Individualentwicklung und Arterhaltung. „Mit dieser Einführung einer individuellen Vererbung als Ergänzung zum Gattungserbe wurden die neurologischen Grundlagen der Wahrnehmungen, d. h. die ‚organisierte Materie', die Hering als Gedächtnis beschrieb, zum Eintrittstor kultureller Prozesse oder Erfahrungen in die Genetik der Vererbung" (Weigel, 2006:69). Hering kann dadurch die Verschränkungen der menschlichen Individualentwicklung mit kulturellen Übertragungspraxen als artspezifisches Vererbungssystem diskutieren, das die individuelle Physiologie des Menschen erst mit hervorbringt.

Solche Vorläufer der gegenwärtigen Debatten lohnt es, erneut zu besichtigen, um die epistemischen Potenziale für die Epigenetik nutzbar zu machen und zugleich die Grenzen der verwendeten Metaphern und Modelle zu bestimmen. Denn wollen wir die Erkenntnis der Epigenetik ernst nehmen, dass Kultur- und Lebensweise nicht nur passive Auswirkungen auf unsere Biologie haben, sondern aller Wahrscheinlichkeit nach diese erst mit hervorbringen, sind die darin sichtbar werdenden Übergänge zwischen Natur und Kultur systematischer in den Blick zu nehmen, als es bisher geschieht. Im Lichte der, wenn auch wenigen, Hinweise auf eine potenzielle transgenerationelle Übertragung epigenetischer Modifikationen gilt dies nicht nur für die Ontogenese, sondern auch für Vererbung und Evolution. Hierbei ist jedoch nicht nur die falsche Entgegensetzung von Lamarck und Darwin zu überwinden.[13] Auch die Formel von der Vererbung erworbener Eigenschaften führt in der gegenwärtigen Debatte in die Irre. Die von der Molekularbiologie in den Blick genommenen epigenetischen Modifikationen beschreiben Bedingungen für Zellzustände. Sowohl deren Manifestation im Phänotyp als auch ihre transgenerationelle Übertragung hängt gerade von den komplexen Entwicklungsbedingungen des Organismus im Ganzen ab. Eine solche systembiologische Sichtweise auf Vererbung und Evolution, wie sie in der Debatte um nicht genetische Vererbung über die Keimbahn bereits deutlich wird, operiert vermehrt mit Potenzialität statt Kausalität. Bei Verhalten oder gar psychischen Symptomen, wie etwa beim Trauma, kommt zudem noch hinzu, dass die experimentell erforschten molekularen Mechanismen lediglich Potenzialitäten für Dispositionen des neuronalen Systems darstellen, die sich erst zeitlich später, wenn überhaupt, und unter weiteren hinzutretenden Bedingungen manifestieren. Diese Dispositionen des neuronalen Systems stellen dabei zudem in sich Grenzphänomene dar, die sich auf der Ebene zwischen Struktur

---

13 Vgl. zu den Potenzialen einer Relektüre beider Autoren ausführlich Weigel, 2006:191ff. und speziell in Hinsicht auf die Debatte um die Epigenetik Weigel, 2010a.

und Funktion, Physischem und Psychischem bewegen und einzelwissenschaftlich immer nur eingeschränkt erfassbar bleiben.

Für eine solche „Schwellenkunde" (Weigel, 2010a; Weigel/Lux, 2012), die die einzelwissenschaftlichen Beschränkungen reflektiert und Schrittweise zu überwinden sucht, reichen die Untersuchungsmethoden der molekulargenetischen Epigenetik nicht aus. Doch auch die Ausweitung der Evolutionstheorie auf Pädagogik, Psychologie, Ethik, Ästhetik oder Literaturtheorie beschreibt diese Prozesse nur vermeintlich. Kulturelle und biologische Entwicklung zusammen zu denken, setzt vielmehr voraus, unsere Geistes- und Kulturgeschichte, Sprache und visuelles Wissen daraufhin zu betrachten, wie darin Prozesse des Lebens als Lebenswissen eingeschrieben, neu formiert und über Generationen weitergeben werden. Hierfür braucht es psychologische, ethnologische, anthropologische, philologische und kulturwissenschaftliche Expertise, die Modelle und Begrifflichkeiten für eine ernst zu nehmende Lebenswissenschaft von der Epigenetik entwickelt.

7.6 Literatur

Alexander, J. C. et al. (2004): Cultural trauma and collective identity. Berkeley, Calif.

Baedke, J./Brandt, C. (2014): Die andere Epigenetik: Modellbildungen in der Stammzellbiologie und die Diversität epigenetischer Ansätze. In: Lux, V./Richter, J. (Hrsg.): Kulturen der Epigenetik. Vererbt, codiert, übertragen. De Gruyter, Berlin:23–41.

Binder, E. B. et al. (2008): Association of FKBP5 polymorphisms and childhood abuse with risk of posttraumatic stress disorder symptoms in adults. In: JAMA 299(11):1291–1305.

Blumenbach, J. F. (1791): Über den Bildungstrieb. Göttingen.

Bohacek, J./Mansuy, I. M. (2015): Molecular insights into transgenerational non-genetic inheritance of acquired behaviours. In: Nat Rev Gen 16(11):641–652.

Bohleber, W. (1990): Das Fortwirken des Holocaust in der zweiten und dritten Generation nach Auschwitz. In: Babylon. Beiträge zur jüdischen Gegenwart (7):70–83.

Caruth, C. (2007): Unclaimed experience: Trauma, narrative, and history ([Nachdr.]). Baltimore, Md.

Darwin, C. (1868): The variation of animals and plants under domestication (Bd. II). London.

Day, J. J./Sweatt, J. D. (2010): DNA methylation and memory formation. In: Nat Neurosci, 13(11):1319–1323.

Figley, C. R. (1983): Catastrophes: An overview of family reactions. In: Figley, C. R./McCubbin, H. I. (eds.): Stress and the family. Vol. II: Coping with catastrophe. Brunner/Mazel, New York:3–20.

Figley, C. R. (1985): The family as victim: Mental health implications. In: Psychiatry 6:283–291.

Figley, C. R. (1995): Compassion Fatigue as Secondary Traumatic Stress Disorder: An Overview. In: Figley, C. R. (Hrsg.): Compassion Fatigue. London:1-20.
Fish, E. W. et al. (2004): Epigenetic programming of stress responses through variations in maternal care. In: Ann N Y Acad Sci 1036:167-180.
Franklin, T. B. et al. (2010): Epigenetic transmission of the impact of early stress across generations. In: Biol Psychiatry 68(5):408-415.
Freud, S. (1940ff.): Gesammelte Werke. Hgg. v. Freud, A. et al. Frankfurt am Main.
Freud, S. (1986): Briefe an Wilhelm Fließ: 1887-1904. Ungekürzte Ausgabe. Hgg. v. Masson, J. M. Frankfurt am Main.

Gilbert, S. F. (2000): Paradigm shifts in neural induction. In: Rev Hist Sci Paris 53(3-4):555-580.
Gilbert, S. F. (2012): Commentary: 'The epigenotype' by C.H. Waddington. In: Int J Epidemiol 41(1):20-23.
Gissis, S. B./Jablonka, E. (Hrsg.) (2011): Transformations of Lamarckism. From subtle fluids to molecular biology. MITPress, Cambridge, Mass.
Griesemer, J. R. (2000): Reproduction and the reduction of genetics. In: Beurton, P. J. et al. (eds.): The concept of the gene in development and evolution. Historical and epistemological perspectives. Cambridge studies in philosophy and biology. Cambridge University Press, Cambridge:240-285.
Groos, K. (1899): Die Spiele der Menschen. Jena.

Haig, D. (2004): The (Dual) Origin of Epigenetics. In: Cold Spring Harbor Symposia on Quantitative Biology 69:67-70.
Haig, D. (2012): Commentary: The epidemiology of epigenetics. In: Int J Epidemiol 41(1):13-16.
Hering, E. (1876): Über das Gedächtnis als eine allgemeine Function der organisierten Materie. Vortrag gehalten in der feierlichen Sitzung der Kaiserlichen Akademie der Wissenschaften in Wien am XXX. Mai MDCCCLXX [30.5.1870] (2. Auflage). Wien.
Holliday, R. (1994): Epigenetics. An overview. In: Dev Genet 15:453-457.
Holliday, R. (2002): Epigenetics comes of age in the twentyfirst century. In: J Genet 81(1):1-4.
Huxley, J. (1956): Epigenetics. In: Nature 177(4514):807-809.

Jablonka, E./Lamb, M. J. (2002): The changing concept of epigenetics. In: Ann N Y Acad Sci 981:82-96.
Jablonka, E./Lamb, M. J. (2005): Evolution in four dimensions: Genetic, epigenetic, behavioral, and symbolic variation in the history of life (With Illustrations by Anna Zeligowski). A Bradford book. MITPress, Cambridge, Mass.
Jaenisch, R./Bird, A. (2003): Epigenetic regulation of gene expression: how the genome integrates intrinsic and environmental signals. In: Nat Genet 33 Suppl:245-254.

Kellermann, N. P. F. (o.J.): Transmission of Holocaust Trauma. Unter: www1.yadvashem.org/yv/en/education/languages/dutch/pdf/kellermann.pdf [07.09.2011].
Kellermann, N. P. F. (2001): Psychopathology in children of Holocaust survivors: A Review of the research literature. In: Isr J Psychiatry Relat Sci 38(1):36-46.

Leuzinger-Bohleber, M./Fischmann, T. (2014): Transgenerationelle Weitergabe von Trauma und Depression: Psychoanalytische und epigenetische Überlegungen. In: Lux, L./Richter, J. (Hrsg.), Kulturen der Epigenetik. Vererbt, codiert, übertragen. De Gruyter, Berlin:69–88.
Levenson, J. M./Sweatt, J. D. (2005): Epigenetic mechanisms in memory formation. In: Nat Rev Neurosci 6(2):108–118.

McGowan, P. O. et al. (2009): Epigenetic regulation of the glucocorticoid receptor in human brain associates with childhood abuse. In: Nat Neurosci 12(3):342–348.
Meaney, M. J./Szyf, M. (2005): Maternal care as a model for experience-dependent chromatin plasticity? In: Trends Neurosci 28(9):456–463.
Miller, C. A. et al. (2008): DNA methylation and histone acetylation work in concert to regulate memory formation and synaptic plasticity. In: Neurobiol Learn Mem 89(4):599–603.
Miller, C. A./Sweatt, J. D. (2007): Covalent modification of DNA regulates memory formation. In: Neuron 53(6):857–869.
Morgan, T. H. (1934): The relation of genetics to physiology and medicine. Nobel Lecture. June 4, 1934.
Müller-Sievers, H. (1993): Epigenesis: Naturphilosophie im Sprachdenken Wilhelm von Humboldts. Humboldt-Studien. Ferdinand Schöningh, Paderborn.
Müller-Sievers, H. (1997): Self-generation: Biology, philosophy, and literature around 1800. Writing science. Standford University Press, Stanford, Calif.
Müller-Wille, S. (2014): Epigenese und Präformation: Anmerkungen zu einem Begriffspaar. In: Lux, V./Richter, J. (Hrsg.): Kulturen der Epigenetik. Vererbt, codiert, übertragen. De Gruyter, Berlin:237–244.

Nanney, D. L. (1958): Epigenetic control systems. In: Proc Natl Acad Sci U S A 44(7):712–717.

Oppenheim, H. (1889): Die traumatischen Neurosen. Berlin.
Oyama, S. (2000): Evolution's eye: A systems view of the biology-culture divide. Science and cultural theory. Duke University Press, Durham, NC.

Parnes, O. (2007): Die Topographie der Vererbung: Epigenetische Landschaften bei Waddington und Piper. Trajekte. In: Zeitschrift des Zentrums für Literatur- und Kulturforschung 7(14):26–31.
Parnes, O. (2013): Biologisches Erbe und das Konzept der Vererbung im 20. und 21. Jahrhundert. In: Willer, S. et al. (Hrsg.): Erbe. Übertragungskonzepte zwischen Natur und Kultur. Reihe suhrkamp taschenbuch wissenschaft Bd. 2052, Berlin:202–242.
Parnes, O. et al. (2008): Das Konzept der Generation. Eine Wissenschafts- und Kulturgeschichte. Reihe suhrkamp taschenbuch wissenschaft Bd. 1855, Frankfurt am Main.
Petronis, A. et al. (2000): Psychiatric epigenetics: a new focus for the new century. In: Mol Psychiatry 5(4):342–346.
Pigliucci, M./Müller, G. (Hrsg.) (2010): Evolution, the extended synthesis. MIT Press, Cambridge, Mass.

Riggs, A. D. et al. (1996): Introduction. In: Russo, V. E. A. et al. (eds.), Epigenetic mechanisms of gene regulationCold Spring Harbor monograph series Vol. 32. Plainview, NY:1–4.
Roe, S. A. (1981): Matter, life, and generation: Eighteenth-century embryology and the Haller-Wolff debate. Cambridge University Press, Cambridge.

Roux, W. (1888): Beiträge zur Entwickelungsmechanik des Embryo. In: Virchows Arch 114(2):246–291.

Schmidt, U. et al. (2011): Epigenetic aspects of posttraumatic stress disorder. In: Dis Markers 30(2-3):77–87.

van Speybroeck, L. (2002): From epigenesis to epigenetics: the case of C.H. Waddington. In: Ann N Y Acad Sci 981:61–81.

van Speybroeck, L. et al. (2002): Theories in early embryology: close connections between epigenesis, preformationism, and self-organization. In: Ann N Y Acad Sci 981:7–49.

Waddington, C. H. (1942): The epigenotype. In: Endeavour 1:18–20.

Waddington, C. H. (1957): The strategy of the genes: A discussion of some aspects of theoretical biology. London.

Waddington, C. H. (1940): Organisers & Genes. Cambridge University Press, Cambridge.

Waddington, C. H. (1962): New patterns in genetics and development. Columbia University Press, New York/London.

Waddington, C. H. (1970): Der gegenwärtige Stand der Evolutionstheorie. In: Koestler, A./Smythies, J. R. (Hrsg.), Das neue Menschenbild. Die Revolutionierung der Wissenschaft vom Leben. Ein internationales Symposium. Wien/München/Zürich:342–373.

Waddington, C. H. (1974): How much is evolution affected by chance and necessity? In: Lewis, J. (ed.) Beyond Chance and Necessity. A Critical Inquiry into Professor Jacques Monod's Chance and Necessity. Garnstone Press, London:89–102.

Waterland, R. A. et al. (2008): Methyl donor supplementation prevents transgenerational amplification of obesity. In: Int J Obes (Lond.) 32(9):1373–1379.

Weaver, I. C. et al. (2004): Epigenetic programming by maternal behavior. In: Nat Neurosci 7(8):847–854.

Weigel, S. (1999): Télescopage im Unbewußten: Zum Verhältnis von Trauma, Geschichtsbegriff und Literatur. In: Bronfen, E. et al. (Hrsg.): Trauma. Zwischen Psychoanalyse und kulturellem Deutungsmuster. Literatur - Kultur – Geschlecht. Kleine Reihe Vol. 14. Böhlau, Köln:51–76.

Weigel, S. (2002): Inkorporation der Genealogie durch die Genetik: Vererbung und Erbschaft an Schnittstellen zwischen Bio- und Kulturwissenschaften. In: Weigel, S. (Hrsg.):. Genealogie und Genetik. Schnittstellen zwischen Biologie und Kulturgeschichte. Einstein Bücher. De Gruyter, Berlin/Boston:71–97.

Weigel, S. (2006): Genea-Logik. Generation, Tradition und Evolution zwischen Kultur- und Naturwissenschaften. Wilhelm Fink Verlag, München.

Weigel, S. (2010a): An der Schwelle von Kultur und Natur. Epigenetik und Evolutionstheorie. In: Gerhardt, V./Nida-Rümelin, J. (Hrsg.): Evolution in Natur und Kultur. Humanprojekt Bd. 6. De Gruyter, Berlin:103–123.

Weigel, S. (2010b): Zwei jüdische Intellektuelle unter „schlecht getauften Christen": Zur kulturgeschichtlichen Deutung von Götterbildern bei Heine und Freud. In Weigel, S. (Hrsg.):. Heine und Freud. Die Enden der Literatur und die Anfänge der Kulturwissenschaft. Mit Beiträgen von Braese, S. et al. LiteraturForschung Bd. 7. Kulturverlag Kadmos, Berlin:123–141.

Weigel, S./Lux, V. (2012): Schwellenkunde zwischen Natur und Kultur: Wie die Epigenetik an disziplinären Grenzziehungen rüttelt. In: Rotary Magazin 2:48–49.

Weismann, A. (1885): Die Continuität des Keimplasmas als Grundlage einer Theorie der Vererbung. Jena.

Weismann, A. (1889): Über die Hypothese einer Vererbung von Verletzungen. Vortrag gehalten am 20. September 1888 auf der Naturforscher-Versammlung zu Köln. Jena.

Willer, S. (2010): 'Epigenesis' in Epigenetics: Scientific Knowledge, Concepts, and Words. In: Barahona, A. et al. (Hrsg.): The hereditary hourglass: genetics and epigenetics, 1868 - 2000. Max-Planck-Institut für Wissenschaftsgeschichte Preprint 392. Berlin:13–21.

Wu, C.-T./Morris, J. R. (2001): Genes, genetics, and epigenetics: a correspondence. In: Science 293(5532):1103–1105.

Yehuda, R./Bierer, L. M. (2008): Transgenerational transmission of cortisol and PTSD risk. In: Prog Brain Res 167:121–135.

Yehuda, R./Bierer, L. M. (2009): The relevance of epigenetics to PTSD: implications for the *DSM-V.* In: J Traum Stress 22(5):427–434.

Yehuda, R. et al. (2009): Cortisol metabolic predictors of response to psychotherapy for symptoms of PTSD in survivors of the World Trade Center attacks on September 11, 2001. Psychoneuroendocrinology 34(9):1304–1313.

Yehuda, R. et al. (2005): Transgenerational effects of posttraumatic stress disorder in babies of mothers exposed to the World Trade Center attacks during pregnancy. In: J Clin Endocrinol Metab 90(7):4115–4118.

Zovkic, I. B. et al. (2013): Epigenetic regulation of memory formation and maintenance. In: Learn Mem 20(2):61–74.

Reinhard Heil, Philipp Bode

8. Was sollen? Was dürfen? Ethische und rechtliche Reflexionen auf die Epigenetik

8.1 Einleitung

Die Epigenetik ist ein Zweig der Molekulargenetik, sie vereint Forschende aus den Lebenswissenschaften, der organischen Chemie, der Informatik und den Ingenieurwissenschaften bei der Beantwortung der Frage, wie Umwelteinflüsse die Genexpression langfristig und bis in folgende Generationen beeinflussen können. Die Epigenetik hat nicht nur den Verständnishorizont in Bezug auf die Regulationsmechanismen, die das Erscheinungsbild von Lebewesen beeinflussen, enorm erweitert, sondern auch die Entwicklung eines neuen, umfänglicheren Bildes der Vererbung und schließlich der Evolutionstheorie ermöglicht.

Die epigenetischen Wissensbestände haben neben ihrer Bedeutung für die Grundlagenforschung ein enormes Potenzial für Innovationen. Beispielsweise hofft die Medizin im Kampf gegen die sogenannten großen Volkskrankheiten der westlichen Welt (darunter Krebs, Alzheimer und Diabetes) mithilfe der Epigenetik Fortschritte erzielen zu können (Heil et al., 2015). Relevant ist die Epigenetik auch in Bezug auf unser alltägliches Verhalten (z. B. Ernährungsgewohnheiten, Genussmittelkonsum, sportliche Aktivitäten), Umwelteinflüsse, denen wir ausgesetzt sind (z. B. Chemikalien), und nicht zuletzt unsere sozialen Erfahrungen (z. B. elterliche Zuwendung, traumatische Erfahrungen, Stress).

Zwar sind mit der Epigenetik keine völlig neuen ethischen und rechtlichen Fragestellungen verbunden, bestehende Fragestellungen – insbesondere solche nach intergenerationaler Gerechtigkeit – gewinnen jedoch weiter an Relevanz (Heil et al., 2015). Auch unabhängig von möglichen direkten ethischen und rechtlichen Auswirkungen hat der „epigenetic turn" (Nicolosi/Ruivenkamp, 2012) gesellschaftliche Auswirkungen, da mit der Epigenetik – nicht nur in den Medien – die Überwindung des „genetischen Fundamentalismus" (Le Breton, 2004) beziehungsweise des Gendeterminismus verbunden wird (Schuol, 2015). Der „epigenetic turn" bezeichnet somit einen epistemischen Perspektivwechsel mit Blick auf bestimmte Phänomene innerhalb der Lebenswissenschaften. Zudem schreibt die Epigenetik eine seit den 30er Jahren des letzten Jahrhunderts bestehende Entwicklung fort, die sogenannte Molekularisierung des Lebens, womit die weitgehende Preisgabe eines irgendwie einheitlichen oder holistischen Verständnisses von Leben und die Konzentration auf stets kleinere Beschreibungsebenen – bis zur molekularen Ebene – einhergehen.

Direkte Auswirkungen zeitigt die Epigenetik im Rahmen der Diskussionen um Umweltgerechtigkeit, Generationengerechtigkeit, Schutz der Privatsphäre und den gerechten Zugang zur Gesundheitsversorgung (Rothstein, 2013). In Bezug auf Recht und Regulierung sind unter anderem Auswirkungen auf die Umweltgesetzgebung zu erwarten und es stellt sich die Frage, ob der mögliche Missbrauch epigenetischen Wissens verhindert werden muss. Die Frage, wann und wie der Staat seiner Fürsorgepflicht nachkommen muss, gewinnt ebenfalls an Brisanz (Fündling, 2015; Robienski, 2015). Wir werden im Folgenden solche Aspekte konkretisieren, die in unseren Augen eine besondere soziale, rechtliche und philosophische Aufmerksamkeit auf sich ziehen und in der gegebenen Kürze sinnvoll zur Darstellung gebracht werden können. Es soll ein Querschnitt dessen abgebildet werden, was gegenwärtig in den Geistes- und Sozialwissenschaften sowie der Rechtswissenschaft zur Epigenetik diskutiert wird.

Die Grenzen dieser Disziplinen sind dabei allerdings nicht immer randscharf, was insbesondere den interdisziplinären Charakter der Forschung rund um die Epigenetik unterstreicht. Im Folgenden wird daher eine strikte Unterscheidung in ethische, rechtliche und soziale Aspekte gar nicht erst angestrebt, die jeweiligen Unterteilungen sind nur Schwerpunkte, zugleich aber stets Schnittmenge aller drei Komplexe. Die hier gewählte Reihenfolge spiegelt keine Hierarchie und auch nicht immer eine kausale Bezugnahme wider.

8.2 Ethische Grundlagen

Um zunächst sinnvoll von möglichen ethischen und moralischen Folgen der Epigenetik sprechen zu können, muss geklärt werden, was unter Ethik und Moral im Folgenden zu verstehen ist. Swierstra und Rip charakterisieren den Unterschied treffend wie folgt: „Ethics is ‚hot' morality; morality is ‚cold' ethics" (Swierstra/Rip, 2007). Die Moral umfasst alle nicht strittigen Wertorientierungen einer Gruppe; die Ethik reflektiert auf diese Wertorientierung, überprüft sie anhand übergeordneter Prinzipien und wird besonders dann relevant, wenn es zu Entwicklungen kommt, welche die bestehenden Wertorientierungen heraus- oder überfordern. Ethische Bewertungen können – wie auch rechtliche – konträr zu bestehenden moralischen Wertorientierungen von Gesellschaftsgruppen stehen. Die ethische Bewertung homosexueller Partnerschaften oder von Inzest sind Beispiele hierfür.

Es ist relativ einfach, sich darauf zu einigen, dass eine neue Technologie nicht gesundheitsgefährdend und sicher sein soll. Kompliziert wird es indes, wenn Technologien das bestehende Menschenbild infrage stellen, wie es zum Beispiel beim Enhancement oder der Embryonenforschung der Fall ist. Die Ethik tritt also dann auf den Plan, wenn ein Thema „heiß" wird, es keinen gesellschaftlichen Konsens gibt oder es gute Gründe dafür gibt, einen bestehenden gesellschaftlichen Konsens aufzubrechen.

Zu den wichtigen ethischen Herausforderungen, die von der Epigenetik verstärkt werden, gehört der teils fragwürdige Umgang mit dem epigenetischen Wissen selbst. Bedingt unter anderem durch den zunehmenden Druck, dem die Lebenswissenschaften ausgesetzt sind, möglichst direkt verwertbares Wissen zu produzieren, kommt es immer häufiger zu einer fragwürdigen Allianz zwischen Forschenden, Presseabteilungen und Medien (Juengst et al., 2014). Erkenntnisse, die in vitro oder im Tierversuch gewonnen wurden, werden spekulativ auf den Menschen übertragen oder für die Formulierung konkreter Handlungsanweisungen herangezogen.[1] Im Falle der Epigenetik scheinen die meisten dieser Handlungsempfehlungen auf den ersten Blick relativ unproblematisch zu sein, da sie oft nur zu bestätigen scheinen, was bereits bekannt ist. Dass mangelnde Aufmerksamkeit oder gar Misshandlungen Kindern in der Entwicklung schaden, Föten in bestimmten Entwicklungsphasen besonders anfällig für Umwelteinflüsse sind, Übergewicht vermieden werden sollte, Sport gesund und Rauchen ungesund ist, sich der sozio-ökonomische Status auf Gesundheit und Lebenserwartung auswirkt, ist ja etwas, was den meisten werdenden Eltern auch ohne explizite Fachliteratur verständlich sein dürfte. Mit der Epigenetik ist jedoch zum einen die Hoffnung verbunden, zumindest teilweise diese anhand von Korrelationsstudien erkannten Beziehungen in Kausalbeziehungen umzuwandeln oder doch zumindest die Korrelation zu stützen (Loi et al., 2013), und zum anderen, direkten therapeutischen Einfluss nehmen zu können (Drake/Liu, 2010).

8.3 „Vererbung"

Epigenetische Prägungen können sehr stabil sein, manche werden offenbar sogar an die Folgegenerationen weitergegeben (Grossniklaus et al., 2013). Erläutern lässt sich dies gut anhand des wohl bekanntesten epigenetischen Experiments. Waterland und

---

1 Es wäre allerdings ethisch ebenfalls fragwürdig, derartige Spekulationen nicht anzustellen, da diese eine wertvolle Entscheidungshilfe bieten können, welche Studienergebnisse es lohnen, in oft sehr aufwendigen Verfahren am Menschen überprüft zu werden.

Jirtle zeigten 2003, dass die Nachkommen genetisch identischer Agouti-Mäuse[2] sich in der Fellfärbung und der Tendenz zu Übergewicht unterscheiden können, obwohl sie nach dem Abstillen gleich ernährt werden. Der Grund dafür liegt in der Ernährung der Mutter während der Schwangerschaft und der Stillzeit. Erhält die Mutter normales Futter, haben die Nachkommen ein gelbes Fell und die Tendenz zum Übergewicht. Erhält sie zusätzlich Vitamin B12, Ammoniumsalz und Betain ins Futter gemischt – dabei handelt es sich um sogenannte Methylspender – prägen sich diese typischen Merkmale hingegen nicht aus. Befinden sich genügend dieser Methylspender in der Nahrung, wird das für die gelbe Fellfarbe und das Übergewicht verantwortliche Gen methyliert, also deaktiviert. Das Aussehen des Mäusenachwuchses ist also nicht nur abhängig von den Genen, sondern auch von der Ernährung der Mutter (Hahne, 2012).

Die Frage, ob epigenetische Veränderungen vererbbar sind, ist von besonderer Relevanz in Bezug auf die Generationengerechtigkeit. Der Umstand, dass sich epigenetische Markierungen und die mit ihnen korrelierenden Verhaltensweisen in aufeinander folgenden Generationen nachweisen lassen, hat zu einem starken Medienecho geführt. Häufig wird dabei von *Vererbung* gesprochen, womit in einem eher „klassischen" biologischen Sinn die direkte Übertragung der Eigenschaften von Lebewesen auf ihre (zumeist direkten) Nachkommen gemeint ist, zumindest soweit diese Informationen zur Ausprägung der entsprechenden Eigenschaften *genetisch* codiert sind. Ob und inwiefern epigenetische Veränderungen beim Menschen tatsächlich vererbbar sind, ist jedoch umstritten. Abhängig ist dies unter anderem von dem zugrunde liegenden Vererbungsbegriff. Skinners Unterscheidung zwischen multigenerationalen und intergenerationalen Einwirkungen ist hier hilfreich (Skinner, 2008):

▶ *Multigenerationale Einwirkungen* machen sich gleichzeitig in mehreren Generationen bemerkbar. Ein Umwelteinfluss kann sich beispielsweise gleichzeitig direkt auf eine Schwangere (F0-Generationen), ihren Fötus (F1-Generation) und die Vorläuferzellen der Keimzellen des Fötus (F2-Generation) auswirken. Hier macht es wenig Sinn, von Vererbung zu sprechen.

▶ Von *intergenerationalen Einwirkungen* spricht Skinner, wenn Folgen einer Einwirkung sich auch in einer Generation zeigen, die der Einwirkung nicht ausgesetzt war. Im obigen Falle wären dies die Urenkel (F3-Generation). Erfolgt die Einwirkung vor der Schwangerschaft, sind bereits Folgen für die F2-Generation intergenerational. Im Falle der intergenerationalen Einwirkungen erscheint es sinnvoll, von Vererbung zu sprechen.

---

2 Agouti-Mäuse besitzen ein Gen, das für eine gelbe Fellfärbung und eine starke Tendenz zum Übergewicht verantwortlich ist.

Einen Sonderfall der multigenerationalen Einwirkung stellen gleichbleibende Umweltbedingungen dar. Es gibt Hinweise dafür, dass beispielsweise das geringe Geburtsgewicht vieler afroamerikanischer Kinder in Zusammenhang mit dem lebenslangen schlechten sozio-ökonomischen Status der Mütter steht. Das niedrige Geburtsgewicht wiederum könnte eine Erklärung für das erhöhte Auftreten kardio-vaskulärer Erkrankungen bei Afroamerikanern sein. Die Kinder sind oft einer ähnlichen Umwelt ausgesetzt wie ihre Mütter (Drake/Liu, 2010), sodass sich der Effekt fortsetzt beziehungsweise in der Folgegeneration neu etabliert wird. Zur Umwelt gehört auch die sogenannte innere Umwelt, der ein Fötus ausgesetzt ist. Das heißt, selbst wenn sich die sozio-ökonomische Umwelt ändert, muss dies nicht notwendig zu einer Aufhebung der Umweltfolge führen, da die durch diese äußere Umwelt erzeugte innere Umwelt gleich bleibt und sich weiter auf den Fötus auswirkt. Der veränderte Phänotyp der Mutter überträgt sich weiter auf das Kind, auch hier wird der Effekt in der Folgegeneration jeweils neu etabliert. Multigenerationale und intergenerationale Einwirkungen lassen sich also nicht wirklich scharf voneinander trennen.

Die Übertragung epigenetischer Markierungen über die Keimbahn und nicht über die oben angeführten Übertragungswege ist ebenfalls möglich, umstritten ist jedoch, in welchem Umfang und mittels welcher Mechanismen (Drake/Liu, 2010) dies geschieht. Die epigenetischen Markierungen der Keimzellen werden zweimal gelöscht, zum einen während der Befruchtung, zum anderen in den Vorläuferzellen der Keimzellen (Seisenberger et al., 2013; von Meyenn/Reik, 2015). Einige epigenetische Veränderungen entgehen dabei allerdings der Löschung (Jablonka/Raz, 2009) und werden auf die nächste Generation übertragen. In der öffentlichen Diskussion nehmen die oben angeführten Unterscheidungen und Problematisierungen nur eine untergeordnete Rolle ein. Von Relevanz ist der Nachweis, dass Umwelt und Lebensstil sich durch Veränderung der epigenetischen Markierungen auf die Genexpression auswirken, diese Veränderungen zumindest teilweise auf die Folgegeneration übertragen werden und dass epigenetische Markierungen zumindest in einem gewissen Grade reversibel sind.

8.4 Psychosomatik und Suizid

In den intergenerationalen Kontext gehört auch die seit Jahrzehnten aktive Erforschung psychosomatisch bedingter Erkrankungen, zunehmend auch mit Blick auf epigenetische Faktoren. Es gilt als sehr wahrscheinlich, dass erlittener Stress und frühkindliche Erfahrungen einen immensen epigenetischen Einfluss auf die körperliche Gesundheit des Kindes, des späteren Erwachsenen und sogar die Nachkommen nehmen können. Bereits in der Schwangerschaft sind bei Übergewicht der Mutter epigenetische Effekte möglich, welche das Risiko für das Kind erhöhen, besonders früh an entzündlichen Alterserkrankungen wie Parkinson, Alzheimer, Herzinfarkt oder einem Schlaganfall zu erkranken (Bilbo/Tsang, 2010). In Studien konnte nachgewiesen werden, dass sexuelle Misshandlungen, fehlende Fürsorge und familiäre Gewalt erhebliche Beeinträchtigungen des Immunsystems eines Kindes zur Folge haben und es im Alter anfälliger für Diabetes, Autoimmunerkrankungen und eingeschränkte Gedächtnisleistung werden lassen (Franklin et al., 2011; Lee et al., 2011; Radtke et al., 2011). Hinzu kommt eine nachweislich geminderte Stressresistenz, welche in nicht wenigen Fällen Depressionen oder gar den Suizid als Konsequenz hat.

Solche Formen frühkindlicher Misshandlungen hinterlassen auf epigenetischem Weg Spuren im Genom. Diese Annahme wurde durch eine 2004 durchgeführte Studie an Ratten genährt, welche zeigen konnte, dass Jungtiere, die entweder von ihren Müttern umsorgt oder missachtet worden waren, auf epigenetischer Ebene unterschiedlich reagierten. Im Gehirn der vernachlässigten Rattenkinder war das Gen NR3C1, welches den Glucocorticoid-Rezeptor im Nervensystem codiert und somit für die Stressregulation zuständig ist, stärker methyliert. Dieser Rezeptor bindet die Stresshormone der Glucocorticoide wie Kortisol und dämpft damit die Stressreaktionen. Kurz: Eine unglückliche Kindheit lähmt bei Ratten epigenetisch die Stressregulation (Weaver et al., 2004). Diese Erkenntnisse wurden 2009 auf den Menschen übertragen, indem der Hippocampus von Suizidopfern untersucht wurde, welche in der Kindheit alle sexuellen Missbrauch erfahren hatten (McGovan, 2009). Bei der Isolierung des Gens NR3C1 ließ sich eine vielfache Anlagerung von Methylgruppen an der DNA nachweisen – deutlich mehr, als bei der Untersuchung nicht traumatisierter Suizidopfer wie auch nicht suizidaler Unfalltoter. Die Methylierung schränkte die Aktivität des Gens NR3C1 erheblich ein. Da sich vergleichbare Ergebnisse bei den Suizidopfern ohne einen Missbrauchshintergrund nicht beobachten ließen, lag der Schluss nahe, dass nicht (nur) der mit dem Suizid verbundene Stress, sondern das frühkindliche Trauma verantwortlich für die nachgewiesenen chemischen Veränderungen im Erbgut war.

Dass fehlende Fürsorge und ein hohes Stresslevel in der frühen Kindheit – beispielsweise durch den Suizid eines Elternteils – eine starke gesundheitliche Instabilität zur Folge haben können, wurde bereits in den 1940er Jahren entdeckt und seither regelmäßig bestätigt. Mittlerweile weisen insbesondere Ergebnisse aus der Psychoendokrinologie[3] auf den Einfluss von frühkindlichem Stress auf die Gesundheit hin, etwa durch eine

---

3   Die Psychoendokrinologie ist ein Teilgebiet der Endokrinologie, das explizit die psychischen Auswirkungen von Hormonen untersucht.

erhöhte Cortisol-Ausscheidung[4] im Speichel oder eine Unterversorgung mit Oxytocin[5]. Wie stark dabei epigenetische Effekte wirken, konnte jüngst eine Studie aus Bochum zeigen: Die Probanden wurden kurzzeitig unter Stress gesetzt, anschließend wurde ihnen Blut abgenommen. Bereits nach 10 Minuten waren am Gen des Oxytocin-Rezeptors Ablagerungen von Methylgruppen nachweisbar, die nach 80 Minuten allerdings wieder nachgelassen hatten. Sollten sich ähnliche Funde auch in Gehirnzellen nachweisen lassen, hätte Stress einen weiteren nachweislich unmittelbaren – wenn auch nicht zwingend einheitlichen – epigenetischen Effekt auf die Betroffenen (Unternaehrer et al., 2012). Ein ähnliches Vorgehen wählte ein US-amerikanisches Forscherteam im Rahmen einer Studie von 2012: 99 Probanden wurden nach intensiver Befragung zu ihrer Kindheit und dem Grad an elterlicher Fürsorge gestresst. Jene Probanden, die Vernachlässigung oder Traumata in ihrer Kindheit erfahren hatten, zum Beispiel durch den Suizid eines Elternteils, reagierten nicht nur besonders empfindlich auf Stressreize, sie wiesen auch dieselben Ablagerungen von Methylgruppen am NR3C1-Gen auf, wie dies bereits bei den Ratten beobachtet werden konnte (Tyrka et al., 2012).

Insbesondere mit Blick auf einen Suizid lassen all diese Erkenntnisse und Hinweise eine neue Sichtweise auf ein altes moralphilosophisches Problem zu: In der philosophischen Suizidforschung ist über viele Jahrhunderte die Frage diskutiert worden, ob die Folgen einer Selbsttötung *für andere Menschen* einen moralischen Grund gegen den Suizid ergeben können. Wir finden in regelmäßiger Wiederkehr legalistische, utilitaristische und kontraktualistische (also vertragstheoretische) Argumente gegen den Suizid, die allerdings nach der Stellung des Suizidenten gegenüber *der Gesellschaft* und den damit einhergehenden Verpflichtungen fragen und nicht nach den Konsequenzen für unmittelbar Betroffene, etwa Angehörige. Locke, Hume, d'Holbach, Montesquieu und Kant haben diesen Disput ausgetragen. Doch erst Diderot bezieht Verwandte und Freunde in seinen kontraktualistischen Ansatz mit ein: „Man muss so lange wie möglich existieren – nämlich für sich, für seine Freunde, für seine Verwandten, für die Gesellschaft, für die Menschheit" (Diderot, 1967:304). Diderot deutet soziale Bindungen als freiwillig eingegangene vertragliche Verpflichtungen, zumindest bei Freunden, Ehepartnern und Kindern. Wer ein Kind zeugt oder zur Welt bringt, übernimmt freiwillig die besondere Verpflichtung, für dieses Kind zu sorgen. Die Selbsttötung läuft dieser selbstauferlegten Verpflichtung zuwider: „Das ist ein Pakt, bei dem wir weder genötigt noch überlistet worden sind; wir können ihn nicht eigenmächtig brechen; wir bedürfen der Zustimmung derer, mit denen wir ihn geschlossen haben" (ebd.).

---

4   Cortisol ist ein Stresshormon.
5   Oxytocin ist ein Hormon, das zwischenmenschliche Beziehungen und soziale Interaktion beeinflusst. Umgangssprachlich wird es oft auch als „Kuschel"- oder „Bindungshormon" bezeichnet.

Es ist aus moralphilosophischer Sicht in der Tat schwierig, diesen Aspekt mit dem Recht auf Selbstbestimmung abzuwägen und in Einklang zu bringen. Wiederholt ist die Ansicht vertreten worden, die Verantwortung gegenüber Hinterbliebenen könne im Falle einer Suizidentscheidung das Recht auf Autonomie und somit das Recht auf einen Suizid *nicht* aufwiegen, zumindest nicht in allen Fällen (Wittwer, 2003). Diese Annahme geht zwar davon aus, dass das Umfeld eines Suizidenten die Konsequenzen der Tat psychisch und emotional zu tragen hat, eine Abwägung zwischen dem Leid des Suizidenten und dem Leid der Hinterbliebenen aber undurchführbar sei, was im Zweifel zugunsten des Suizidenten ausgelegt werden muss.

Dass neben der psychischen und emotionalen Belastung Angehöriger von Suizidenten – insbesondere deren Kinder – auch *physische* Konsequenzen aktiv werden können, konnte Diderot natürlich nicht wissen. Das Wissen um mögliche epigenetische Effekte, das heißt hier die Beeinträchtigungen eines mehr oder weniger physisch unbelasteten Fortführens des eigenen Lebens nach dem Suizid eines Elternteils, verändert indes das Verantwortungsvolumen des Suizidenten auf spezifische Weise. Neben der nur statistisch zu erfassenden Wahrscheinlichkeit für Kinder von Suizidenten, deren Eltern sich früh selbst töteten, aufgrund psychischer Belastungen selbst in eine Suizidgefahr zu geraten, tritt nun die molekularbiologisch nachweisbare physische Begründung für eine höhere Wahrscheinlichkeit, selbst Suizident zu werden. Dies haben Labonte und Turecki „the epigenetics of suicide" genannt (Labonte/Turecki, 2010).

Aus einer molekularbiologischen Tatsache auf eine Norm zu schließen, ergäbe jedoch einen sogenannten Sein-Sollen-Fehlschluss und ist daher nicht intendiert. Aus einer molekularbiologischen Tatsache (spezielle Methylierungen) aber eine Statistik abzuleiten (Suizidraten epigenetisch vorbelasteter Menschen) ist indes ein Umstand, der dringend ethischer Aufmerksamkeit bedarf. Sollte sich zeigen, dass elterlicher Suizid unter anderem zu einer physischen Schädigung des Erbgutes führen kann und dies über mehr als eine Generation hinweg, erweitert sich die Richtung der Verantwortlichkeit in alle drei Dimensionen: Nicht nur der Suizident selbst kommt zu Schaden, auch der Nachwuchs trägt physische Schäden davon und gibt diese unter Umständen an die nächste Generation weiter. Eine ethische Konsequenz, die über das normale Maß der Entscheidungsfindung hinausgehen kann, muss bei der Wahl des eigenen Lebensendes Berücksichtigung finden. So scheint es, als erhöben sich Diderots Worte im Licht der Epigenetik erneut, nur negativ: Der Suizid eines Elternteils versieht den Nachwuchs mit einem erheblichen und epigenetisch bedingten gesundheitlichen Risiko, doch dies läuft sehr wahrscheinlich dem Wunsch suizidaler Eltern zuwider, das Kind möge so gut wie irgend möglich die Suizidsituation überstehen – sofern dieser Wunsch bei der Entscheidung des Suizidenten überhaupt Berücksichtigung findet. Die Menge betroffener

Menschen erweitert sich erheblich, sobald sich durch den elterlichen Suizid beim Nachwuchs epigenetische Veränderungen ergeben, die gesundheitliche Einschränkungen bedeuten und über mehr als eine Generation hinweg vererbt werden können. Die Frage lautet: Macht sich ein Suizident aus einer Art molekularbiologischem Kontraktualismus heraus schuldig? Sofern er um die möglichen epigenetischen Konsequenzen in den Erbanlagen seines Nachwuchses weiß, könnte dies nicht sogar als Inkaufnahme der Beeinträchtigung des Kindeswohls, in strenger Auslegung als Körperverletzung gedeutet werden? Hier bekäme die Debatte eine erneute politische Dimension, wenn offenbar frei getroffene Handlungen – der Suizid eines Elternteils – physische Auswirkungen auf die Kinder bekommen, ohne dass diese in irgendeiner Form berührt oder physisch betroffen wären.

8.5 Umweltgerechtigkeit

Umweltgerechtigkeit bildet die gemeinsame Schnittmenge von Umwelt-, Sozial- und Gesundheitspolitik. Es geht hier insbesondere um die unterschiedliche Umweltbelastung verschiedener sozialer oder ethnischer Gruppen unter Berücksichtigung ihrer Lebensräume. Die zentralen Fragen lauten hierbei stets, ob – und wenn ja, warum – arme und sozial benachteiligte Menschen höheren Umweltbelastungen ausgesetzt sind und welche ökonomischen, politischen, sozialen, psychischen und gesundheitlichen Folgen dies hat/hätte. Die Epigenetik könnte nach Rothstein et al. innerhalb der Umweltgerechtigkeit gleich drei Punkte maßgeblich beeinflussen.

a) Sollte sich der bisherige Verdacht weiter erhärten, dass Umwelteinflüsse epigenetische Effekte hervorrufen, wäre die Annahme gerechtfertigt, dass sich nachteilige epigenetische Effekte vorzugsweise in den entsprechend gefährdeten Segmenten der Gesellschaft zeigen würden, was zu einer erhöhten moralischen Verpflichtung führen könnte, diese Risiken entsprechend zu korrigieren. Hier wäre in der Folge aber womöglich zumindest in manchen Fällen eine Abkehr von allgemeinen Maßnahmen zur Gesundheitsvorsorge der *Bevölkerung* hin zur Betrachtung jener Menschen mit entsprechend höherer Prädisposition zu erwarten, oder genauer gesagt: eine Fokussierung von *epigenetischen Risikogruppen*.

b) Lösungsstrategien innerhalb einer epigenetisch geprägten Umweltgerechtigkeit könnten sich von herkömmlichen *geografisch* definierten Gesellschaften oder Bevölkerungsgruppen lösen und stattdessen individuelle *biologische* Faktoren berücksichtigen, die ein erhöhtes Risiko erzeugen.

c) Zuletzt könnten sich die Adressaten solcher Fragen nach Umweltgerechtigkeit verschieben, weg von Rasse und Ethnie, hin zu epigenetischen Eigenschaften, die sich durchaus in verschiedenen Subpopulationen unterschiedlich zeigen. Diesen Gedanken weiter verfolgt, stünde damit auch eine Verschiebung von Diskriminierungsmerkmalen zu befürchten (Rothstein et al., 2009).

8.6 Gesellschaftliche und politische Relevanz

Mit der Erkenntnis reversibler epigenetischer Effekte verstärkt sich ein bedenklicher gesellschaftlicher Trend: die Medikalisierung des persönlichen Verhaltens (Juengst et al., 2014), das heißt die pharmazeutische Beeinflussung von Lebenserfahrungen, die bisher völlig außerhalb jeglichen medizinischen Geltungsbereichs bestanden haben,[6] und damit verbunden die Ausweitung der persönlichen Verantwortung. Geht man davon aus, dass epigenetische Veränderungen transgenerationell sein können, sich eventuell bis in die dritte Generation und darüber hinaus auswirken, so wird der eigene Lebensstil relevant für die Nachkommen. Juengst et al. ist darin zuzustimmen, dass mit dieser neuen Verantwortung gerade die sozial schwächsten Gruppen weiter unter Druck geraten. Sie sind bevorzugt Umwelteinflüssen ausgesetzt, die zu negativen epigenetischen Veränderungen führen können, zu diesem sozio-ökonomischen Schicksal kommt mit Blick auf die Verantwortung für den eigenen Lebensstil dann noch der Vorwurf, sich falsch, gar unethisch zu verhalten und damit für den Zustand, in dem sie sich befinden, selbst verantwortlich zu sein. Auch sozial besser gestellte Gruppen könnten, im Rahmen unserer Leistungssteigerungsgesellschaft, unter Druck geraten. So werden mindestens zwei Felder vermeintlicher Optimierungs- und Verdienstmöglichkeiten geöffnet, die beide eine hohe gesellschaftliche und politische Relevanz aufweisen.

8.6.1 „Epigenetische Eugenik"

Das richtige Verhalten bereits vor der Zeugung, das Vermeiden einer Unzahl an Risikofaktoren, in Zukunft vielleicht vorgeburtliche Tests auf epigenetische Abweichungen, die richtige Ernährung und so weiter, all das setzt zukünftige Eltern, die bestrebt sind, sich möglichst korrekt zu verhalten, unter Druck, obwohl die Frage, was überhaupt richtig ist, nicht geklärt ist. Juengst et al. sprechen in diesem Zusammenhang von der Möglichkeit einer „Epi-Eugenik".

Die sich seit den späten 1980er Jahren einstellende Routine und Akzeptanz genetischer Tests und selektiver Schwangerschaftsabbrüche hat zu jeder Zeit Widerstand

---

6   Solche Medikalisierungstrends sind von Ritalin-Verschreibungen über Psychopharmaka bis hin zur kosmetischen Chirurgie oder der Anti-Aging-Medizin zu beobachten. Man könnte in manchen Bereichen sicher auch von einer „Pathologisierung von Lebensumständen" sprechen.

und Kritik hervorgerufen; im Rahmen genetischer pränataler Untersuchungsverfahren ist immer wieder die Rede von einer neuen Form von Eugenik gewesen (Duster, 1990; Kitcher, 1996). Ein zentraler Aspekt der Kontroverse besteht in der Frage, ob die gezielte Selektion gesunder Genome einem grundsätzlichen moralischen Vorbehalt unterstellt werden kann oder ob damit eine nachvollziehbare und womöglich wünschenswerte Prävention und Stabilisierung gesamtgesellschaftlicher Gesundheit einhergeht, zumindest aber dem Recht werdender Eltern Rechnung getragen wird, erbgesunden Nachwuchs großzuziehen. Eine ähnliche Debatte wird verstärkt wieder seit 2011 geführt, als der Deutsche Bundestag die Präimplantationsdiagnostik (PID) in engen Grenzen legalisierte.

Zu diesen Problemen aus der Gendiagnostik gesellen sich nun vergleichbare Fragen mit Blick auf die Epigenetik. Pränatale epigenetische Tests könnten nämlich die Möglichkeit bereitstellen, die Weitergabe von transgenerationalen epigenetischen Defekten zu unterbrechen. So verlockend diese Möglichkeit auch klingt, sie könnte schnell in eine moralische Pflicht umschlagen, das Epigenom des Nachwuchses in jedem Fall – zumindest aber im Falle bekannter epigenetischer Auffälligkeiten – pränatal zu modifizieren, und das bedeutet: zu optimieren. Umgekehrt könnte im Falle absichtlichen Unterlassens pränataler Untersuchungen nicht nur ein Kind mit epigenetischen Schäden der Stigmatisierung anheimgestellt sein, sondern auch die Eltern, die es dann aus Gründen angeblicher fehlender Verantwortung unterlassen haben, ihr Kind früh genug auf entsprechende Schäden testen zu lassen.

Hier berührt sich die Debatte freilich mit bereits genannten ethischen Argumenten aus der Gendiagnostik. Der intergenerationale Aspekt der epigenetischen Ebene hingegen verstärkt die Furcht vor einer neuen Form der Eugenik, einer epigenetischen Eugenik, welche sich hinter dem Argument verbirgt, es sollen lediglich Erbschäden abgewendet werden.

8.6.2 Epigenetische Medikalisierung

Die epigenetische Medikalisierung hat noch eine zweite Seite. Nachweislich sind viele epigenetische Effekte reversibel, was die Möglichkeit generiert, gezielt auf epigenetische Phänomene wirksame Medikamente herzustellen. In der Medikamentenherstellung ist allerdings stets der Trend zu beobachten, dass die Entwicklung von Medikamenten zur Behandlung weitverbreiteter und langfristiger Erkrankungen gegenüber der teuren Herstellung spezieller Medikamente für seltene und aufwendige Behandlungen privilegiert wird. Diese Tendenz lässt die Wahrscheinlichkeit steigen, dass gezielt für epigenetische Erkrankungen entwickelte Medikamente ebenfalls nur die verbreiteten und somit „profitablen" Erkrankungen abdecken werden, wie etwa Diabetes. Außerdem steht – und auch das ist nicht unwahrscheinlich – zu befürchten, dass die Reversibilität epigenetischer Eigenschaften es erlauben wird, eine neue Form von Enhancement-Produkten zu schaffen, was die Frage nach der Aufhebungs- und Umkehrungsmöglichkeit personaler Eigenschaften neu zu stellen vermag.

Wir können nun eine Person für ihren individuellen Lebensstil kausal verantwortlich machen, aber ist dies mit Blick auf moralische Verantwortlichkeit auch möglich, wenn die Person durch Medikamente versucht, bestimmte Effekte zu beheben? Sofern eine Person über die kausalen Effekte ihrer Handlungen nicht in Kenntnis ist, auch unter Annahme hoher sozialer Folgekosten, können wir sie *nicht* moralisch zur Verantwortung ziehen. Ebenso wäre die epigenetische Modifikation an sich selbst, zum Beispiel durch Einnahme verschreibungsfreier Medikamente, eine Handlung, die ganz in der Verantwortung des Individuums läge. Bedürfte es allerdings für die Behebung epigenetischer Effekte einer längeren medizinischen Prozedur, kostspielig und unter Begleitung ärztlichen Fachpersonals, wären finanzielle Ressourcen involviert und somit ein gesellschaftlicher und in der Folge politischer Aspekt aktiviert. Mehr noch: Im Fall einer öffentlich finanzierten Gesundheitsvorsorge mit Blick auf Epigenome wäre das Individuum auf der einen Seite eventuell in der moralischen Pflicht, das eigene Wohl gegen die zur Verfügung stehenden Ressourcen abzuwägen. Auf der anderen Seite könnte das Individuum – unter Annahme erfolgsversprechender Methoden – die moralische Bürde aufgelastet bekommen, diese Maßnahmen auch ergreifen zu *müssen*. Hier nimmt die Ethik der Epigenetik Kontakt zu Diskursen auf, wie wir sie etwa aus der Frage nach aktiver Sterbehilfe oder dem ärztlich assistierten Suizid kennen.

8.7 Rechtliche Aspekte

Die Epigenetik hat bisher noch keinen großen Einfluss auf das Recht. Das ist vor allem darin begründet, dass das Recht abhängig vom Forschungsstand ist und in die Rechtsprechung nur gesicherte wissenschaftliche Erkenntnisse eingehen sollten. Da es sich bei der Epigenetik noch um ein relativ junges Forschungsfeld handelt, fehlt es – insbesondere in Bezug auf den Menschen und die Frage der Vererbbarkeit von epigenetischen Veränderungen – noch an gesichertem Wissen. Trotzdem ist es sinnvoll, über mögliche Folgen für das Recht bereits heute nachzudenken, da es durchaus zu einem – wie Robienski es nennt – „epigenetischen Mainstreaming" kommen könnte, das heißt, dass „bei allen ökologischen, technischen und gesellschaftlichen Vorhaben deren epigenetische Relevanz zu prüfen" (Robienski, 2015:147) sei und damit natürlich auch rechtliche Fragen verbunden sind.

Die Epigenetik verschärft Probleme, die auch in anderen Bereichen der Lebenswissenschaften eine große Rolle spielen. Die (massenhafte) Sequenzierung von Genomen, Proteomen, Metabolomen oder eben Epigenomen führt zu den oben bereits angerissenen Fragen, wie mit dem so gewonnenen Wissen umzugehen ist. Vor der Frage nach dem korrekten Umgang mit dem Wissen steht jedoch eine weitere Herausforderung: die ethisch vertretbare Generierung, Nutzung, Weitergabe und Aufbewahrung der Daten, anhand derer Wissen generiert wird. Epigenetische Informationen können sensible Wahrscheinlichkeiten über mögliche Erkrankungsrisiken ermöglichen und Auskunft darüber geben, welche Risiken an die nächste Generation weitergegeben werden. Von solchen Informationen könnten, sofern sie in die Hände großer Konzerne fallen, erhebliche Gefahren mit Blick auf Datenschutz und Vertraulichkeit ausgehen. Auch gegenüber Arbeitgebern oder Versicherungen dürfte ein individuelles Interesse bestehen, epigenetische Daten zu schützen, wohingegen der eigenen Familie gegenüber durchaus eine moralische Pflicht entstehen kann, Erkrankungsrisiken mitzuteilen. Grundsätzlich aber könnte eine wachsende Menge an individuellen epigenetischen Informationen mit dem Anrecht auf Nichtwissen in Konflikt geraten (Fündling, 2015). Diese Probleme unterscheiden sich freilich nicht grundsätzlich von Fragen, wie sie bereits in der Genforschung debattiert wurden, allerdings weisen Rothstein und Kollegen zu Recht darauf hin, dass die Unterscheidung im Umgang mit genetischen und epigenetischen Informationen am Ende keine Frage der Biologie oder des Rechts sein wird, sondern eine soziale Frage darstellt (Rothstein et al., 2013).

Der Staat ist verantwortlich gegenüber seinen Bürgerinnen und Bürgern. Er ist verpflichtet, die Umwelt und die natürliche Lebensgrundlage zu schützen „und den Einzelnen ‚vor allen Einwirkungen, die die menschliche Gesundheit im biologisch-physiologischen Sinne beinträchtigen' (BVerfGE 54, 54/74)" (Robienski, 2015:147) zu bewahren. Relevant sind hier unter anderem Erkenntnisse, die traumatische Erfahrungen in Verbindung mit bleibenden schädlichen epigenetischen Veränderungen bringen. Ließe sich beispielsweise belegen, dass die Beschneidung von Jungen diese nachhaltig traumatisiert, sie also in biologisch-physiologischem Sinne beeinträchtigt, müsste abgewogen werden, ob aus staatlicher Sicht deshalb ein Eingriff in die Religionsfreiheit und das Elternrecht vertretbar ist (Robienski, 2015:148). Die Epigenetik könnte auch Auswirkungen auf die Anwendung des Vorsorgeprinzips haben. Vorsorge bedeutet, dass mögliche Risiken, die ausreichend wahrscheinlich sind, vorausschauend reguliert werden. Dies könnte zum Beispiel zum Verbot von chemischen Substanzen führen, die epigenetische Auswirkungen haben, ohne dass deren toxische Wirkungen zweifelsfrei nachgewiesen sind (ebd.). Auch im Rahmen des Mutterschutzes sind epigenetische Risiken von Bedeutung. Bisher werden epigenetische Risiken bei der Risikobewertung von

Arbeitsumgebungen von Schwangeren noch nicht berücksichtigt. Es stellt sich zudem aus juristischer Perspektive die Frage, ob im Rahmen der Präventionsgesetzgebung Erkenntnisse aus der Epigenetik berücksichtigt werden müssen (Robienski, 2015:149).

Auch im verantwortlichen Umgang der Bürgerinnen und Bürger untereinander könnten epigenetische Erkenntnisse zukünftig von Relevanz sein, das heißt, die Epigenetik könnte im Zivilrecht (Schadenersatz- und soziales Entschädigungsrecht) Bedeutung erlangen. Anspruch auf Entschädigung (Schadenersatz, Schmerzensgeld) besteht, falls jemand durch rechtswidrige Handlungen anderer einen Schaden an seiner Gesundheit oder seinem Körper erleidet. Robienski führt dazu aus:

> „Epigenetische Veränderungen können als Gesundheitsschädigung angesehen werden. Der Bundesgerichtshof definiert die Gesundheitsverletzung wie folgt: ‚[J]edes Hervorrufen eines von den normalen körperlichen Funktionen nachteilig abweichenden Zustandes; unerheblich ist, ob Schmerzzustände auftreten, ob eine tief greifende Veränderung der Befindlichkeit eingetreten ist oder ob es zum Ausbruch der Krankheit gekommen ist'" (Robienski, 2015:150).

Eine Gesundheitsbeeinträchtigung könnte bereits dann vorliegen, wenn auch nur das Risiko einer schädigenden epigenetischen Veränderung gegeben ist, ohne dass diese eintritt.[7] Auch könnten epigenetische Analysen gerichtsrelevant werden, wenn es um den Nachweis psychischer Folgen traumatischer Erlebnisse (Unfälle, Misshandlungen, Schocks) geht. Im Rahmen des sozialen Entschädigungsrechts könnten epigenetische Analysen genutzt werden, um die geforderte hinreichende Wahrscheinlichkeit einer kausalen Verbindung zwischen Ereignis und Schaden zu erbringen (Robienski, 2015:153).

Ärzte sind auch persönlich betroffen: Da sie zur Weiterbildung verpflichtet sind, müssen sie wissenschaftlich gesicherte Erkenntnisse der Epigenetik zeitnah berücksichtigen, tun sie dies nicht, ist damit ein Haftungsrisiko verbunden (Robienski, 2015:152).

Robienski geht davon aus, dass epigenetische Erkenntnisse sich auf die individuellen Freiheitsrechte auswirken können. Die rechtlich garantierte allgemeine Handlungsfreiheit umfasst zwar auch die Freiheit zur Krankheit und zur Sucht, allerdings sehen sich diejenigen, die sich diese Freiheit nehmen, zunehmend unter Druck gesetzt. Die

---

7 Robienski sieht hier eine Parallele zu dem Urteil des Amtsgerichts Erfurt, das feststellt, „dass bereits das Anblasen mit Zigarettenrauch […] wegen der karzinogenen Anteile des Zigarettenrauchs als Körperverletzung" (Robienski, 2015:151) gilt. Eine konkrete Schädigung muss nicht nachgewiesen werden, das Risiko, dass ein Schaden eintreten könnte, reicht aus.

sogenannte Präventionsverantwortung hat bereits Eingang in das Sozialgesetzbuch gefunden: Versicherte sind für ihre Gesundheit mitverantwortlich, sie sollen gesund leben und frühzeitig an Vorsorgemaßnahmen teilnehmen. Gesundheitsschädigendes Verhalten kann sich in erhöhten Beiträgen und Kostenbeteiligungen bei Folgeschäden niederschlagen. Die Epigenetik könnte dazu beitragen, das Präventionsregime auszuweiten und Bonus-Malus-Systemen Vorschub leisten. „Warum sollte eine krankheitsfördernde Ernährung bzw. ein krankheitsfördernder Lebensstil auch nicht sanktioniert werden können, vor allem, wenn sie fortgesetzt wird, nachdem bereits negative epigenetische Veränderungen festgestellt sind?" (Robienski, 2015:158).

8.8 Fazit

Die Epigenetik hat unzweifelhaft das Interesse vieler akademischer Disziplinen auf sich gezogen. Manches davon war sicher voreilig, doch einige Aspekte sollten einer eingehenden Untersuchung zugänglich bleiben – dieser Beitrag wollte die derzeit vielleicht dringlichsten skizzieren. Mit Blick auf die Ethik erzeugt die Epigenetik zwar keine genuin *neuen* Herausforderungen, sie sorgt aber dafür, dass Themen, die bereits in anderen Kontexten – vor allem dem der Genetik – diskutiert werden, noch „heißer" werden. Viele ethische Reflexionen verbleiben daher aufgrund des frühen Entwicklungsstadiums der Epigenetik im Raum der Spekulation. Doch ist das weder nachteilig noch bedenklich. Die Epigenetik zwingt uns auf der einen Seite zur Geduld, denn die Forschung steht hier noch immer relativ am Anfang. Auf der anderen Seite aber nötigt sie uns das Überdenken wichtiger Begriffe ab, etwa den der Vererbung. An diesen Gelenkstellen zeigen sich die interdisziplinären Zusammenhänge, welche die Arbeit an und mit der Epigenetik so fruchtbar machen und zudem auch auf das Recht oder die Technikfolgenabschätzung übergreifen.

Die Epigenetik ist zu großen Teilen aber auch ein soziales Phänomen geworden, für manche ein Erklärungsansatz, für andere ein vorschneller Hype. Beides sollte uns daran erinnern, dass lebenswissenschaftliche Forschungsgebiete nicht isoliert zu betrachten sind. Sie bleiben Teil eines sozialen Kontextes und wirken auf die Gesellschaft zurück. Je weniger eine Wissenschaft reflektiert und kommuniziert wird, desto schneller ist die Gesellschaft bereit, zunächst die negative Valenz hervorzuheben. Der Philosoph Bernhard Rollin hat dies einmal das „Frankenstein-Syndrom" (Rollin, 1995) genannt: Je geringer der gesamtgesellschaftliche Diskurs, desto größer das wahrgenommene Bedrohungspotenzial eines wissenschaftlichen Gegenstandes. In diesem Sinn soll auch unsere Skizze über soziale, ethische und rechtliche Aspekte einen Beitrag zur Aufklärung leisten, zum Abstecken sinnvoller und sinnloser Grenzen einer Reflexion auf die Epigenetik.

8.9 Literatur

Bilbo, S./Tsang, V. (2010): Enduring consequences of maternal obesity for brain inflammation and behaviour of offspring. In: FASEB J. 24:2104-2115.

Diderot, D. (1752/1967): Erhaltung (Moral). Band II der Enzyklopädie von 1752. In: Lücke, T. (Hrsg.): Denis Diderot. Philosophische Schriften. Europ Verlag, Frankfurt am Main.
Drake, A. J./Liu, L. (2010): Intergenerational transmission of programmed effects: public health consequences. In: Trend Endocrinol Metab 21(4):206-213.
Duster, T. (1990): Backdoor to Eugenics. Routledge, London.

Franklin, T. B. et al. (2011): Influence of early stress on social abilities and serotonergic functions across generations in mice. In: PLoS One 6(7): e21842.
Fündling, C. (2015): Epigenetik und Persönlichkeitsschutz. In: Heil, R. et al. (Hrsg.): Epigenetik - Ethische, rechtliche und soziale Aspekte. Vs Verlag für Sozialwissenschaften, Wiesbaden:163-178.

Grossniklaus, U. et al. (2013): Transgenerational epigenetic inheritance: How important is it? In: Nat Rev Genet 14(3):228-235.

Hahne, D. (2012): Epigenetik und Ernährung. Folgenreiche Fehlprogrammierung. In: Dtsch Ärztebl 109(40):A-1986/B-1614/C-1586.
Heil, R. et al. (2015) (Hrsg.): Epigenetik - Ethische, rechtliche und soziale Aspekte. Vs Verlag für Sozialwissenschaften, Wiesbaden.

Jablonka, E./Raz, G. (2009): Transgenerational epigenetic inheritance: prevalence, mechanisms, and implications for the study of heredity and evolution. In: The Q Rev Biol 84(2):131-176.
Juengst, E. T. et al. (2014): Serving epigenetics before its time. In: Trends Genet 30(10):427-429.

Kitcher, P. (1996): The lives to come. The genetic revolution and human possibilities. Simon & Schuster, New York.

Labonte, B./Turecki, G. (2010): The epigenetics of suicide: explaining the biological effects of early life environmental adversity. In: Arch Suicide Res. 14(4):291-310.
Le Breton, D. (2004): Genetic fundamentalism or the cult of the gene. In: Body & Society 10(4):1-20.
Lee, R. S. et al. (2011): A measure of glucocorticoid load provided by DNA methylation of *Fkbp5* in mice. In: Psychopharmacology (Berl.) 218(1):303-12.
Loi, M. et al. (2013): Social epigenetics and equality of opportunity. In: Public Health Ethics 6(2):142-153.

McGowan, P. O. et al. (2009): Epigenetic regulation of the glucocorticoid receptor in human brain associates with childhood abuse. In: Nature Neurosci 12:342-348.

Nicolosi, G./Ruivenkamp, G. (2012): The epigenetic turn. Some notes about the epistemological change of perspective in biosciences. In: Med Health Care Philos 15(3):309-319.

Radtke, K. M. et al. (2011): Transgenerational impact of intimate partner violence on methylation in the promotor of the glucocorticoid receptor. In: Transl Psychiatry 1(7):e21.

Robienski, J. (2015): Epigenetik und rechtliche Regulierung. Eine Herausforderung im Spannungsfeld zwischen Schutzpflichten des Staates, Generationenverantwortung und individuellen Freiheitsrechten. In: Heil, R. et al. (Hrsg.): Epigenetik – Ethische, rechtliche und soziale Aspekte. Vs Verlag für Sozialwissenschaften, Wiesbaden:145–161.

Rollin, B. E. (1995): The Frankenstein Syndrome: Ethical and Social Issues in the Genetic Engineering of Animals. Cambridge University Press, Cambridge.

Rothstein, M. A. et al. (2009): The ghost in our genes: legal and ethical implications of epigenetics. In: Health Matrix Clevel 19(1):1–62.

Rothstein, M. A. (2013): Epigenetic exceptionalism. In: J Law Med Ethics 41(3):733–736.

Schuol, S. (2015): Widerlegt die Epigenetik den Gendeterminismus? Es kommt darauf an … In: Heil, R. et al. (Hrsg.): Epigenetik – Ethische, rechtliche und soziale Aspekte. Vs Verlag für Sozialwissenschaften, Wiesbaden:45–58.

Seisenberger, S. et al. (2013): Reprogramming DNA methylation in the mammalian life cycle: building and breaking epigenetic barriers. In: Philos Trans R Soc Lond B Biol Sci 368(1609).

Skinner, M. K. (2008): What is an epigenetic transgenerational phenotype? F3 or F2. In: Reprod Toxicol 25(1):2–6.

Swierstra, T./Rip, A. (2007): Nano-ethics as NEST-ethics: patterns of moral argumentation about new and emerging science and technology. In: NanoEthics 1(1):3–20.

Tyrka et al. (2012): Childhood adversity and epigenetic modulation of the leukocyte glucocorticoid receptor: preliminary findings in healthy adults. In: PLoS One 7(1):e30148.

Unternaehrer, E. et al. (2012): Dynamic changes in DNA methylation of stress-associated genes (OXTR, BDNF) after acute psychosocial stress. In: Transl Psychiatry 14(2):e150.

von Meyenn, F./Reik, W. (2015): Forget the parents: epigenetic reprogramming in human germ cells. In: Cell 161(6):1248–1251.

Waterland, R. A./Jirtle R. L. (2003): Transposable elements: targets for early nutritional effects on epigenetic gene regulation. In: Mol. Cell. Biol. 23(15):5293–5300.

Weaver, I. C. et al. (2004): Epigenetic programming by maternal behavoiur. In: Nature Neurosci 7:847–854.

Wittwer, H. (2003): Selbsttötung als philosophisches Problem. Über die Rationalität und Moralität des Suizids. Mentis, Paderborn.

Julia Diekämper
9. Du musst Dein Leben ändern! Epigenetik als printmedialer Verhandlungsgegenstand

Die mit der Epigenetik in Aussicht gestellten Veränderungen versprechen weitreichende Neujustierungen, die den internen wissenschaftlichen Bereich bei weitem überschreiten. Hier geht es nicht nur darum, welches Verständnis wir zukünftig im Hinblick auf Vererbung in Anschlag bringen, sondern auch darum, welche Konsequenzen sich aus einer solchen möglichen Perspektive ableiten lassen. Und das in ganz lebenspraktischer Weise: Im Sprechen über Epigenetik geht es um nicht weniger als um die Frage, wie wir Einfluss nehmen können auf unser Leben. Schließlich stellen die Diskussionen in Aussicht, dass nicht mehr die Gene an sich, sondern vielmehr auch unser Verhalten ausschlaggebend für Gesundheit und Wohlbefinden sein könnten.

Auf der Grundlage einer Erhebung derjenigen Beiträge, die sich in den vergangenen zehn Jahren in ausgewählten überregionalen, auflagenstarken Zeitungen und Zeitschriften[1] in Deutschland mit dem Thema Epigenetik auseinandergesetzt haben[2], lässt sich zum einen nachvollziehen, wie sich das Verständnis einer Disziplin Raum erobert. Eine solche Betrachtung verspricht dabei weniger, „Rezipientenwirkung" (Seitz/ Schoul, 2016:117) zu erschließen, als vielmehr zu destillieren, was zu einer bestimmten Zeit an einem bestimmten Ort sagbar ist und so Einblick in den Facettenreichtum und die Deutungskämpfe zu erhalten.

---

1   Gemäß Statistik der *Informationsgemeinschaft zur Feststellung der Verbreitung von Werbeträgern e.V.* hatte die *Frankfurter Allgemeine Zeitung* inkl. Sonntagszeitung im vierten Quartal 2015 eine Druckauflage von 651.985, die *Süddeutsche Zeitung* 424.678, *Die Zeit* 621.208 und *Der Spiegel* von 939.934 Exemplaren. Siehe hierzu: http://www.ivw.eu/aw/print/qa [15.02.2016].
2   Relevante Printartikel zum Thema wurden rückwirkend ab dem Jahr 2005 bis einschließlich Dezember 2015 erhoben und berücksichtigen die Organe: *Frankfurter Allgemeine Zeitung* (FAZ), *Süddeutsche Zeitung* (SZ), *Der Spiegel* und *Die Zeit*. Für die Recherche wurde entweder das Stichwort *epigenet** oder alternativ – wenn eine Suche mit Platzhaltern nicht möglich war – die Stichworte *epigenetisch*, *Epigenetik* bzw. *Epigenetiker* im Volltext ab 2005 überregional gesucht. Ausschließlich online erschienene Artikel, Artikel in Sonderheften sowie regionale und in anderen Medien erschienene Beiträge wurden nicht berücksichtigt.

Die an der Berichterstattung rankenden Aushandlungen machen deutlich, dass sich anhand dieser Entwicklung nachzeichnen lässt, inwiefern Subjekte verstärkt in die Pflicht genommen werden, Verantwortung für ihr Leben (und gegebenenfalls das ihrer Nachkommen) zu übernehmen. Die These, die den Überlegungen zugrunde liegt, ist dabei die, dass die Abwendung beziehungsweise Neuvermessung eines Verständnisses von Vererbungsvorgängen vorderhand Autonomie suggeriert – von nun an sind wir nicht mehr auf unser biologisches Erbe festgelegt. Was aber als Zugewinn erscheint, erweist sich bei näherer Betrachtung als paternalistische Herausforderung.

Allgemein lässt sich an den insgesamt 192 Artikeln ein anhaltendes öffentliches Interesse festmachen. Wenngleich über den gesamten erhobenen Zeitraum kontinuierlich über Epigenetik berichtet wird, ist eine Intensivierung des Interesses in den Jahren 2008 und 2013 mit je 15 Beiträgen zu beobachten. Ein Ausblick auf das Jahr 2016 und die sich hier abzeichnende Reduzierung der Berichterstattung deutet das Spiel mit der Ökonomie der Aufmerksamkeit an, in der etwa bestimmte wissenschaftliche Themen zugunsten anderer (wie aktuell bspw. das Genome Editing) in den Hintergrund geraten. Nicht alle Medien berichten zudem gleichermaßen über das Thema. Die FAZ stellt hierbei den häufigsten und beständigsten Berichterstatter dar. Die überwiegende Mehrheit der Artikel erschien im Ressort „Wissen" in aller Regel anlässlich neu erschienener Studien. Dass die Epigenetik aber auch Thema der Feuilletons ist, deutet das gesellschaftspolitische Potenzial an, das ihr zugeschrieben wird. Nicht anders sind auch entsprechende Publikationen aus dem Bereich der Sozial- und Geisteswissenschaften zu deuten (vgl. Lux/Richter, 2014; Heil, 2016). Im Vergleich hierzu stellt sie für die Printmedien weniger ein Thema für Politik und Wirtschaft dar und unterscheidet sich daher auch von der Berichterstattung anderer gentechnologischer Themen wie etwa der grünen Gentechnik. Die kontinuierliche Berichterstattung schöpft unter anderem aus dem regen internationalen Forschungsgeschehen, das in den letzten 15 Jahren mehr und mehr Erkenntnisse über epigenetische Vorgänge zutage gefördert hat, und zeigt, dass diese in allen höheren Organismen an der Steuerung essenzieller Entwicklungsprozesse beteiligt sind. Über Epigenetik wird vor allem als wissenschaftliches Spezialthema berichtet. Dies nicht zuletzt, weil wissenschaftliche Publikationen immer wieder einen entscheidenden Bezugspunkt darstellen.[3] Am medienwirksamsten mit 20 Nennungen erweisen sich hier drei Veröffentlichungen des Douglas Hospital Research Center und des Department of Pharmacology and Therapeutics der McGill University in Montreal (Weaver et al., 2004; McGowan et al., 2008; McGowan et al., 2009), die auch mit 12 Bezug-

---

3   Insgesamt wurden 95 Arbeiten identifiziert, auf die im Untersuchungszeitraum verwiesen wird.

nahmen die am häufigsten vertretene Einzelstudie von Ian Weaver und Kollegen (2004) hervorgebracht hatten.

Allgemeiner sind es vorrangig epigenetische Vorgänge für Erkrankungen, die im Vordergrund der öffentlichen Abbildung stehen. Die Universalität epigenetischer Vorgänge tritt im Vergleich hierzu in den Hintergrund. Wenige Artikel widmen sich beispielsweise der hochkomplexen Epigenetik der Pflanzen, wenngleich hier Vorgänge in unübertroffener Fülle die Anpassung an Umweltveränderungen steuern und auch in begrenztem Umfang weitervererben. Pflanzen aber stehen nicht im Fokus. Vielmehr geht es um den Menschen. Um eine ihn fokussierende Erzählung, die von einem Bedrohungszustand berichtet. Einem Bedrohungszustand, durch den auf den zweiten Blick eine gesellschaftliche Relevanz anklingt.[4] Davon soll hier die Rede sein. Ein erstes Indiz für ein über den engen naturwissenschaftlichen Kontext hinausgehendes Interesse einer Öffentlichkeit spiegelt sich in dem Umstand, dass das Sprechen über Epigenetik eindeutig an die Alltagswirklichkeit von Individuen gebunden ist. Den so entstehenden lebenspraktischen Bedeutungshorizont gilt es aufgrund dessen vor dem ihn begleitenden Kampf um Deutungshoheit zu betrachten. Daher fokussiert der Beitrag drei an die Epigenetik geknüpfte Fragen: Welches Verständnis einer neuen Disziplin ist hier maßgeblich? Was genauer ist hier neu? (9.1) Welche Anwendungsbeispiele werden in Anschlag gebracht? (9.2, 9.3) Und schließlich: Welche Konsequenzen lassen sich letztendlich hinsichtlich des Verständnisses von Subjekten ausmachen, etwa auch unter Berücksichtigung ihrer transgenerationellen Beziehung? (9.4)

9.1 Aufmerksamkeit für Epigenetik

Im Sprechen über Epigenetik erscheint diese mal als eigenständiges Feld, häufiger als neues Element für unser Verständnis von Biologie in unterschiedlichsten anderen Disziplinen. Sie präsentiert sich so als großes Querschnittsthema der Lebenswissenschaften, das die Bereiche Entwicklungsbiologie, Evolutionsforschung, Ökologie, Psychologie und Genetik miteinander verknüpft. Auf der Ebene der DNA geht es genauer um Wechselwirkungen und um das Zusammenspiel mit der „zellulären, physiologischen und organismischen Umwelt" (Lux/Richter, 2014:XIV). Das führt auch dazu, dass eine Vielzahl von Wissenschaftlerinnen und Wissenschaftlern ganz unterschiedlicher Bereiche im Arbeitsfeld Epigenetik miteinander verbunden ist (Haig, 2012:15).

Neu ist die Epigenetik nicht, auch wenn viele der Artikel herausstellen, sie begründe ein vergleichsweise neues Forschungsfeld. In der *Süddeutschen Zeitung* etwa heißt es auch

---

4   Für einen Vergleich mit englischsprachigen Medien siehe Stelmach/Nerlich, 2015.

2014 noch: „Die Epigenetik ist ein relativ junger Forschungszweig, der untersucht, wie Umwelteinflüsse dazu beitragen, dass genetische Information im Erbgut aktiviert oder gehemmt wird" (SZ, 2014a). Auch der *Spiegel* kommt zu dem Schluss, es handle sich um „eine vergleichsweise junge wissenschaftliche Disziplin" (Spiegel Wissen, 2011b). Und die *Frankfurter Allgemeine Zeitung* sieht in der Epigenetik nicht weniger als „eine in jüngerer Zeit regelrecht aufblühende Forschungsrichtung", die ihres Erachtens „tatsächlich das Zeug dazu [*hat*, JD], den wahren Beitrag der Gene zu den diversen Lebensprozessen aufzuklären – ja, immer öfter auch zu relativieren" (FAZ, 2009b). Der Umstand, hier ereigne sich wissenschaftlich etwas Neues, knüpft an die Überlegung an, dass sich das Potenzial der Epigenetik erst abzuzeichnen beginnt. „Epigenetische Forschung ist ungemein spannend", stellt so die Wissenschaftshistorikerin Sarah Richardson von der Harvard University im Gespräch mit der FAZ fest, „aber es handelt sich bislang vor allem um Tierversuche und Korrelationen, weniger um kausale Belege" (FAZ, 2014b). Im Interview mit dem Chemiker und Psychiater Florian Holsboer räumt auch dieser ein: „Wir beginnen erst allmählich die Epigenetik zu verstehen" (SZ, 2014e).

Die Verlagerung in die neueste Gegenwart bietet den Rezipienten eine Zaungastrolle im hochaktuellen Forschungsbetrieb. Die Aktualität ist offensichtlich ein Grund, warum es sich lohnt, über Epigenetik zu berichten. Der andere ist augenscheinlich die (in Aussicht gestellten) Erkenntnisse, die hier entstehen (können) und deren Nutzen für den Einzelnen genauso wie für die Gemeinschaft einen Mehrwert versprechen. In nicht wenigen Artikeln wird die Epigenetik nämlich zum fehlenden Puzzlestein, um die Entstehung eines ganzen Potpourris von Krankheiten wie Krebs, Diabetes und Übergewicht, aber auch psychische Störungen endlich verstehen zu können. So schreibt die FAZ: „Die Epigenetik ist es im Grunde sogar erst, die sich einen direkten Zugang zu den lebensentscheidenden Schnittstellen zwischen Genen, Umwelt und Psyche von der Embryonalentwicklung bis ins Alter verschafft" (FAZ, 2009b). Sie wird dabei mitunter gelesen als logische Konsequenz bisheriger Forschung: „Es ist also nur konsequent, dass Genetiker sich nach der kompletten Entschlüsselung der DNA-Sequenz im Jahr 2003 nun auch dem zweiten Code der Zellen zuwenden" (FAZ, 2012b).

Vergleicht man die unterschiedlichen Einschätzungen darüber, was Epigenetik genauer bezeichnet, fällt also zunächst die Kakofonie entsprechender Annäherungen auf.[5]

Es geht, so viel scheint bei der Heterogenität der Einschätzungen Tenor zu sein, um ein junges Forschungsfeld, das Disziplinen wie der Stammzellforschung genauso wie

---

5   In ihrer Analyse englischsprachiger Zeitungen gelangen Stelmach und Nerlich zu einem ähnlichen Bild (Stelmach/Nerlich, 2015:205).

der Psychiatrie neue Erkenntnisse verspricht. Zu diesen neuen Erkenntnissen kommt es auch deshalb, weil die Epigenetik gängigen biologischen Konzepten von Vererbung, Entwicklung und Evolution eine neue Facette hinzuzufügen vermag: Allerdings erscheinen diese Bezugsgrößen wenig konturiert innerhalb der öffentlichen Auseinandersetzung. In diesem Sinn weist auch Weigel darauf hin, dass „Evolution" in vielen Kontexten nicht viel mehr verbindet als die Entwicklung der Arten, manchmal auch nur die Überzeugung von der biologischen, insbesondere genetischen und hormonellen Prägungen der Fähigkeiten, Eigenschaften, Verhaltensweisen einer Gattung (Weigel, 2010:108). Konsequenterweise bilanziert die FAZ: „Leben erfordert mehr, als die im Erbgut – der DNS – enthaltene Information hergibt" (FAZ, 2006). Das Novum besteht also darin, fortan mehr als den genetischen Code und ein auf Kreuzungsverhältnissen beruhendes Prinzip für Vererbungsvorgänge zu berücksichtigen. Der britische Genetiker Bryan Turner von der University of Birmingham findet im *Spiegel* für diesen Prozess ein eindrückliches Bild, in dem er das Erbgut mit einem Tonband vergleicht, auf dem Informationen gespeichert sind. „Ein Tonband nützt uns ohne Abspielgerät gar nichts. Die Epigenetik befasst sich mit dem Tonbandgerät" (Spiegel Wissen, 2011b).

In der Konsequenz solcher Überlegungen trage die Epigenetik gegenwärtig „zu einem dramatisch neuen Verständnis der menschlichen Biologie" bei (Der Spiegel, 2010). Dieses „dramatisch Neue" ereignet sich innerhalb der Berichterstattung auf unterschiedlichen Ebenen: Wenn der *Spiegel* 2010 etwa einen „Sieg über die Gene" (Der Spiegel, 2010) in Aussicht stellt und verspricht, „klüger, gesünder, glücklicher" (ebd.) zu werden, dann ist das als nicht weniger zu verstehen als ein vollmundiges Versprechen, schöpferisch tätig zu sein. Gleichzeitig markiert die hier dargebotene Kriegsmetaphorik eine – um im Bild zu bleiben – Frontstellung zwischen „uns" und „unseren Genen". Deren „Niederlage" manifestiert nichtsdestotrotz die ihr zugeschriebene Bedeutung.

„Denn gerade die Wahl von Formulierungen und Metaphern, mit denen Gene sowohl in fach- als auch in populärwissenschaftlichen und (bio)philosophischen Publikationen beschrieben werden, und die damit verbundene Zuschreibung spezifischer Eigenschaften, Fähigkeiten oder ‚Kräfte' – kurz: unsere Gensprache – kann unbemerkt zur Verfestigung genessentialistischer Vorstellungen beitragen" (Schmidt, 2013:105).

Gene besitzen wie epigenetische Marker in vielen Beschreibungen eine Handlungsfähigkeit, aufgrund derer sie „aktiv" als Protagonisten in das Vererbungsgeschehen eingreifen können. So handelt es sich „meist um chemische Anhängsel des Erbguts, die zwar nicht den genetischen Code der DNA verändern, wohl aber die Aktivität einzelner Gene manipulieren – bis hin zum Verstummen einzelner Erbanlagen", wie die SZ erläutert (SZ, 2014d). Und auch die Zelle ist anthropomorphisiert: „Mithilfe der Anlagerungen bestimmt eine Zelle, welches ihrer Gene aktivierbar ist und welches nicht" (SZ, 2013a). Indem sie Entscheidungen trifft (eben welches Gen aktivierbar ist), ist sie Handelnde, die sich im Zweifelsfall rechtfertigen muss. Das in anderen Erzählungen dominierende Bild des Zufalls und des Chaos erscheint auf diese Weise rationalisiert und folgt bei Misslingen einer anderen Begründungslogik.

Der versprochene Mehrwert einer Anwendung am Menschen erscheint aufgrund der multiplen Einschreibungen als weit gefächerter Horizont. „Ständiger Stress, aber auch Drogen und Umweltgifte hinterlassen Spuren im Erbgut von Nervenzellen – und begünstigen auf diese Weise womöglich Autismus und Angststörungen, Depressionen und Demenz" (Der Spiegel, 2010a). Und die SZ erklärt: „Wissenschaftler haben schon Spuren von Ernährung, Luftverschmutzung, Drogen, Stress und geistiger Anstrengung in epigenetischen Markierungen entdeckt" (SZ, 2012a). Das heißt nichts anderes, als dass Gesundheit und Wohlergehen mit Lebensführung korrelieren. Sie werden zu „Handlungszielen" einer Öffentlichkeit (Seitz/Schoul, 2016:120) vor einem diffusen Bedrohungshorizont.

An die Epigenetik knüpft sich also die Hoffnung, Antworten auf Fragen zu liefern, die die Lebenswissenschaften seit Langem beschäftigen. Dieser Hoffnung wird eine Kritik entgegengehalten: eine, die den Glauben an das Wissen der Gene vorführt, eine, die die hohen Erwartungen, die sich an die Sequenzierung des menschlichen Genoms binden, infrage stellt. Zu viel hätte die Wissenschaft damals versprochen, was erst jetzt mithilfe der Epigenetik vollständig verstanden werden könne. In der Tat waren um die Jahrtausendwende die Hoffnungen hoch, dass allein die Sequenzierung der Gene einen neuen revolutionären Weg für die Diagnose und Therapie und auch die Prävention vieler Krankheiten erschließen würde (vgl. Macilwain, 2000). Eine Hoffnung, die sich in dieser Pauschalität offensichtlich nicht realisierte. Dennoch hat die Sequenzierung des Humangenoms natürlich unzählige Impulse für die Grundlagenforschung und auch die angewandte Forschung geliefert und die Entwicklung neuer technischer Plattformen angestoßen, die uns heute eine Fülle an Genomdaten liefern. So sind mittlerweile fast 3.000 Gene identifiziert, deren Mutation seltene (mono)genetische Krankheiten auslösen können (Chong et al., 2015).[6] Das Verständnis der molekularen Ursachen multifaktorieller Erkrankungen wie Krebs oder Diabetes hinkt dem jedoch substanziell hinterher: Sogenannte Genome-wide-association-Studien (GWAS-Studien), wie sie seit 2005 in großer Anzahl durchgeführt wurden, blieben weit hinter den in sie gesetzten

---

6 Stand: Februar 2015: 2.937 Gene und 4.163 Krankheitsbilder.

Erwartungen zurück, Krankheitsrisiken verlässlich aus unseren Genen herauszulesen, und die medizinische Genetik der letzten Jahre ist zunehmend wieder auf die monogenetischen Krankheiten umgeschwenkt (vgl. Ropers et al., 2013). Der „rote Faden durch das Genlabyrinth", den die FAZ identifiziert – seine Enden bleiben auch heute noch lose (FAZ, 2010). Immer ambitioniertere Genomprojekte wie das 1000-Genomes-Project (The 1000 Genomes Project Consortium, 2015) oder das 100.000-Genomes-Project" (www.genomicsengland.co.uk/the-100000-genomes-project/) versuchen in der Tat, den genetischen Datenberg höher zu schaufeln, aber schon 2005 gab es Überlegungen, analog epigenomische Daten zu erfassen, um die molekulare Basis von Krankheiten wie Krebs in ihrer Gänze zu verstehen (Nature Editorial, 2010). Das Internationale Human Epigenome Consortium IHEC (http://ihec-epigenomes.org) startete 2010 mit dem Ziel, epigenomische Muster krankheitsrelevanter Zelltypen im Menschen zu entschlüsseln, um unser Verständnis komplexer Erkrankungen, die eine große Krankheitslast in den Industrieländern darstellen, zu vertiefen.

Die SZ stellt in diesem Sinn fest: „Der Glaube an die Allmacht der Gene, wie er zu Hochzeiten der Genetik verbreitet war, schwindet zunehmend" (SZ, 2012b). Und der *Spiegel* tituliert gar die „Entmachtung der Gene" (Der Spiegel, 2009). Bringt man religiöse und Kriegsmetaphern zusammen, dann folgt nicht zuletzt in aufgeklärten, säkularen und demokratisch befriedeten Zeiten daraus eine notwendige Aktivierung der Subjekte: „Immer deutlicher wird, dass der Mensch keineswegs nur die ausführende Marionette seines Erbguts ist – im Gegenteil, jede einzelne Zelle entscheidet, was sie aus ihren Genen macht, und sie hat dafür eine Vielzahl von Schaltern und sinnreichen Mechanismen" (Der Spiegel, 2009). Der auch hier anthropomorphisierten Zelle obliegt es dabei, entsprechende Entscheidungen zu treffen. Auch so entsteht ein Bild von einer eigentlich unveränderlichen genetischen Information, die nun aber formbar ist wie „genetische Knetmasse" (FAZ, 2008). Wenngleich die Epigenetik jung sei, mache sie doch bereits jetzt deutlich, so der *Spiegel*, „wie falsch es wäre, sein Schicksal aus der Hand zu geben, weil man glaubt, es liege ohnehin in den Genen. Dem genetischen Fatalismus ist die Grundlage abhandengekommen. Das Erbgut lässt uns einen größeren Spielraum" (Der Spiegel, 2010a). Das Versprechen besteht nun genauer darin, dass wir uns mit zunehmendem Wissen über epigenetische Regulierungskaskaden aktiv von den Zwängen unserer Gene und ererbten Prädispositionen lösen können: „Sind die Mechanismen eines Tages genauer bekannt, kann man über Ernährung und Umwelteinflüsse das eigene Genom steuern" (SZ, 2008). Die Hirnforscherin Isabelle Mansuy zeichnet in der *Zeit* sogar eine Vision, in der es gar keine Medikamente mehr brauche, um Depressionen zu behandeln. „Sondern lediglich radikale Verhaltensänderungen. Eine Diät, soziale Interaktion, ein gesundes Leben" (Die Zeit, 2014). Das Zusammenbringen von Ernährung,

Soziabilität und Gesundheit macht einen bemerkenswerten Punkt: Es korreliert mit unterschiedlichen Ebenen der Lebensführung, die das Subjekt (Diät) mit dessen sozialer Umwelt (Interaktion) zum (auch) gesellschaftspolitischen Ziel der Gesundheit führt.

Die sich in der Berichterstattung abzeichnende „Krise der Gene" ist nichts, was die Epigenetik spezifisch erzeugt (Rheinberger, 2010). Die „Entmachtung" der Gene korreliert allerdings mit einem epistemischen Paradigmenwechsel in Bezug auf Vererbungsprozesse und die sie bedingende Evolution. Damit betreffen die theoretischen Konsequenzen dieser jüngsten Forschung eine der umkämpftesten Zonen der Vererbungslehre. Hier geht es um die Vermessung der Beziehung zwischen Genen und Umwelt, zwischen Vererbung und Erwerbung. Für die Pressebeiträge stellt sich so die zweite Grenzbetrachtung her. Dem klassischen Schulbuchwissen wird im Sprechen über Epigenetik etwas entgegengesetzt, indem der Konflikt zwischen Kreationisten und Evolutionisten in Szene gesetzt wird. An die Konzepte sind jeweils zwei Namen geknüpft: der von Charles Darwin und der von Jean-Baptiste de Lamarck. Der immer wieder bemühte Gegensatz beider bildet ein „stabiles Diskursmuster" (Weigel, 2010:110). So heißt es in der FAZ: „Seither ist Jean-Baptiste Pierre Antoine de Monet, Chevalier de Lamarck, wieder in: ‚Lamarck rehabilitiert', ‚Comeback der Lamarck'schen Evolution', so lauten die Schlagzeilen pünktlich zum Jubiläum" (FAZ, 2009a). In einem Beitrag über den Biologen Paul Kammerer heißt es etwa in der SZ: „Kammerer will zeigen, dass sich erworbene Eigenschaften vererben, eine These, die etwa 100 Jahre zuvor Jean-Baptiste de Lamarck aufgestellt hat. Dann begann Darwins Evolutionstheorie die lamarckistische Lehre infrage zu stellen, und wer ihr um zu Beginn des 20. Jahrhunderts noch anhängt, gilt selbst in der konservativen Wiener Wissenschaftsszene als reaktionär" (SZ, 2009). Und die Zeit fragt: „Je mehr Vitamine die Mäusemütter fressen, desto dunkler wird das Fell ihrer Nachkommen. Passt das noch zur Theorie von Charles Darwin, oder bestätigt es Jean Baptiste Lamarck?" (Die Zeit, 2003).

Welche Eigenschaften einer Person sind aber intrinsisch oder biologisch vorgegeben? Welche werden extrinsisch durch kulturelle Einflüsse bestimmt? Welche Bedeutungen von Kultur fließen in entsprechende Betrachtungen ein? Mit solchen Fragen schließt das Sprechen über Epigenetik zum Dritten an eine weitere populär geführte Debatte an: die zwischen *nature* und *nurture*[7], die Fragen nach Ererbtem und Erworbenem theoretisiert. Anlässlich der Jahrestagung der Nationalen Akademie der Wissenschaften Leopoldina heißt es 2013 in der SZ: „Klar war nur eines von Anfang an: dass die klassische nature-or-nurture-Kontroverse endgültig zu den Akten gelegt ist" (SZ, 2013b). So sagt eine Wissenschaftlerin: „Man könne Erbe und Umwelt nicht mehr

---

7   Zur Debatte etwa Keller, E. F., 2010.

voneinander trennen" (SZ, 2012c). „Es scheint überzeugende Antworten auf das große Menschheitsrätsel zu liefern: ob Lebewesen, und damit auch der Mensch, durch ihr genetisches Erbgut geprägt sind oder durch ihre Umwelt. Körper oder Kultur, Vorbestimmung oder Eigenmacht, so lautet das Gegensatzpaar, das die englischen Begriffe ‚nature' (Natur) versus ‚nurture' (Pflege, Erziehung) besonders prägnant zusammenfasst" (Spiegel Wissen, 2011b). Anders aber als zwischen Lamarck und Darwin scheint für diese Kontroverse die Epigenetik als Friedenstifterin: „Leidenschaftlich haben Naturforscher und Philosophen gestritten, was den Menschen stärker prägt: seine biologische Natur – oder die äußeren Einflüsse? Nun versöhnen neue wissenschaftliche Befunde die beiden Lager: Gene und Umwelt stehen sich gar nicht alternativ gegenüber – sie wirken stets im Zusammenspiel" (Der Spiegel, 2010a).

Insbesondere die Nature-or-Nurture-Debatte führt uns zudem eine weitere disziplinäre Herausforderung vor Augen. Indem – auch – kulturellen Einflüssen somit eine gleichfalls in naturwissenschaftlicher Hinsicht relevante Rolle zugeschrieben wird, stellt sich die Frage, was sich hier genau ereignet, wenn diese fachspezifisch operationalisiert wird. Das, was nämlich dieses „Andere" genauer meint, subsumiert sich in den Beiträgen mal unter dem Begriff „Umwelt", mal unter „Kultur" beziehungsweise „kulturelle Einflüsse" und umfasst in den genannten Beispielen „Ernährung" genauso wie „psychische Extremsituationen". Der Vielfalt an möglichen Einflussquellen steht somit ein recht vager Kulturbegriff gegenüber. Die ihm dennoch zugeschriebene Relevanz für Vererbungsvorgänge fordert zudem mittels Kennzahlen eine neue Sprache zu erschaffen (vgl. Lux/Richter, 2014). In der Konsequenz führt eine solche nicht nur zu Generalisierungen von Erfahrungen, sondern verkennt auch die Kompetenz und Spezifik ausdifferenzierter Betrachtungsweisen.

Im Folgenden sollen zwei Bereiche näher betrachtet werden, für die die Epigenetik Aufschluss zu geben vermag.

9.2 Der lange Schatten. Trauma

Für viele der Beiträge verengt sich die Breite der epigenetischen Forschung auf den Aspekt der äußeren Einflüsse auf die psychische Gesundheit. Dies korrespondiert mit wissenschaftlichen Trends, die Epigenetik im Kontext der Neurowissenschaften als das „Missing Link" des dynamischen Zusammenspiels zwischen individuellen Erfahrungen und Genom in der Herausbildung neuronaler Netzwerke in frühen Entwicklungsphasen zu betrachten (Fagiolini et al., 2009). Das Spektrum der an den Komplex Trauma gebundenen Themen reicht von Einflüssen der mütterlichen Fürsorge auf DNA-Methylierungsmuster im Hippocampus von Nagerhirnen (Weaver et al., 2004) über traumatische

Ereignisse, die sich quasi ins genetische Gedächtnis des Organismus einbrennen (Radtke et al., 2011; Klengel et al., 2012; Gapp et al., 2014), bis hin zur Wirkung der Epigenetik auf das ausgewachsene Gehirn und dessen Plastizität (Miller et al., 2010). Mithin verwundert es nicht, dass das Zusammenbringen von Epigenetik und traumatischen Erfahrungen über den gesamten Analysezeitraum die größte mediale Aufmerksamkeit erzeugt. An ihr lässt sich eine „Versozialisierung" biologischer und neurobiologischer Konzepte ablesen, in der traumatische Erfahrungen sich ins Erbgut einschreiben (Meloni, 2014a; Meloni, 2014b). Sie stellt ein Beispiel oben genannter disziplinärer Transformationen dar, in denen soziales Leben durch eine biologische Brille betrachtet wird. Was genau passiert? „Es muss durch das Trauma zu einer aktiven Entfernung der Methylgruppe an dieser Stelle gekommen sein", erklärt Torsten Klengel vom Max-Planck-Institut für Psychiatrie in der SZ. Eine solche Abwandlung „verändert zwar nicht den Code des Erbgutmoleküls DNA. Dennoch prägt sie dauerhaft die Biochemie der Zelle und wird auch an deren Tochterzellen weitergegeben. Weil Zellen mit diesen Schaltern ihren Zustand regelrecht einfrieren können, sprechen Biologen von der Epigenetik als dem Gedächtnis der Zellen. Das Epigenom – also die Gesamtheit der epigenetischen Schalter einer Zelle – sei die Sprache, in der das Genom mit der Umwelt kommuniziert, formulierte einst der Stammzellforscher Rudolf Jaenisch vom Whitehead Institute in Boston" (SZ, 2012c). Das Bild von Speicher und Sprache findet regelmäßig Verwendung, um epigenetische Prozesse zu übersetzen. Es korrespondiert mit der Aktivierung und der Interaktion. Der so entstehende Handlungsspielraum eröffnet Fragen: „Lassen sie Erbgutinformationen gezielt verstummen und verleihen sie dadurch einem Organismus eine andere Gestalt oder einen anderen Charakter? Und werden diese Einflüsse womöglich sogar vererbt?" (FAZ, 2008).

Die größte Wirkung im Zusammenhang mit Traumaforschung auf die Berichterstattung hatten die Studien unter der Leitung von Michael Meany und Moshe Szyf von der McGill University. Letzterer führt in der *Zeit* aus: „Allmählich sehen wir, dass die soziale Umwelt eines Kindes – das Verhalten der Eltern, Erzieher, Freunde und Lehrer – einen tief greifenden Einfluss hat, nicht nur auf das gesamte spätere soziale Verhalten, sondern auch auf die Physiologie des ganzen Körpers" (Die Zeit, 2009). Grundlage entsprechender Erkenntnisse stammt aus Tierversuchen. In deren Zentrum stehen Arbeiten mit Mäusen, die nachweisen, dass „nicht nur die Ernährung eine derart schicksalhafte Wirkung" besitze (FAS, 2009). Auch mütterliche Zuwendung könne ebenfalls „epigenetische Folgen haben, und selbst Psyche und Verhalten der Sprösslinge beeinflussen" (ebd.). Bei jungen Mäusen, die in den ersten zehn Tagen ihres Lebens täglich drei Stunden lang von Mutter und Geschwistern getrennt wurden, fanden Forscher eine erhöhte Aktivierung des Vasopressin-Gens, das im Hypothalamus als Stressregulator fungiert. „Offenbar", so die FAZ, „lernen auch die Gene dazu: Bei Stress werden dort dauerhaft chemische Signalflaggen errichtet. Solche epigenetischen Markierungen können dazu führen, dass bestimmte Gene dann ein Leben lang fehlerhaft abgelesen werden" (FAZ, 2009c).

Die Ursache für psychische Erkrankungen im späteren Leben wird oftmals traumatisierenden Ereignissen in der frühen Kindheit zugeschrieben, denn „(i)n dieser sensiblen Periode gräbt sich chronischer Stress sogar in die Gene ein und führt auf dem Weg sogenannter epigenetischer Mechanismen zu dauerhaften Regulationsstörungen, die sogar an die folgenden Generationen vererbt werden können" (FAZ, 2012a). Der Trierer Psychobiologe Hellhammer hält die umweltbedingten „Aktivierungen oder Ausschaltungen" von Genen in den frühen Lebensjahren gar für den „mit Abstand wichtigsten Risikofaktor" für spätere Stresserkrankungen. Schließlich entwickle sich vor der Geburt und in den ersten Lebensjahren das Zentralnervensystem des Kindes und reagiere dabei auf Stress der Mutter oder ein negatives Umfeld in der frühen Kindheit (Spiegel Wissen, 2011a). In Folge solcher „erschütternder Kindheitserlebnisse" kann es zu „Depressionen, Angsterkundungen und Persönlichkeitsstörungen" kommen (FAZ, 2013).

Das Bedrohungspotenzial erscheint komplex. Was also tun? Zwar helfe „negativ geprägten Kindern" auch keine Adoptivfamilie (Die Zeit, 2013). Gleichzeitig aber „könne eine positive Umgebung durchaus dazu beitragen, die epigenetischen Veränderungen wieder rückgängig zu machen" (ebd.). Der Bedeutung der wenigen beobachteten molekularen Mechanismen wird insgesamt dennoch mit Vorsicht begegnet, denn „(w)elche Schlüsse aus solchen Erkenntnissen für den Umgang mit bereits traumatisierten Kindern zu ziehen sind, wissen die Forscher noch nicht" (SZ, 2013a).

Wenn mütterlicher Stress sich auf die Entwicklung des Ungeborenen auswirken kann, dann fügt ein solches „Risiko" in den Erzählungen um Schwangerschaften dem Verantwortungsimpetus eine Facette hinzu. Ein solcher Einfluss ist aber auch deshalb von Bedeutung, weil er nicht nur die Kind-Eltern-Beziehung überschreitet und auch darüber hinaus transgenerationell Niederschlag findet. In diesem Sinn führt Elisabeth Binder im Interview aus: „Dann wirken sich die Traumata der Eltern und Großeltern über die Gene auch auf die Kinder selber aus – selbst wenn diese persönlich keine traumatischen Erfahrungen gemacht haben" (SZ, 2014f). Hinsichtlich der Bedeutung von Erfahrungen scheint es hilfreich, die in sie eingebundenen Erzählungen näher zu betrachten. Ganz offensichtlich ereignet sich deren Integration in den Deutungsprozess zwar vor kultureller Kulisse. Allein, nehmen wir die entsprechenden Beispiele ernst, dann lassen sie deutlich erkennen, dass die Öffnung nur vorderhand als eine solche funktioniert: Auf molekularbiologischer Ebene ist die Determination bereits klar erkennbar. Für Erfahrungskomplexität existiert kein Raum.

Das Interesse am Zusammenhang von Epigenetik und Trauma für die Berichterstattung verfolgt also den äußeren Einfluss, und dessen – oftmals als spektakulär inszenierte – Einschreibungen ins Erbgut. Das ist eines der Themen, die anlässlich der Epigenetik Aufmerksamkeit generieren. Ein anderes stellt im Gegensatz dazu eine entscheidende Phase der Prägung in den Mittelpunkt. Viele der Beiträge denken über die Bedeutung epigenetischer Erkenntnisse für die Schwangerschaft nach. Das verändert insofern noch einmal die Perspektive, weil hier dezidiert werdende Mütter angesprochen sind. Schließlich nimmt deren Lebenswandel möglicherweise durch ihre Erfahrungen weitreichenden Einfluss auf die Konstitution des Ungeborenen. Der folgende Abschnitt betrachtet also aufgrund des Interesses und der sich anhand des Themas ablesbaren Verschiebung des Fokus diejenigen Medienbeiträge, die sich mit den Konsequenzen perinataler Prägung beschäftigen.

9.3 Schwere Geburt?
Schwangerschaften im Fokus der Epigenetik

In Bezug auf den Themenkomplex Schwangerschaft sind es zwei von den Medien besonders fokussierte Einflussquellen, die immer wieder Erwähnung finden. Das ist zum einen der bereits oben hergestellte Zusammenhang zwischen traumatischen Erfahrungen und Vererbung. Und das ist zum anderen die Bedeutung mütterlicher Ernährung für den Ausgang der Schwangerschaft beziehungsweise für die generationenübergreifende genetische Konstitution. Vorderhand unterscheiden sich beide Themen allein durch ihre unterschiedliche Steuerbarkeit. Gleichwohl stellen sie eine Bedeutungsverschiebung weg von der individuellen Disposition her. So titelt die FAZ: „Erbgut ist nicht alles. Schon während der Schwangerschaft wird ein Kind durch seine Umwelt geprägt" (FAZ, 2014b). Relevant werden diese Erfahrungen insbesondere, weil sie so prägend sein können, dass „sie sich dauerhaft im Erbgut festsetzen und an die folgende Generation weitergegeben werden" (SZ, 2014b). Wenn aus „erworbenen Eigenschaften der Eltern" beim Nachwuchs „angeborene" werden können (ebd.), pointiert dies eindrücklich die Nature-or-Nurture-Debatte.

Vom Einfluss „negativer Erfahrungen" war bereits die Rede. Das Spektrum belastender Ereignisse in der oder sogar schon vorgelagert zur Schwangerschaft ist ungleich komplexer. Es umfasst „Misshandlungen, Unfälle oder den Verlust nahestehender Personen, die das Kind anfälliger für spätere psychische Erkrankungen wie Depressionen, bipolare Störungen, Suchtkrankheiten oder im Vergleich dazu geradezu harmlos anmutende psychosomatische Beschwerden machen sollen" (FAZ, 2015). Unzweifelhaft stellen dergleichen „Erlebnisse" ein schweres Erbe für das werdende Leben dar. In der medialen Darstellung erscheinen sie zudem als etwas, was die Mütter zusätzlich fordert. Ihre Vorsorgepflicht für das ungeborene Kind reicht nun anscheinend bis ins kindliche Epigenom. Auffallend gering erscheint allerdings in einem ersten Schritt der positive Handlungsspielraum, gerade wenn es um den Nachwuchs geht. Vorrangig sind es bedrohliche Einflüsse, die sich über epigenetische Mechanismen von der Mutter auf das Kind noch vor der Geburt übertragen. Denn: „Bereits der Stress in der Schwangerschaft kann den Fötus schädigen" (Die Zeit, 2013). Der „Körper hat ein Gedächtnis", mahnt der *Spiegel*. Dieses Körpergedächtnis könne „allerdings verblassen und überschrieben werden, weil die epigenetischen Inschriften löschbar sind" (Der Spiegel, 2010a). In einem zweiten Schritt ereignet sich also sehr wohl ein Handlungsspielraum. Nicht nur kann Schlechtes abgewendet, sondern vielmehr auch schlicht positiver Einfluss genommen werden: „Die epigenetischen Schalter können durch Umwelterfahrungen bereits im Mutterleib umgelegt werden" (SZ, 2015).

Deutlich wird der Appell an die Mütter auch, wenn es um Ernährungsfragen geht: etwa, wenn es um das „Problem Übergewicht" geht. Da heißt es im *Spiegel*, „tatsächlich sind es die eigene Leibesfülle und der oft damit einhergehende Schwangerschaftsdiabetes, mit denen viele Mütter ihren Kindern das Übergewicht gleich mit in die Wiege legen" (Der Spiegel, 2012).

Der Einfluss von Ernährung auf die DNA finde „in erheblichem Maße schon im Mutterleib" statt (SZ, 2012b). In entsprechenden Überlegungen zugrunde liegenden Tiermodellen wurde der Einfluss der Diät von trächtigen Mäusen auf ihre Nachkommen aufgezeigt: deren Fellfarbe wird durch unterschiedliche Gene gesteuert. Ist ein bestimmtes von diesen epigenetisch inaktiviert, hat der Nachwuchs ein gelbliches Fell und weist Übergewicht und weitere gesundheitliche Probleme auf. Der Unterschied zu den braungefärbten schlankeren Geschwistern liegt lediglich in dem „chemischen Anhängsel" am Gen, dieses wird (durch ebendiese Methylierung) inaktiviert. Enthält die Diät der trächtigen Mäuse viele Inhaltsstoffe, die Methylierung fördern, ist der Nachwuchs schlanker und gesünder. Die FAS führt dies zu dem Schluss: „Ein paar Vitamine mehr und schon spielt der Futternapf Schicksal, verhindert gar Dickleibigkeit und Diabetes" (FAS, 2009). Der Fall Ernährung ist auch deshalb interessant, weil er das „Erscheinungsbild von Lebewesen beeinflussen" könne. Und das „durchaus an die nächsten Generationen" (ebd.).

Für die menschliche Biologie wird in diesem Zusammenhang häufig auf epidemiologische Daten aus Studien, wie sie zum sogenannten holländischen Hungerwinter 1944 gesammelt wurden, verwiesen. So heißt es in der SZ: „Auch beim Menschen häufen sich Hinweise auf die Vererbbarkeit von Umwelteinflüssen. In einer Studie wurden Frauen und ihre Nachkommen untersucht. Die Mütter hatten im Winter 1944 aufgrund deutscher Besatzung lange hungern müssen. Sie brachten danach Kinder mit deutlich geringerem Geburtsgewicht zur Welt und sogar die Enkel erkrankten später häufiger an Diabetes, Fettsucht, Herzkrankheiten und Krebs" (SZ, 2008). „So zeigen die Nachkommen von Frauen, die während der Blockade durch die Wehrmacht im Winter 1944/1945 in den besetzten Gebieten Hollands schwanger waren, durch die Mangelernährung ihrer Mütter eine hohe Rate an verschiedenen Stoffwechsel- und Herzkreislauferkrankungen. Die Neigung daran zu erkranken, vererbt sich bis in die dritte Generation weiter" (FAZ, 2014a).

Die Epigenetik wird hier als steuerndes Element zwischen Genetik und Umwelt vermutet. So „ist sich (*Rudolf Jaenisch*, J.D.) sicher, dass die Ernährung sogenannte epigenetische Markierungen, gleichsam ‚Stempel im Erbgut' hinterlässt. Hinweise dafür gibt es reichlich" (SZ, 2008.). Aus solchen Studien wird ein Zusammenhang hergeleitet zwischen spezifischem Essverhalten Schwangerer und Konstitution ihrer Nachkommen: „Großmütter vererben ihr Essverhalten an die Enkel. Darben Frauen während der Schwangerschaft, ist auch der Appetit zwei Generationen später groß – und das Risiko für Leiden wie Diabetes erhöht" (SZ, 2014c). Diese Prägung sei so eindrücklich, dass selbst, „wenn dem Neugeborenen reichlich Nahrung zur Verfügung steht", der „Eindruck aus Muttis hungrigem Bauch erhalten bleibt. Er bleibt konserviert in den Spermien der männlichen Nachkommen, als epigenetischer Stempel" (SZ, 2014). Andererseits könne eine „epigenetische Diät der Mutter […] also die Brut tatsächlich vor negativen Einflüssen schützen und fürs Leben zeichnen" (FAS, 2009). Eine Klärung solcher Beobachtungen steht allerdings noch aus. Daher betont UKE-Ärztin Anke Diemert im *Spiegel* zum Beispiel: „Das Letzte, was wir wollen, ist, den Frauen Angst oder ein schlechtes Gewissen zu machen. Sie hofft trotzdem, eines Tages bereits während der Schwangerschaft Präventionsmaßnahmen empfehlen zu können" (Der Spiegel, 2012). Derzeit lässt der wissenschaftliche Sachstand nur Ernährungsempfehlungen zu, die sich am Altbewährten orientieren, also „Vollkorn und Obst statt Zucker und Weißmehl" (ebd.).

Die SZ merkt in diesem Zusammenhang kritisch an, dass trotz eher dünner Datenbasis „epigenetische Tipps" in diverse Ratgeber und Online-Plattformen Einzug gehalten haben (SZ, 2015). Hier geht es im Folgenden allerdings eher darum, den durch „epigenetische Ratgeber" entstehenden Determinismus zu hinterfragen. Zitiert wird Stefanie Seitz vom ITAS: „Die Betonung der Eigenverantwortung droht zur unzumutbaren Belastung für den Einzelnen zu werden" (ebd.). Zu leicht könnten den werdenden Müttern Verhaltensvorschriften angetragen werden, die keine solide wissenschaftliche Begründung besäßen, aber mit der verständlichen Sorge um das Wohlergehen des werdenden Kindes leichtfertig abgelehnt werden, denn „dem ungeborenen Kind zu schaden. Das will natürlich niemand" (FAZ, 2014b). Und weiter: „Daraus kann, wer will, für Eltern einen neuen kategorischen Imperativ folgern, diesmal nicht moralisch, sondern genetisch begründet: Handle so, dass Du deinen eigenen Genen und denen deiner Kinder Gutes tust, so dass diese wiederum die besten Chancen haben, ein gelungenes Leben zu führen und die Menschheit weiterzubringen. Denn potenziell hat jedes Verhalten epigenetische Folgen" (Spiegel Wissen, 2011b). Der vermeintliche erweiterte positive Handlungsspielraum, den die Epigenetik uns eröffnet, scheint gerade den werdenden Müttern nicht gleichermaßen in Aussicht gestellt zu sein. Er kehrt sich vielmehr für sie ins Gegenteil um.

Dem entgegen steht ein im August 2014 in der Zeitschrift „Nature" veröffentlichter und breitenwirksam wahrgenommener Aufruf mit dem Titel: „Society: Don't blame the mothers". Dieser setzt sich kritisch mit den insbesondere durch auflagenstarke Medien gestifteten Zusammenhängen zwischen Ernährung und Trauma für die Nachkommen auseinander. „Headlines in the press reveal how these findings are often simplified to focus on the maternal impact: ,Mother's diet during pregnancy alters baby's DNA' (BBC), ,Grandma's Experiences Leave a Mark on Your Genes' (Discover), and ,Pregnant 9/11 survivors transmitted trauma to their children' (The Guardian)" (Richardson, 2014). Und wenngleich die FAZ warnt: „Die Vorliebe für Fettes und Süßes, spätere Depressionen, Allergien, Übergewicht, Diabetes und Herz-Kreislauf-Erkrankungen – schon im Mutterleib könnte das angefangen haben" (FAZ, 2014b), endet der Beitrag mit folgendem Hinweis: „In diesem Sinne haben auch sieben interdisziplinäre Wissenschaftler das Thema in der aktuellen Ausgabe von Nature kommentiert. Unter dem Titel „Don't blame the mothers" sprechen sie sich entschieden dagegen aus, Frauen im Namen der Epigenetik für alles verantwortlich zu machen, was ihren Sprösslingen einmal widerfahren könnte" (ebd.). Dennoch scheint für die Mehrheit der Beiträge der Einfluss von Erfahrungen und Verhalten – wie Traumata, wie Vererbung – für Vererbungsprozesse wenn nicht unstrittig, so doch zumindest im Sinne eines Verantwortungsdiskurses diskutabel. Ein solcher gewinnt überhaupt nur vor dem Hintergrund eines Risikobegriffs an Bedeutung, der auch jenseits der Epigenetik immanenter Bestandteil des Sprechens über Schwangerschaft ist. Das Bedrohungsszenario, das allerdings durch die nun offensichtlich relevanten „Umwelteinflüsse" entsteht, erweist sich als ungleich größeres. In der Summe stellen diese „Risiken" die Bedeutung mütterlichen Verhaltens in den Vordergrund, wenngleich epigenetische Veränderungen scheinbar gleichwertig andere Verhaltensregeln (Rauchen etc.) ergänzen.

Insbesondere die transgenerationelle Dimension eröffnet aber einen Deutungshorizont, der dezidiert an einen erweiterten Verantwortungsdiskurs anschließt. Dieser nimmt nicht nur das Subjekt in den Blick, sondern spricht es als Weichensteller für Gesundheit und Wohlergehen seiner Nachkommen an. Das Spektrum genetischer Determination scheint vor diesem Hintergrund kanalisiert: Auf der einen Seite können Vorfahren für ihren Lebensstil bezichtigt werden; auf der anderen Seite sind Subjekte nicht nur in Bezug auf die eigene Gesundheit und das eigene Wohlergehen in die Pflicht genommen. Vielmehr gilt dieses auch durch aktuelles Verhalten für künftige Generationen sicherzustellen (Stelman/Nerlich, 2015:213). Vererbung ist also etwas, das Anstrengung bedarf.

In diesem Sinne empfiehlt die SZ „Fitness für das Erbgut" (SZ, 2012a), als entscheidend für diesen Argumentationsstrang erweist sich die Anstrengung für körperliches und geistiges Wohlbefinden. Es ist also den Subjekten überlassen, sich aktiv einzubringen. Mühe und Arbeit zu investieren. Schließlich, so die in Aussicht gestellte Hoffnung, „können Menschen so manche Prägungen auch wieder loswerden. [...] Sie haben die Macht, ihr Erbgut zu verändern" (ebd.). Auch die *Zeit* stellt im Gespräch mit Isabelle Mansuy, Professorin für Neuroepigenetik, fest: „Wir können die Aktivität unserer Gene und damit die Entwicklung der Zellen selbst verändern. Durch unseren Lebenswandel" (Die Zeit, 2014). Eine solche Einschätzung mündet dann konsequenterweise in einer Beurteilung der Epigenetik als jenem Forschungsfeld, das sagt: „Du kannst dein Leben selber ändern. Und zwar im Innersten deines Körpers" (Die Zeit, 2014). Die Befreiung von der deterministischen „Laune des Schicksals" (ebd.) ist eben nur zu dem Preis der eigenen Mühe zu haben. Wenn wir also „die Gene durch unseren Lebensstil" prägen, dann sind wir aufgerufen, entsprechend zu handeln (Der Spiegel, 2010a). Auch das macht die Grenze zwischen den Begriffen von Gesundheit und Krankheit durchlässig. Das hat damit zu tun, dass hier zumindest potenziell die Generationenfolge betroffen ist (um wessen Gesundheit/Krankheit geht es?). Dadurch, dass präventive Strategien lediglich vor einem Bedrohungsszenario (Krankheit) Kraft gewinnen, dem mit Anstrengung und Leistung entgegnet werden muss, entsprechen sie einer Steigerungslogik. „Misslingen" ließe sich in diesem Sinne als eigenes Verschulden interpretieren.

9.4 Ausblick

Die Mehrheit der Beiträge sieht den Einfluss „anderer", kultureller Aspekte für Vererbungsvorgänge. Insbesondere aber diese kulturelle Dimension des Lebendigen bleibt aber vage. Durch sie entsteht – gerade in ihrer wenig ausdifferenzierten Wahrnehmung – eine Gegenüberstellung von Bedrohung und Entlastung gleichermaßen. Der Aussicht nämlich, nicht mehr auf unsere genetische Anlage zurückgeworfen zu sein, fordert unter der Hand Praktiken zur Regulierung unseres Alltags. Gerade weil es hier oft sogenannte „Volkskrankheiten" sind, deren Aufklärung in Aussicht gestellt wird, verknüpft sich abermals Selbstsorge/Selbsttechnologie mit bevölkerungspolitischen Strategien, in deren Mittelpunkt das zur Handlung aufgeforderte Individuum steht. Eine solche Positionierung eröffnet die Frage: Wo verlaufen die Grenzen zwischen persönlicher und kollektiver Verantwortung? (Meloni, 2015:134). Ein zentraler Stellenwert kommt hierbei den Begriffen des Risikos und der Verantwortung zu. Vor deren Matrix erklingt der Imperativ: Du musst Dein Leben ändern! Dass Menschen aufgerufen sind, Verantwortung für sich und ihren Körper zu übernehmen, ist kein Phänomen, das die Epigenetik exklusiv zeitigt. Davon spricht beispielsweise ein umfassendes Ratgeberwesen, das bezeugt ein umfangreiches Angebot im Internet. Was also ist neu im Sprechen über Epigenetik? Niewöhner hat herausgestellt, dass das Einschreiben von Erfahrungen und Einflüssen in das Genom ein neues, molekulares Körperbild der Lebenswissenschaften produziert. Dieses trete dem etablierten Bild des genetisch geformten, durch die Haut begrenzten und das Hirn gesteuerten individuellen Körpers gegenüber (Niewöhner, 2014:260). Der Körper, der durch die Erzählungen der Artikel entsteht, ist ein durchlässiger, einer, der in einem umfassenden Wechselspiel zu seiner Umwelt steht, die auf ihn wirkt, wie auch er aufgerufen ist, sie zu seinen Gunsten zu gestalten. Wie weitreichend solche Narrationen ihren Einflussbereich spannen (können), lassen gesellschaftspolitische Vermessungen erahnen, die danach fragen, wie wir mit dem Phänomen der natürlichen Ungleichheit umgehen. Wie verhalten sich vor diesem Hintergrund Gleichheit und Gerechtigkeit zueinander? Entsprechenden Indienstnahmen der Epigenetik kommt aber anlässlich der Berichterstattung Seltenheitswert zu. Sie machen nichtsdestotrotz kenntlich, wie komplex diejenigen Themen sind, die im Sprechen über Epigenetik verankert sind. Mit weitreichenden Folgen. Auch deshalb führt kein Weg daran vorbei, sie auch aus interdisziplinärer Perspektive zu betrachten.

9.5 Literatur

Chong et. al. (2015): The Genetic Basis of Mendelian Phenotypes: Discoveries, Challenges, and Opportunities. In: Am J Hum Genet. 2015 Aug 6; 97(2): 199–215. https://www.ncbi.nlm.nih.gov/pmc/articles/PMC4573249/ [23.09.2016].

Fagiolini, M. et al. (2009): Epigenetic influences on brain development and plasticity. In: Curr Opin Neurobiol 19(2):207–212.

Haig, D. (2012): Commentary: The Epidemiology of Epigenetics. In: International Journal of Epidemiology 4:13–16.
Heil, R./Seitz, S./König, H./Robienski, J. (2016): Epigenetik: Ethische, rechtliche und soziale Aspekte. Springer, Wiesbaden.

Keller, E. F. (2010): The Mirage of Space between Nature and Nurture. Durham, NC: Duke University Press.

Lux, V./Richter, J. (2014): Kulturen der Epigenetik. Vererbt, codiert, übertragen. De Gruyter, Berlin.

McGowan, P. et al. (2008): Promoter-wide hypermethylation of the ribosomal RNA gene promoter in the suicide Brain. In: PloS One 3(5):e2085.
McGowan, P. et al. (2009): Epigenetic regulation of the glucocorticoid receptor in human brain associates with childhood abuse. In: Nat Neurosci 12(3):342-348.
Macilwain, C. (2000): World leaders heap praise on human genome landmark. Unter: http://www.nature.com/nature/journal/v405/n6790/full/405983a0.html [20.09.2016].
Meloni, M. (2015): Epigenetics for the social sciences: justice, embodiment, and inheritance in the postgenomic age. In: New Genetics and Society 34(2):125-151.
Meloni, M. (2014a): How biology became social and what it means for social theory. In: Sociol Rev 62(3):593-614.
Meloni, M. (2014b): The social brain meets the reactive genome: neuroscience, epigenetics and the new social biology. In: Front Hum Neurosci 8:309.
Müller-Röber, B. et al. (Hrsg.) (2015): Dritter Gentechnologiebericht. Analyse einer Hochtechnologie. Nomos, Baden-Baden.

Nerlich, B. (2012): Epigenetics: Switching the Power (and responsibility) from Genes to us? Blog Post: Making Science Public.
Niewöhner, J. (2014): Molekularbiologische Sozialwissenschaft? In: Lux, V./Richter, J. (2014): Kulturen der Epigenetik. Vererbt, codiert, übertragen. De Gruyter, Berlin:259-270.

Rheinberger, H-J./Müller-Wille, S. (2004): Gene. In: The Stanford Encyclopedia of Philosophy. Unter: http://plato.stanford.edu/entries/gene/ [20.09.2016].
Rheinberger, H-J./Müller-Wille, S. (2009): Vererbung. Geschichte und Kultur eines biologischen Konzepts. Fischer, Frankfurt am Main.
Richardson, S./Daniels, C./Gillman M. et al. (2014): Society: Don't blame the mothers. In: Nature 512:131-132.

Schmidt, Kirsten (2013): Was sind Gene nicht? Über die Grenzen des biologischen Essentionalismus. Transkript, Bielefeld.
Seitz, S./Schoul, S. (2016): Stand des öffentlichen Diskurses zur Epigenetik. In: Heil, R. et al. (Hrsg.): Epigenetik: Ethische, rechtliche und soziale Aspekte. Springer, Wiesbaden: 115-129.
Stelmach, A./Nerlich, B. (2015): Metaphors in search of a target: the curious case of Epigenetics. In: New Genetics and Society 34(2):196-218. http://www.nature.com/nature/journal/v526/n7571/full/nature15393.html [20.09.2016].

Weaver, I. et al. (2004): Epigenetic programming by maternal behavior. In: Nat Neurosci 7(8):847-854.
Weigel, S. (2010): An der Schwelle von Natur und Kultur. In: Gerhardt, V.; Nida-Rümelin, J.: Evolution in Natur und Kultur. De Gruyter, Berlin.

9.6 Medienbeiträge

Der Spiegel (2009): Entmachtung der Gene. 30/2009.
Der Spiegel (2010a): Gedächtnis des Körpers. 31/2010.
Der Spiegel (2010b): Sieg über die Gene. 32/2010.
Der Spiegel Wissen (2011a): Wenn die Hirnmasse schrumpft. 01/2011.
Der Spiegel Wissen (2011b): Schalter für Stress. 03/2011.
Der Spiegel (2012): Das Leben vor der Geburt. 25/2012.

Die Zeit (2003): Großvaters Erblast. 37/2003.
Die Zeit (2009): Die versteckte Krankheit. 48/2009.
Die Zeit (2013): Schwere Geburt. 26/2013.
Die Zeit (2014): Keine Laune des Schicksals. 22/2014.

FAS (2009) = Frankfurter Allgemeine Sonntagszeitung: Erwirb es, um es zu besitzen. 04.01.2009.

FAZ (2006) = Frankfurter Allgemeine Zeitung: Genschalter. 31.05.2006.
FAZ (2008): Schläge auf die Gene. 11.05.2008.
FAZ (2009a): Ein Phantom ist zurückgekehrt. 26.08.2009.
FAZ (2009b): Lange Hälse sehen uns an. 14.10.2009.
FAZ (2009c): Ganz allein gehen sie ein. 13.11.2009.
FAZ (2010): Seid entziffert, Milliarden. 21.02.2010.
FAZ (2012a): Die dunkle Seite der Kindheit. 04.04.2012.
FAZ (2012b): Deutschland endlich vorne dran in der Genomforschung. 29.08.2012.
FAZ (2013): Das Gehirn zeigt Leid. 17.07.2013.
FAZ (2014a): Lebensstil der Väter hat Folgen. 05.03.2014.
FAZ (2014b): Geschenk fürs ganze Leben. 17.08.2014.
FAZ (2015): Wie das Gehirn die Seele formt. 05.08.2015.

SZ (2008) = Süddeutsche Zeitung: Essen für das Erbgut. 22.03.2008.
SZ (2009): Der Froschkönig. 11.09.2009.
SZ (2012a): Fitness für das Erbgut. 07.03.2012.
SZ (2012b): Umweltfaktoren im Mutterleib. 16.07.2012.
SZ (2012c): Schutz aus dem Erbgut. 03.12.2012.
SZ (2013a): Vernachlässigte Kinder leider länger. 31.05.2013.
SZ (2013b): Im Spiegelkabinett. 25.09.2013.
SZ (2014a): Die Angst isst mit. 23.01.2014.
SZ (2014b): Traumatische Erlebnisse prägen das Erbgut. 14.04.2014.
SZ (2014c): Hungrig wie die Oma. 13.07.2014.
SZ (2014d): Abhängig in Mamas Bauch. 31.07.2014.
SZ (2014e): Patienten in den Mittelpunkt. 31.07.2014.
SZ (2014f): Elisabeth Binder über die Seele. 09.08.2014.
SZ (2015): Hürdenlauf im Kinderzimmer. 07.01.2015.

Lilian Marx-Stölting[1]

10. Daten zu ausgewählten Indikatoren

10.1 Einführung und Übersicht

Die besondere Aufgabe des „Gentechnologieberichts" und seiner Themenbände besteht darin, das komplexe Feld der Gentechnologie in Deutschland in einer messbaren und repräsentativen Form für fachlich Interessierte aufzuschließen (siehe Kapitel 2). Dabei geht es weniger um die Erhebung eigener Daten, als darum, Problemfelder mittels Indikatoren näher zu beschreiben und diese mit als relevant beurteilten und vorhandenen Daten in ein Verhältnis zu setzen (Hucho et al., 2005:17f.). Die Beschreibung eines Problemfeldes mittels Indikatoren ist dabei erklärtes Ziel und die besondere Leistung des „Gentechnologieberichts". „Indikatoren" werden dabei als „empirisch direkt ermittelbare Größen verstanden, die Auskunft über etwas geben, das selbst nicht direkt ermittelbar ist" (Domasch/Boysen, 2007:181).

Die ermittelten Problemfelder zur Epigenetik (siehe Kapitel 2, Abbildung 1) werden in einem zweiten Schritt mithilfe relevanter Indikatoren ausgeleuchtet. Sie sollen Aussagen über den aktuellen Sachstand und die Entwicklung der Epigenetikforschung in Deutschland ermöglichen. Die Zuordnung einzelner Indikatoren zu den Problemfeldern ist in der nachfolgenden Tabelle (Tabelle 1) dargestellt. Dabei werden die Problemfelder zunächst beschrieben und dann mit den Indikatoren verknüpft. Wenn mit einem Problemfeld keine geeigneten Indikatoren verknüpft werden können oder verlässliche empirische Daten fehlen, ist eine qualitative Beschreibung erforderlich.

---

1   Da es sich um ein zentrales Instrument der IAG handelt, wurden die allgemeinen Überlegungen zur Methodik der Indikatorenanalyse so teils im Wortlaut, teils inhaltlich ähnlich bereits in anderen Publikationen der IAG beschrieben (siehe etwa: Diekämper/Hümpel, 2015; Müller-Röber et al., 2013; Köchy/Hümpel, 2012; Fehse/Domasch, 2011; Domasch/Boysen, 2007; Wobus et al., 2006; Hucho et al., 2005). Der Dank der IAG gilt allen Autorinnen und Autoren, die an der Entwicklung und Weiterentwicklung des Ansatzes im Laufe der Zeit mitgearbeitet haben (siehe auch Kapitel 2).

Tabelle 1: Problemfelder der Epigenetik in Deutschland und Indikatoren zu ihrer Beschreibung[2]

Problemfeld	These	Indikatoren
im Kreuzfeld aller Dimensionen		
Krankheitsrelevanz	Die Bedeutung von epigenetischen Mechanismen bei der Entstehung von Krankheiten ist inzwischen wissenschaftlich belegt. Damit eröffnen sich zum einen für die medizinische Forschung innovative Ansätze zur Diagnose und Therapie. Zum anderen werden im Zusammenhang mit epigenetischen Daten verstärkt auch individuelle Risiken diskutiert, die zukünftig für die Gesundheitsaufklärung und -vorsorge herangezogen werden können.	[Qualitative Beschreibung erforderlich]
Wissenschaftliche Dimension <> Soziale Dimension		
Öffentliche Wahrnehmung	Der Einsatz und die Etablierung neuer technologischer Verfahren hängen zentral von deren gesellschaftlicher Wahrnehmung ab. Sie zeigen zudem, welche Hoffnungen und Befürchtungen diesbezüglich in der Bevölkerung kursieren.	**Printmediale Abbildung des Themenbereichs Epigenetik (EG-01) Veröffentlichungen zum Themenbereich Epigenetik (EG-02) Online-Suchanfragen zur Epigenetik (EG-03)**
Realisierung wissenschaftlicher Zielsetzungen	Wissenschaftliche Forschung will neue Erkenntnisse und Technologien generieren. Zu ihrem Wesen gehört eine begrenzte Planbarkeit und Ergebnisoffenheit. Nichtsdestotrotz beeinflussen die vorhandenen Rahmenbedingungen – wie die wissenschaftliche Infrastruktur, Förderungsmöglichkeiten oder geltendes Recht – die Realisierung von gesetzten Forschungszielen, die sich quantifizierbar z. B. in Veröffentlichungen, Forschungspreisen oder akademischen Abschlüssen niederschlagen.	**Anzahl internationaler Fachartikel zur Epigenetik (EG-04) Fördermaßnahmen der DFG für die Epigenetik (EG-05) EU-Fördermaßnahmen (FP6/FP7/ Horizon 2020) für die Epigenetik mit ausgewiesener deutscher Beteiligung (EG-06)**
Soziale Auswirkungen	Die epigenetische Forschung stiftet neue Handlungsräume in Bezug auf gesundheitliche Vorsorge. Diese Vorsorge bezieht sich zum einen auf das betroffene Individuum, zum anderen werden intergenerationelle Effekte diskutiert. Die Epigenetik geht dabei über die klassische Genetik insofern hinaus, als dass sie Umwelteinflüsse und Lebensgewohnheiten als ursächlich für eine spezifische Disposition erachtet. Mit diesem Wissen stellt sich möglicherweise zukünftig auch gesellschaftspolitischer Regelungsbedarf.	[Qualitative Beschreibung erforderlich]

---

2 Die hier abgebildete Problemfeldtabelle wurde (mit leichten Änderungen) bereits im „Dritten Gentechnologiebericht" (Müller-Röber et al., 2015:66-67) publiziert. Auch die folgenden Indikatoren bauen auf früheren Publikationen auf.

Problemfeld	These	Indikatoren
Wissenschaftliche Dimension <> Ökonomische Dimension		
Forschungsstandort Deutschland	Die internationale Attraktivität eines Forschungsstandortes hängt von einer Vielzahl an Faktoren ab, z. B. der vorhandenen wissenschaftlichen Infrastruktur, dem Ausmaß und der Art an Fördermaßnahmen oder auch von nationalen rechtlichen Regelungen, die die wissenschaftliche Praxis beeinflussen. Der internationale Ruf und die Vernetzung innerhalb der globalisierten Forschungslandschaft spielen ebenfalls eine Rolle. Auf dem Gebiet der Epigenetikforschung lässt sich zwar eine gute nationale Vernetzung erkennen, allerdings gibt es aktuell wenige Ansätze für eine einschlägige institutionelle Förderung angewandter Forschung in Deutschland.	**Anzahl internationaler Fachartikel zur Epigenetik (EG-04) Fördermaßnahmen der DFG für die Epigenetik (EG-05) EU-Fördermaßnahmen (FP6/FP7/ Horizon 2020) für die Epigenetik mit ausgewiesener deutscher Beteiligung (EG-06)**
Realisierung medizinischer Zielsetzungen	Das Ziel medizinischer Humanforschung ist, neue Erkenntnisse zu erlangen, um Erkrankungen und Gesundheitsstörungen (besser) vorzubeugen, zu diagnostizieren, zu heilen oder zu lindern. Dies macht den besonders sensiblen Charakter biomedizinischer Forschung aus. Epigenetische Grundlagenforschung fließt dabei zunehmend in die klinische Praxis ein. Vor allem im Bereich der biomedizinischen Diagnostik und Krebstherapie wird sie zukünftig eine wichtige Rolle spielen und klassische Ansätze ergänzen oder ersetzen.	[Qualitative Beschreibung erforderlich]
Transfer in Produkte	Wissenschaft kann allgemein auch unter ökonomischen Prämissen bewertet werden. Das ist vor allem dann möglich, wenn konkrete Produkte zur Marktreife geführt werden. Weil diagnostische Assays, die epigenetische Veränderungen detektieren, bereits im klinischen Alltag verwendet werden, lassen sich daraus Rückschlüsse zur Etablierung der Disziplin Epigenetik schließen.	[Qualitative Beschreibung erforderlich]
Ethische Dimension <> Soziale Dimension		
Eigenverantwortung für gesundheitliche Risiken	Insbesondere in den populären Medien wird ein Verantwortungsbegriff ins Zentrum gestellt, der durch die Datenlage aktuell nicht gedeckt ist, der allerdings das Individuum in die Pflicht nimmt, bezogen nicht nur auf seine eigene Gesundheit, sondern auch die seiner zukünftigen Kinder. Das ist insofern heikel, als dass es hier um Lebensführung geht und damit um die Privatsphäre, über deren Schutz es folglich zu diskutieren gilt.	[Qualitative Beschreibung erforderlich]

Problemfeld	These	Indikatoren
Instrumentalisierung wissenschaftlicher Hypothesen	Inwiefern sich die Epigenetik auch politisch instrumentalisieren lässt, deutet der fortwährende Bezug zu Trofim D. Lyssenko an, der sich, protegiert von Stalin, aktiv gegen die klassische Vererbungslehre wandte und dies für die Agrarpolitik praktisch geltend machen konnte. Dieser Verweis dient den Medien als Indiz für die Brisanz und Missbrauchsgefahr, die deutlich machen, dass und wie wissenschaftlicher Erkenntnisprozess auf transparente, unabhängige und wertfreie Forschung angewiesen ist.	[Qualitative Beschreibung erforderlich]
Wissenschaftstheoretische Überlegungen	Mit dem postgenomischen Zeitalter hat sich der Funktionalitätsbegriff unserer Gene radikal gewandelt. Dieser Paradigmenwechsel, der die Abkehr vom Gendeterminismus ermöglicht, wertet die epigenetische Forschung auf. Das zunehmende Wissen um Vererbung und Entwicklungsvorgänge eröffnet einen für nahezu abgeschlossen gehaltenen Diskurs über evolutionäre Modelle (Darwin/Lamarck). Zentral ist dabei die Idee der epigenetischen Anpassung an die Umwelt.	[Qualitative Beschreibung erforderlich]
Soziale Dimension <>Ökonomische Dimension		
Anwendungshorizonte	Anwendungshorizonte werden bereits heute diskutiert, sind aber in der Praxis bislang noch nicht realisiert. Sie schließen gleichfalls visionäre Ziele mit hohem Innovationspotenzial ein, deren Durchführbarkeit dementsprechend ungewiss ist. Aktuell wird in diesem Sinne die Bedeutung von epigenetischem Wissen für die personalisierte Medizin, Reproduktionsmedizin und Stammzelltherapien verhandelt.	[Qualitative Beschreibung erforderlich]
Rechtsrahmen	Der rechtliche Rahmen auf nationaler und europäischer Ebene bestimmt über die Zulässigkeit von gentechnischen Verfahren und definiert ihren Einsatz in der wissenschaftlichen Praxis bzw. formuliert dafür notwendige Rahmenbedingungen. Er hat eine Funktion bei der Vermittlung von einander widersprechenden Interessen und Schutzgütern.	[Qualitative Beschreibung erforderlich]

Die fett markierten Indikatoren werden nachfolgend anhand detaillierter Datenblätter vorgestellt und grafisch aufbereitet.

10.2 Daten zur öffentlichen Wahrnehmung, Realisierung wissenschaftlicher Zielsetzungen und zum Forschungsstandort Deutschland

Mittels standardisierter Datenblätter werden bestimmte Indikatoren nachfolgend vorgestellt. Ein Großteil der hier präsentierten Daten kann dabei als Fortschreibung der erstmalig im „Dritten Gentechnologiebericht" veröffentlichten Zahlen gesehen werden (Diekämper/Hümpel, 2015:257–285). Die Rubriken „Abgrenzung der Berechnungsgrößen" und „Aussagefähigkeit" bilden auch diesmal den interpretativen Rahmen. Zu folgenden Problemfeldern werden Indikatoren präsentiert:

Öffentliche Wahrnehmung

- Printmediale Abbildung des Themenbereichs Epigenetik (EG-01)
- Neuerscheinungen zum Themenbereich Epigenetik (EG-02)
- Online-Suchanfragen zur Epigenetik (EG-03)

Realisierung wissenschaftlicher Zielsetzungen

- Anzahl internationaler Fachartikel zur Epigenetik (EG-04)
- Fördermaßnahmen der DFG für die Epigenetik (EG-05)
- EU-Förderungsmaßnahmen (FP6/FP7/Horizon 2020) für die Epigenetik mit ausgewiesener deutscher Beteiligung (EG-06)

Forschungsstandort Deutschland

- Anzahl internationaler Fachartikel zur Epigenetik (EG-04)
- Fördermaßnahmen der DFG für die Epigenetik (EG-05)
- EU-Förderungsmaßnahmen (FP6/FP7/Horizon 2020) für die Epigenetik mit ausgewiesener deutscher Beteiligung (EG-06)

Laufende Nr.: EG-01
Problemfeld: Öffentliche Wahrnehmung

INDIKATOR: PRINTMEDIALE ABBILDUNG DES THEMENBEREICHS EPIGENETIK

DATENQUELLE:
Frankfurter Allgemeine Zeitung. Unter: www.faz.net
Süddeutsche Zeitung. Unter: www.sueddeutsche.de
Die Zeit. Unter: www.zeit.de
Der Spiegel. Unter: www.spiegel.de
Zugriff (alle): Februar 2016, Stand: Dezember 2015

VERFÜGBARKEIT DER DATEN:
mehrheitlich öffentlich
Die Recherche in den Online-Archiven der ausgewählten deutschen Zeitungen und Zeitschriften ist mit Ausnahme der *Süddeutschen Zeitung* (SZ) kostenlos zugänglich. Beiträge zu ausgewählten Suchbegriffen können hier tagesaktuell recherchiert werden, jedoch können die Presseartikel der *Frankfurter Allgemeinen Zeitung* (F.A.Z.) mehrheitlich nur kostenpflichtig abgerufen werden.

ABGRENZUNG DER BERECHNUNGSGRÖSSEN:
Für die Recherche relevanter Printartikel wurde das Stichwort *epigenet** im Volltext ab 2001 (Beginn der IAG *Gentechnologiebericht*) überregional gesucht. Ausschließlich online erschienene Presseartikel, Artikel in Sonderheften sowie regionale und in anderen Medien erschienene Beiträge wurden dabei nicht berücksichtigt. Es wurde keine weiterführende qualitative Filterung der Suchergebnisse vorgenommen. Für die Recherche in der *Zeit* war keine Platzhaltersuche möglich, hier wurden die Begriffe *Epigenetik*, *epigenetisch* und *Epigenetiker* gesucht.

GLIEDERUNG DER DARSTELLUNG:
Printartikel zum Themenbereich Epigenetik

BERECHNUNGSHÄUFIGKEIT:
jährlich

AUSSAGEFÄHIGKEIT:
Der Indikator dokumentiert die Dichte der öffentlichen Berichterstattung zum Themenbereich Epigenetik im dargestellten Zeitraum in ausgewählten überregionalen Printmedien. Diese erreichen – das dokumentieren die Auflagenzahlen – eine Vielzahl an Menschen in ganz Deutschland, die sich auf diesem Weg über die Epigenetik informieren können.

10. Daten zu ausgewählten Indikatoren 203

Abbildung 1: Printartikel zum Themenbereich Epigenetik

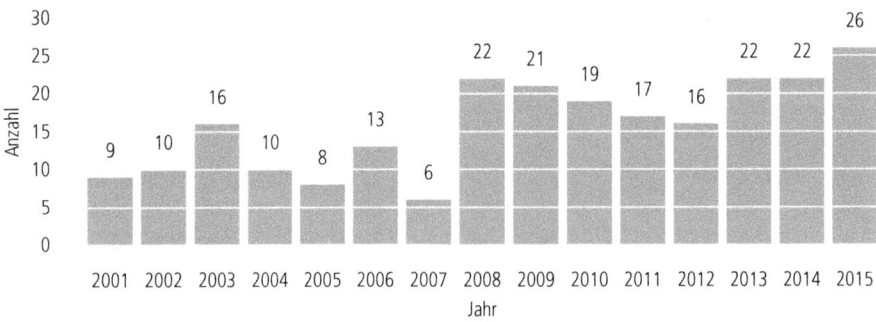

Quelle: siehe Indikatorenblatt EG-01.

Laufende Nr.: EG-02
Problemfeld: Öffentliche Wahrnehmung

INDIKATOR: VERÖFFENTLICHUNGEN ZUM THEMENBEREICH EPIGENETIK

DATENQUELLE:
Online-Katalog der Deutschen Nationalbibliothek. Unter: https://portal.dnb.de
Zugriff: März 2016, Stand: k. A.

VERFÜGBARKEIT DER DATEN:
öffentlich
Die Nationalbibliothek (DNB) ist eine bundesunmittelbare Anstalt des öffentlichen Rechts. Ihre Aufgabe ist die Archivierung und bibliografische Erfassung in Deutschland veröffentlichter Medienwerke (Monografien, Zeitungen, Zeitschriften, Loseblattwerke, Karten, Musikalien, Tonträger, elektronische Publikationen). Darüber hinaus werden auch im Ausland veröffentlichte deutschsprachige Medienwerke, im Ausland veröffentlichte Übersetzungen deutschsprachiger Medienwerke, fremdsprachige Medienwerke über Deutschland sowie Exilpublikationen deutschsprachiger Emigranten zwischen 1933 und 1945 erfasst. Seit 2006 werden zusätzlich Online-Publikationen systematisch berücksichtigt. Der Katalog der Deutschen Nationalbibliothek erlaubt eine kostenlose Recherche innerhalb der umfassenden Bibliotheksbestände seit 1913. Nach Anbieterangaben werden eingegangene Publikationen mit einer Bearbeitungszeit von ca. einem Monat in den Katalog und in die Deutsche Nationalbibliografie eingetragen.

ABGRENZUNG DER BERECHNUNGSGRÖSSEN:
Für die Recherche relevanter Titel wurde die Suche erweitert und der Suchbegriff *epigenet** im Modus „Expertensuche" im gesamten Bestand des Katalogs der Deutschen Nationalbibliothek ab 2001 (Beginn der IAG *Gentechnologiebericht*) gesucht. Da es sich um eine Suche nach einem speziellen Begriff handelt, wurde die über die Titelfelder hinausgehende Suchfunktion (Index=woe) verwendet. Es wurden gezielt deutschsprachige Werke gesucht, da der gewählte Suchbegriff auch eine Vielzahl an katalogisierter englischsprachiger Fachliteratur *(epigenetics, epigentic)* miterfasst. Im Bestand vermerkte Hochschulschriften wurden ausgenommen, da sie für den interessierten Laien schwer zugänglich sind. Generell ausgeschlossen wurden Periodika sowie Normdaten für einzelne Personen, Organisationen, Veranstaltungen, Geografika, Sachbegriffe und Werktitel, die im Katalog der DNB geführt werden. Es wurde keine weiterführende qualitative Filterung der Suchergebnisse vorgenommen.

GLIEDERUNG DER DARSTELLUNG:
Anzahl der Neuerscheinungen zum Themenbereich Epigenetik.

BERECHNUNGSHÄUFIGKEIT:
jährlich

AUSSAGEFÄHIGKEIT:
Der Indikator dokumentiert die publizistische Dichte für den Themenbereich. Er zählt diejenigen deutschsprachigen Materialien, die auch der interessierten Öffentlichkeit frei zur Verfügung stehen. Über die (etwa in Fachjournalen geführte) wissenschaftsinterne Aushandlung liefert er keine Aussage.

10. Daten zu ausgewählten Indikatoren 205

Abbildung 2: Neuerscheinungen zum Thema Epigenetik

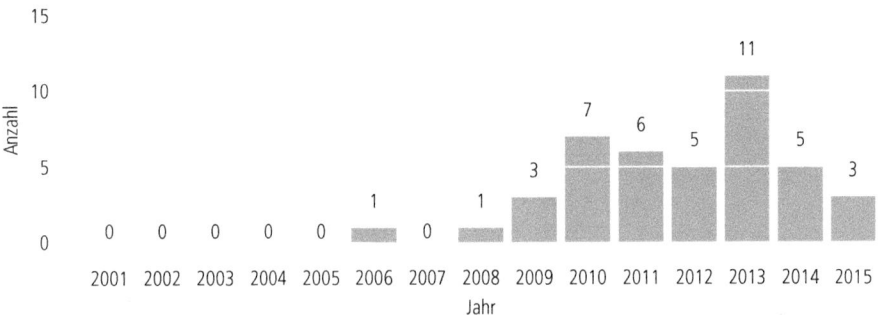

Erfassung der im DNB-Katalog verzeichneten Titel bis zum Stichtag am 23.03.2016. Geänderter Recherchemodus im Unterschied zu früheren Veröffentlichungen.
Quelle: siehe Indikatorenblatt EG-02.

Laufende Nr.:	EG-03
Problemfeld:	Öffentliche Wahrnehmung

INDIKATOR: ONLINE-SUCHANFRAGEN ZUR EPIGENETIK

DATENQUELLE:
Google Trends. Unter: https://www.google.com/trends/
Zugriff: März 2016, Stand: März 2016

VERFÜGBARKEIT DER DATEN:
öffentlich
Kostenloses Online-Analyse-Tool von Google, das einen prozentualen Anteil der Sucheingaben in die Google-Websuche analysiert. Der verwendete Analysealgorithmus und absolute Zahlen zu den Suchanfragen sind nicht öffentlich zugänglich. Daten ab 2004 sind einsehbar und spiegeln die Nachfrage eines bestimmten Suchbegriffs in Relation zum gesamten Suchaufkommen in Google innerhalb einer ausgewählten Zeitspanne. Die Werte werden normiert von 0 bis 100 dargestellt, wobei 100 den Datenpunkt mit der höchsten relativen Nachfrage innerhalb der ausgewählten Zeitspanne kennzeichnet. Regionale Unterschiede im gesamten Suchaufkommen werden ebenfalls normalisiert, um Vergleichbarkeit zwischen einzelnen Ländern zu ermöglichen. Nicht für alle Suchbegriffe liegen ausreichend Daten vor („Suchvolumen ist zu gering" = 0). Vorhandene Daten können bei Anmeldung mit einem Google-Konto als CSV-Datei exportiert werden. Es besteht die Möglichkeit, Suchergebnisse nach Regionen (Länder, Städte) und festgelegten Sachkategorien zu filtern. Zudem können mehrere Stichworte gleichzeitig abgefragt werden.

ABGRENZUNG DER BERECHNUNGSGRÖSSEN:
Für die Recherche wurde das Stichwort *Epigenetik* verwendet (Trunkierungen wie *epigenet** sind nicht möglich). Es wurden die Daten für Deutschland im Zeitraum Januar 2004 bis Dezember 2015 gesucht; alle Kategorien wurden einbezogen. Die Angaben für die einzelnen Monate wurden übernommen.

GLIEDERUNG DER DARSTELLUNG:
Relative Nachfrage nach dem Stichwort *Epigenetik* in der Google-Websuche Deutschland (2004–2015).

BERECHNUNGSHÄUFIGKEIT:
monatlich

AUSSAGEFÄHIGKEIT:
Die Mehrheit der Bevölkerung in Deutschland nutzt mittlerweile das Internet fast täglich für private Zwecke (85% in 2015, www.destatis.de [22.03.2016]): u. a. für die Suche nach Informationen und zur Aneignung von Wissen. Zentral ist hierbei das Auffinden der Daten, eine erste Anlaufstelle sind meist Internet-Suchmaschinen; in Deutschland wird überwiegend Google genutzt (http://de.statista.com [22.03.2016]). Online-Suchanfragen werden daher als Indikator für das öffentliche Interesse für bestimmte Themen gewertet. Suchmaschinen-Daten werden entsprechend bereits wirtschaftlich und wissenschaftlich genutzt, zum Beispiel für Marketingzwecke oder für epidemiologische Fragestellungen. Die in Google Trends abgebildete relative Nachfrage nach dem Stichwort *Epigenetik* in der Google-Websuche dokumentiert das öffentliche Interesse am Thema über die Jahre. Es ist dabei zu beachten, dass der Analysealgorithmus von Google Trends und etwaige Weiterentwicklungen nicht einsehbar sind. Auch sind keine absoluten Zahlen erhältlich. Ein Aufwärtstrend des relativen Suchvolumens bedeutet daher nicht unbedingt eine quantitative Zunahme der Suchanfragen zum jeweiligen Stichwort. Auch beruhen die Trend-Berechnungen nur auf Stichproben, was bei wenig nachgefragten Stichwörtern problematisch ist. Die mögliche Mehrdeutigkeit von Suchbegriffen ist ebenfalls zu berücksichtigen. Das hier verwendete Stichwort *Epigenetik* und der Filter auf Deutschland stellen allerdings einen eindeutigen Themenbezug sicher. Aus den Daten ist nicht direkt ersichtlich, aus welchem Anlass oder über welchen Aspekt des Themengebiets konkret Informationen gesucht wurden.

Abbildung 3: Relative Nachfrage nach dem Stichwort *Epigenetik* in der Google-Websuche Deutschland (2004–2015)

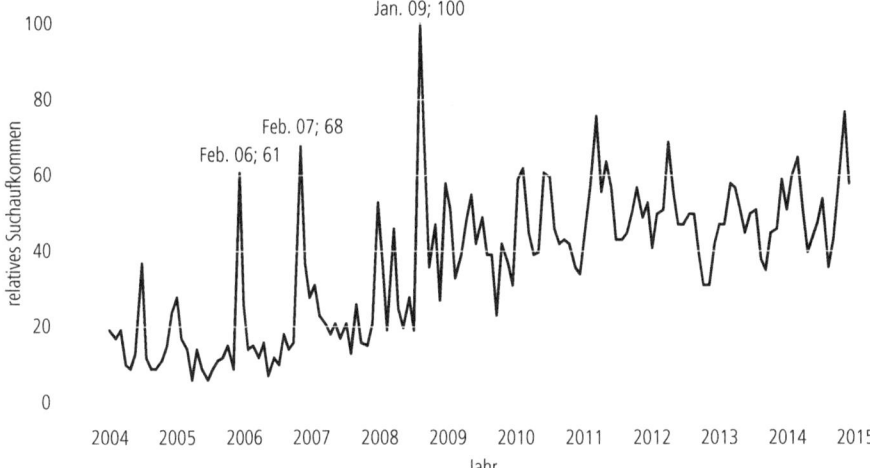

Recherche am 23.03.2016.
Quelle: siehe Indikatorenblatt EG-03.

Laufende Nr.:	EG-04
Problemfeld:	Forschungsstandort Deutschland + Realisierung wissenschaftlicher Zielsetzungen

INDIKATOR: ANZAHL INTERNATIONALER FACHARTIKEL ZUR EPIGENETIK

DATENQUELLE:
Scopus – Abstract- und Zitationsdatenbank. Unter:
www.scopus.com/scopus/home.url
Zugriff: Februar 2016, Stand: Februar 2016

VERFÜGBARKEIT DER DATEN:
lizenziert
Die Datenbank *Scopus* wird seit 2004 vom Wissenschaftsverlag Elsevier kostenpflichtig online angeboten. Sie bietet eine umfangreiche Sammlung an bibliografischen Angaben zu weltweiten Fachveröffentlichungen aus den Natur- und Ingenieurwissenschaften, der Medizin sowie den Sozial- und Geisteswissenschaften. Scopus indiziert dabei nur fortlaufende Fachpublikationen mit ISSN-Nummer wie Zeitschriften und Schriftenreihen sowie ausgewählte Informationen zu Fachkonferenzen. Sie wird nach Anbieterangaben täglich aktualisiert und enthielt zum Recherchezeitpunkt ca. 60 Millionen Einträge, davon 44 Millionen mit zusätzlichen Informationen wie Abstracts (http://www.elsevier.com/online-tools/scopus/content-overview [08.03.2016]). Die Datenbank erlaubt damit eine umfassende, fachübergreifende Recherche von aktuellen Fachpublikationen für verschiedenste Forschungsthemen.

ABGRENZUNG DER BERECHNUNGSGRÖSSEN:
Für die Recherche relevanter Fachpublikationen wurde das Stichwort *epigenetic** in Titel, Zusammenfassung und/oder angegebenen Schlagwörtern in der Scopus-Datenbank gesucht. Es wurden für die vorliegende Publikation ausschließlich Fachartikel recherchiert: DOCTYPE (ar). Es wurden alle verfügbaren Fachgebiete (Life Sciences, Health Sciences, Physical Sciences und Social Sciences & Humanities) einbezogen, aber thematisch nicht relevante Veröffentlichungen aus dem Bereich der Mineralogie/Geologie für die Recherche ausgeschlossen: EXCLUDE (SUBJAREA,"EART") OR EXCLUDE (SUBJAREA,"ENER"). Weiterführend wurden die Autorenschaften nach Ländern ab 2001 (Beginn der IAG *Gentechnologiebericht*) erfasst.

GLIEDERUNG DER DARSTELLUNG:
a) Publikationsleistungen im Themenbereich Epigenetik: jährlich veröffentlichte Fachartikel ab 2001.
b) Deutsche Publikationsleistungen im internationalen Vergleich: veröffentlichte Fachartikel (2001–2015).

BERECHNUNGSHÄUFIGKEIT:
jährlich

AUSSAGEFÄHIGKEIT:
Der Indikator spiegelt die weltweiten Forschungsaktivitäten im Gebiet der Epigenetik wider. Anhand des Umfangs der veröffentlichten Publikationen kann beobachtet werden, wie intensiv ein Themengebiet über die Jahre beforscht wird und welche Länder jeweils eine Vorrangstellung im „internationalen Forschungswettlauf" einnehmen. Dabei ist zu berücksichtigen, dass trotz des großen Umfangs der Scopus-Datenbank keine vollständige Erfassung der Zitationen erwartet werden kann: Relevante Publikationen für ein spezifisches Thema sind unter Umständen von vornherein nicht in der Datenbank enthalten oder werden vom verwendeten Suchalgorithmus nicht erkannt. Auch kann eine Veröffentlichung eine internationale Kollaboration von Autorinnen und Autoren mehrerer Länder darstellen, die dann entsprechend mehrfach gezählt wird.

a) Abbildung 4: Publikationsleistungen im Themenbereich Epigenetik: jährlich veröffentlichte Fachartikel ab 2001

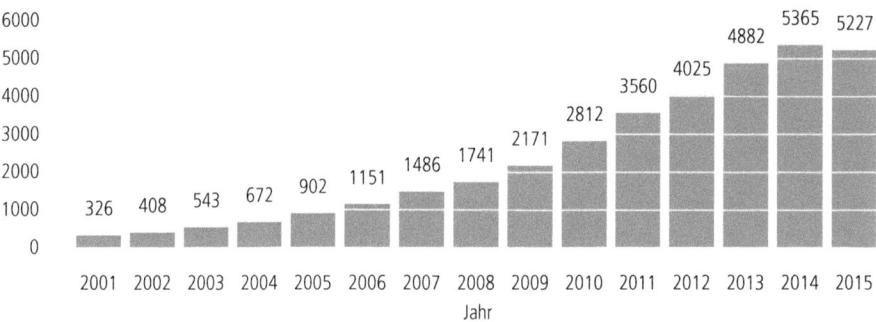

Quelle: siehe Indikatorenblatt EG-04.

b) Abbildung 5: Deutsche Publikationsleistungen im internationalen Vergleich: veröffentlichte Fachartikel (2001–2015)

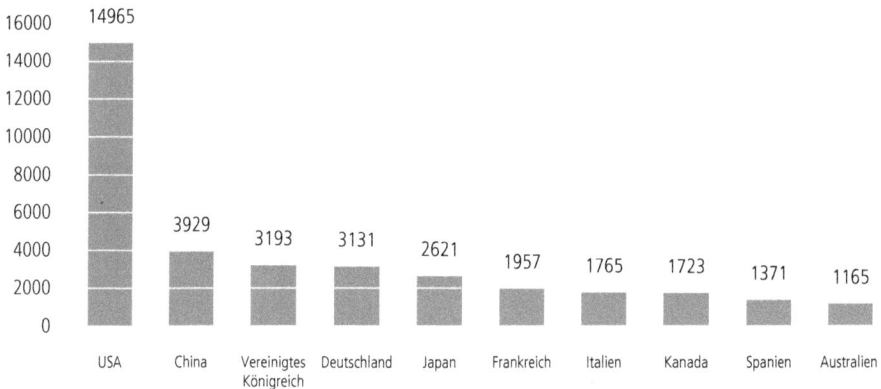

Quelle: siehe Indikatorenblatt EG-04.

Laufende Nr.:	EG-05
Problemfeld:	Forschungsstandort Deutschland + Realisierung wissenschaftlicher Zielsetzungen

INDIKATOR: FÖRDERMASSNAHMEN DER DFG FÜR DIE EPIGENETIK

DATENQUELLE:
GEPRIS – Geförderte Projekte Informationssystem. Unter: http://gepris.dfg.de
Zugriff: Januar 2016, Stand: Dezember 2015

VERFÜGBARKEIT DER DATEN:
öffentlich
GEPRIS ist eine Internetplattform, die über die Fördermaßnahmen der Deutschen Forschungsgemeinschaft (DFG) informiert. Laut DFG sind hier Daten zu bewilligten Projekten aus allen DFG-Förderprogrammen seit dem 01.01.1999 aufgeführt. Die Datenbank wird fortlaufend aktualisiert. Der Zugang ist kostenlos. Es werden keine Fördersummen für einzelne Projekte in GEPRIS ausgewiesen.

ABGRENZUNG DER BERECHNUNGSGRÖSSEN:
Für die Recherche relevanter DFG-geförderter Projekte wurde das Stichwort *epigenet** verwendet, um sowohl deutsche als auch englische Informationen zu erfassen („Suche" in „Projekte" exkl. geförderte Teilprojekte, inkl. Projekte ohne Abschlussbericht). Fachfremde Projekte aus Geografie und Geochemie/Mineralogie/Kristalografie wurden händisch aus den Suchergebnissen gefiltert. Es wurde keine weiterführende qualitative Filterung der Suchergebnisse vorgenommen. Es wurden alle abgeschlossenen und laufenden Projekte ab 2001 (Beginn der IAG *Gentechnologiebericht*) recherchiert.

GLIEDERUNG DER DARSTELLUNG:
a) Anzahl an DFG-geförderten Projekten zum Themenbereich Epigenetik
b) Anzahl an pro Jahr beginnenden DFG-geförderten Projekten zum Themenbereich Epigenetik

BERECHNUNGSHÄUFIGKEIT:
jährlich

AUSSAGEFÄHIGKEIT:
Die DFG versteht sich als Selbstverwaltungsorgan der deutschen Forschung. Sie stellt eine wichtige Fördereinrichtung für die Wissenschaft in Deutschland dar – vor allem im Hinblick auf den stetig zunehmenden Stellenwert der Einwerbung von Drittmitteln an Hochschulen und außeruniversitären Forschungsinstituten. Das Ausmaß der DFG-Förderung für die Epigenetik erlaubt Rückschlüsse auf das wissenschaftliche und wirtschaftliche Potenzial des Feldes. Für eine umfassende Beurteilung ist eine langfristige Beobachtung angezeigt. Zudem sind in diesem Zusammenhang weitere Quellen der Finanzierung zu berücksichtigen.

a) Abbildung 6: Anzahl an DFG-geförderten Projekten zum Themenbereich Epigenetik

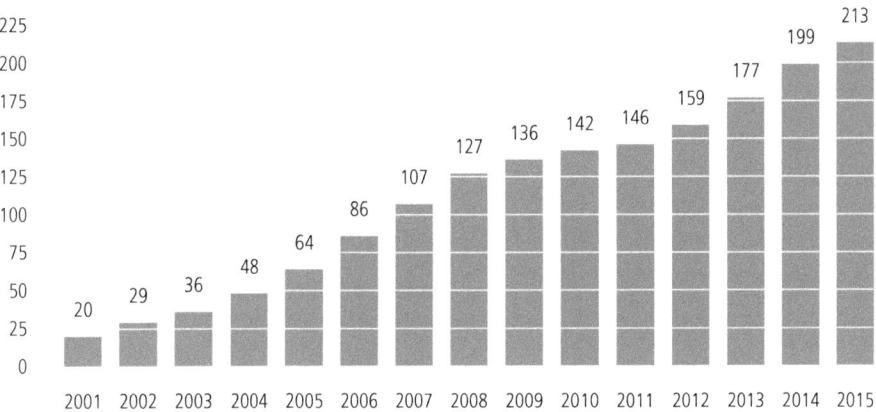

Quelle: siehe Indikatorenblatt EG-05.

b) Abbildung 7: Anzahl an pro Jahr beginnenden DFG-geförderten Projekten zum Themenbereich Epigenetik

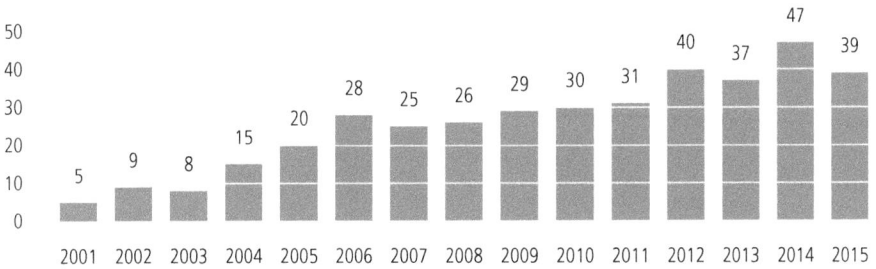

Quelle: siehe Indikatorenblatt EG-05.

Laufende Nr.:	EG-06
Problemfeld:	Forschungsstandort Deutschland + Realisierung wissenschaftlicher Zielsetzungen
INDIKATOR:	**EU-FÖRDERMASSNAHMEN (FP6/FP7/Horizon 2020) FÜR DIE EPIGENETIK MIT AUSGEWIESENER DEUTSCHER BETEILIGUNG**

DATENQUELLE:

CORDIS – Forschungs- und Entwicklungsinformationsdienst der Gemeinschaft. Unter: http://cordis.europa.eu/projects/home_de.html
Zugriff: Januar 2016, Stand: siehe einzelne Projektdarstellungen auf CORDIS

VERFÜGBARKEIT DER DATEN:

öffentlich
CORDIS ist eine Internetplattform, die über die Fördermaßnahmen der Europäischen Union (EU) im Bereich Forschung und Entwicklung informiert. Es ist die wichtigste Informationsquelle für EU-finanzierte Projekte seit 1990. Der Zugang ist kostenlos. Über CORDIS werden u. a. die aktuellen Rahmenprogramme für Forschung und technologische Entwicklung der EU umgesetzt.

ABGRENZUNG DER BERECHNUNGSGRÖSSEN:

Für die Recherche relevanter EU-geförderter Projekte wurde das Stichwort *epigenetic** in der CORDIS-Datenbank gesucht. Es wurden nur Suchergebnisse berücksichtigt, die Deutschland als Koordinator bzw. Teilnehmer ausweisen. Es wurde keine weiterführende qualitative Filterung der Suchergebnisse vorgenommen. Die aufgeführten Detailinformationen der einzelnen Projekte wurden den verlinkten Projektbeschreibungen auf CORDIS entnommen. Die Suche wurde auf das 6. (2002–2007) und 7. (2007–2013) Forschungsrahmenprogramm der EU sowie auf das Nachfolgeprogramm Horizon 2020 (2014–2020) beschränkt, die die gegenwärtige Laufzeit der IAG *Gentechnologiebericht* (bis 2018) abdecken.

GLIEDERUNG DER DARSTELLUNG:

a) EU-geförderte Forschungsprojekte in FP6/FP7/Horizon 2020
b) Höhe der EU-Förderung (in Mio. Euro) in FP6/FP7/Horizon 2020

BERECHNUNGSHÄUFIGKEIT:

jährlich

AUSSAGEFÄHIGKEIT:

Die EU-Forschungsrahmenprogramme können als wichtigstes Instrument der EU zur Förderung von Forschungs- und Entwicklungsmaßnahmen verstanden werden. Das Ausmaß der Forschungsförderung durch die EU erlaubt Rückschlüsse auf das wissenschaftliche und wirtschaftliche Potenzial der Epigenetik, das auf europäischer Ebene angesiedelt ist. Zu einer umfassenden Beurteilung ist eine langfristige Beobachtung angezeigt. Zudem sind in diesem Zusammenhang weitere Quellen der öffentlichen Finanzierung zu berücksichtigen.

10. Daten zu ausgewählten Indikatoren   213

a) **Abbildung 8:** EU-geförderte Forschungsprojekte in FP6/FP7/Horizon2020

FP6	≤ 1 Mio Euro
3DGENOME	≤ 2 Mio Euro
DNA-METHYLATION	≤ 5 Mio Euro
BIOMALPAR	≤ 10 Mio Euro
INTAS 2003-51-4060	> 10 Mio Euro
TRANSFOG	
THE EPIGENOME	
FOSRAK	
EPI-VECTOR	
RESISTVIR	
CEN-IDENTITY	
HEROIC	
EPITRON	
EPISTEM	
SABRE	
ESTOOLS	
MOLDIAG-PACA	
CHROMATIN PLASTICITY	
MCSCS	
SMARTER	
SIROCCO	
CHROMA	
FP7	
CANCERDIP	
ENGAGE	
EFRAIM	
EUROSYSTEM	
REEF	
EPIRNAS	
PROTMOD	
SENSORINEURAL	
CISSTEM	
INTEGER	
PERSIST	
PLURISYS	
CHEARTED	
RIBOGENES	
AENEAS	

Jan. 03   Jan. 05   Jan. 07   Jan. 09   Jan. 11   Jan. 13   Jan. 15   Jan. 17   Jan. 19   Jan. 21

a) Abbildung 8: Fortsetzung

a) Abbildung 8: Fortsetzung

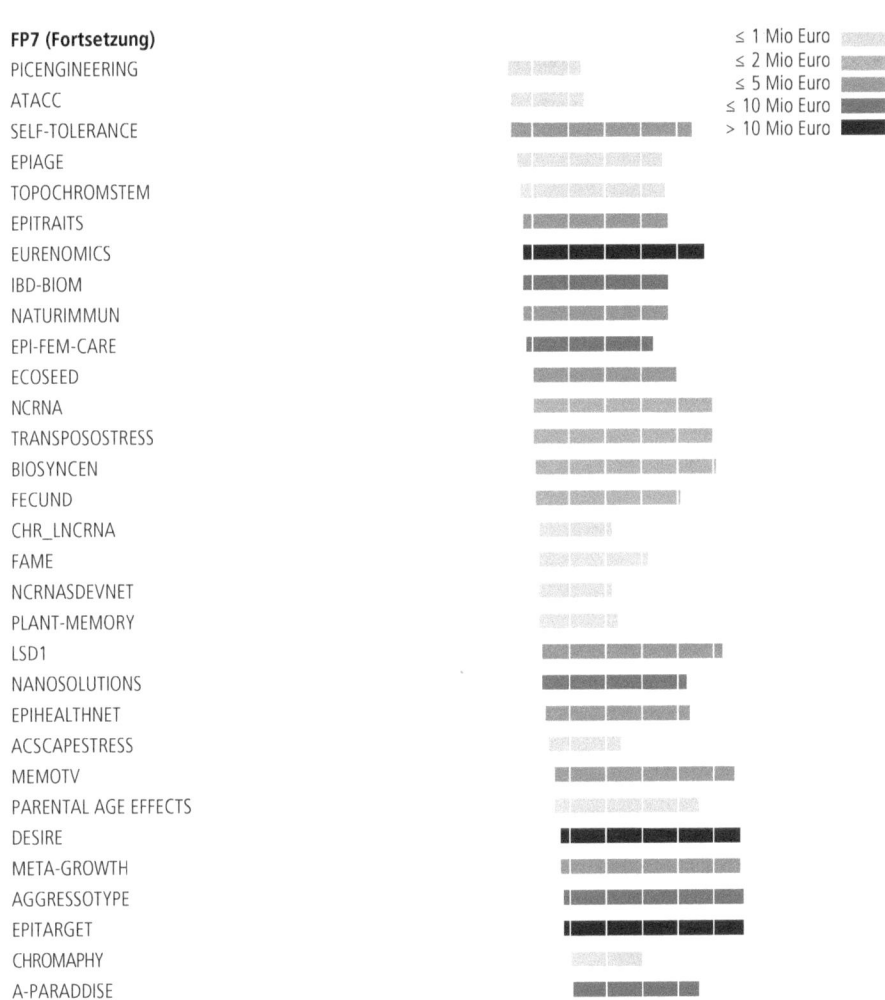

a) **Abbildung 8:** Fortsetzung

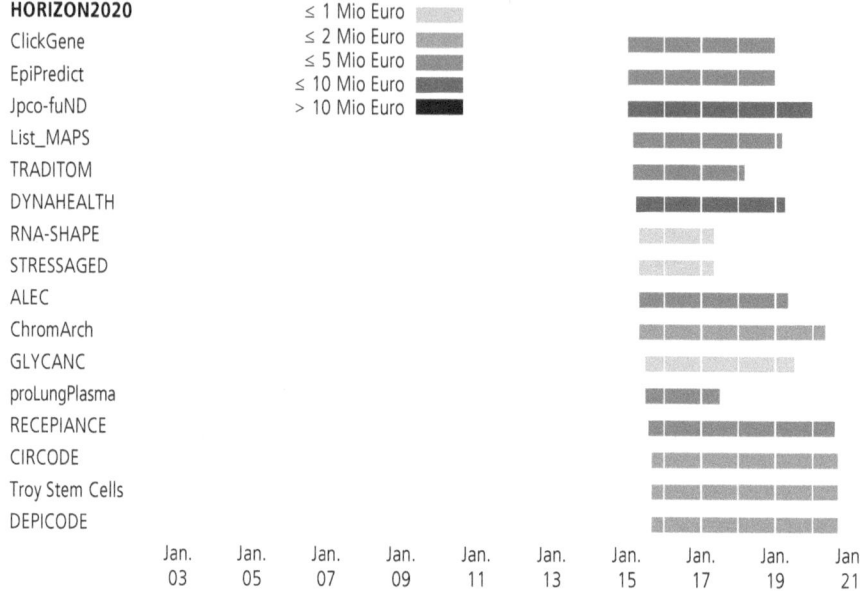

Quelle: siehe Indikatorenblatt EG-06.

b) **Abbildung 9:** Höhe der EU-Förderung (in Mio. Euro)

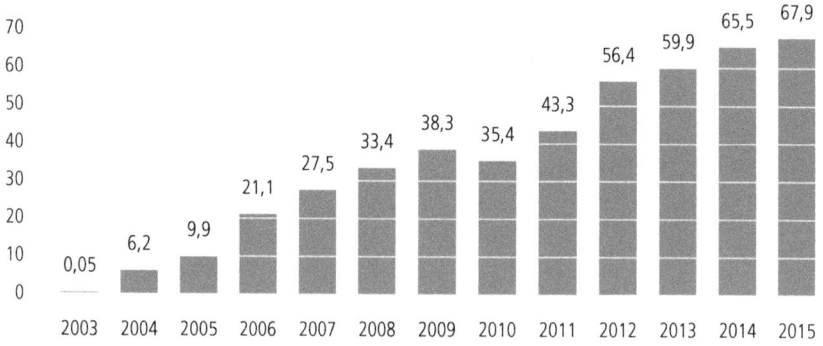

Die Jahre 2016–2020 werden nicht weiter aufgeführt.
Diese Summen wurden bereits für die nachfolgenden Jahre freigegeben:
2016: 55,5 Mio. Euro, 2017: 33,1 Mio. Euro, 2018: 23,2 Mio. Euro, 2019: 8,6 Mio. Euro, 2020: 2,1 Mio. Euro
Quelle: siehe Indikatorenblatt EG-05.

10.3 Zusammenfassung

Es ergibt sich in der Gesamtschau folgendes Bild für den Themenbereich Epigenetik:

- Die Berichterstattung zur Epigenetik hat in den letzten Jahren zugenommen. So hat sich die Anzahl der Artikel in den ausgewählten Leitmedien von 9 im Jahr 2001 auf 26 im Jahr 2015 mehr als verdoppelt (EG-01).
- Auch die Zahl an populären Neuveröffentlichungen, wie sie im Katalog der Deutschen Nationalbibliothek verzeichnet werden, ist zwischen 2006 bis 2013 angestiegen (EG-02). Von 2014 bis 2015 fällt die Anzahl allerdings im Vergleich zu 2013 wieder ab.
- Die Auseinandersetzung mit der Epigenetik spiegelt sich auch in der relativen Anzahl der Suchanfragen zur Epigenetik in Google (EG-03).
- Die Anzahl an jährlich veröffentlichten Fachartikeln zum Thema Epigenetik in der Scopus-Datenbank hat sich im beobachteten Zeitraum von 2001 bis 2015 mehr als verzehnfacht (EG-04). Im internationalen Vergleich liegt Deutschland mit 3.131 Artikeln mit deutscher Beteiligung in Scopus an vierter Stelle hinter den USA (14.965), China (3.929) und dem Vereinigten Königreich (3.193) (EG-04). 2013 lag es noch mit 2.225 Artikeln an dritter Stelle vor China (Müller-Röber et al., 2009:77).
- Die Deutsche Forschungsgemeinschaft fördert in stetig zunehmendem Umfang Projekte mit Bezug zur Epigenetik. Entsprechende Daten sind seit 1999 in der GEPRIS-Datenbank der DFG einsehbar. Ihren bisherigen Höchststand erreichte die DFG-Förderung im vergangenen Jahr 2015 mit insgesamt 213 laufenden Projekten, die vor allem in den Bereich der Einzelförderung fallen (EG-05). Damit hat sich die Projektanzahl von 2001 bis 2015 mehr als verzehnfacht.
- Seit 2001 werden in stetig zunehmendem Umfang Fördermaßnahmen für Projekte mit Bezug zur Epigenetik von der EU bewilligt – sowohl insgesamt (Daten hier nicht gezeigt) als auch in Bezug auf Projekte mit deutscher Beteiligung (EG-06). 2015 flossen 67,9 Millionen Euro an Fördergeldern für den Bereich in Projekte mit deutscher Beteiligung. Dies entspricht dem bisherigen Höchststand.

10.4 Literatur

Diekämper, J./Hümpel, A. (2015): Einleitung: Gentechnologien in Deutschland im Langzeit-Monitoring. In: Müller-Röber, B. et al. (2015) (Hrsg.): Dritter Gentechnologiebericht. Analyse einer Hochtechnologie. Nomos, Baden-Baden:13–23.

Diekämper, J./Hümpel, A. (2012): Synthetische Biologie in Deutschland. Eine methodische Einführung. In: Köchy, K./Hümpel, A. (2012): Synthetische Biologie. Entwicklung einer neuen Ingenieurbiologie. Forum W, Dornburg:51–60.

Domasch, S./Boysen, M. (2007): Problemfelder im Spannungsfeld der Gendiagnostik. In: Schmidtke, J. et al. (2007): Gendiagnostik in Deutschland. Forum W, Dornburg:179–188.

Fehse, B./Domasch, S. (2011) (Hrsg.): Gentherapie in Deutschland. Eine interdisziplinäre Bestandsaufnahme. Forum W, Dornburg.

Hucho, F. et al. (2005): Gentechnologiebericht: Analyse einer Hochtechnologie in Deutschland. Spektrum, München.

Müller-Röber, B. et al. (2013): Einleitung und methodische Einführung. In: Müller-Röber et al. (2013), Grüne Gentechnologie. Aktuelle wissenschaftliche, wirtschaftliche und gesellschaftliche Entwicklungen. Forum W, Dornburg:29–38.

Müller-Röber, B. et al. (2015) (Hrsg.): Dritter Gentechnologiebericht. Analyse einer Hochtechnologie. Nomos, Baden-Baden.

Wobus, A. et al. (2006): Stammzellforschung und Zelltherapie. Spektrum, München:23–32.

Danksagung

Ich danke Edward Ott, Sara Chrzanowski-Lange und Anja Hümpel für ihre Unterstützung bei der Erarbeitung und Gestaltung dieses Kapitels.

11. Anhang

11.1 Abbildungen und Tabellen

Kapitel 2: Lilian Marx-Stölting
Einführung: Problemfelder und Indikatoren zur Epigenetik
Abbildung 1   Erhobene Problemfelder zur Epigenetik in Deutschland
Tabelle 1   Printmediale Recherche zum Stichwort „Epigenetik" (Korpus A)
Tabelle 2   Internetrecherche zum Stichwort „Epigenetik" (Korpus B)

Kapitel 4: Michael Wassenegger
Epigenetik in der Pflanzenzüchtung
Abbildung 1   Cytosin-Methylierung in Pflanzen
Abbildung 2   Lebenszyklus der Pflanzen (schematisch)
Abbildung 3   Schematische Darstellung des derzeit anerkannten Modells der RNA-dirigierten DNA-Methylierung
Tabelle 1   Komponenten der RNA-dirigierten DNA-Methylierung

Kapitel 5: Stefan Knapp, Susanne Müller
Chemische Open-Access-Sonden für epigenetische Zielstrukturen
Abbildung 1   Beispiele frei verfügbarer chemischer Sonden für Bromodomänen
Abbildung 2   Beispiele für das Zusammenspiel verschiedener Proteine in Chromatinkomplexen und die Auswirkung auf die Gentranskription
Tabelle 1   BET-Inhibitoren in klinischen Studien

Kapitel 10: Lilian Marx-Stölting
Daten zu ausgewählten Indikatoren

Tabelle 1	Problemfelder der Epigenetik in Deutschland und Indikatoren zu ihrer Beschreibung
Abbildung 1	Printartikel zum Themenbereich „Epigenetik" (EG-01)
Abbildung 2	Neuerscheinungen zum Thema Epigenetik (EG-02)
Abbildung 3	Relative Nachfrage nach dem Stichwort *Epigenetik* in der Google-Websuche Deutschland (2004–2015) (EG-03)
Abbildung 4	Publikationsleistungen im Themenbereich Epigenetik: jährlich veröffentlichte Fachartikel ab 2001 (EG-04)
Abbildung 5	Deutsche Publikationsleistungen im internationalen Vergleich: veröffentlichte Fachartikel (2001–2013) (EG-04)
Abbildung 6	Anzahl an DFG-geförderten Projekten zum Themenbereich Epigenetik (EG-05)
Abbildung 7	Anzahl an pro Jahr beginnenden DFG-geförderten Projekten zum Themenbereich Epigenetik (EG-05)
Abbildung 8	EU-geförderte Forschungsprojekte in FP6/FP7/Horizon 2020 (EG-06)
Abbildung 9	Höhe der EU-Förderung (in Mio. Euro) in FP6/FP7/Horizon 2020 (EG-06)

11.2 Autorinnen und Autoren

Dr. Philipp Bode – Wissenschaftlicher Mitarbeiter am „Centre for Ethics and Law in the Life Sciences" (CELLS) in der Arbeitsgruppe „Ethical and Legal Dimensions" sowie Lehrbeauftragter insbes. für angewandte Ethik, Institut für Philosophie, Universität Hannover

Dr. Julia Diekämper – Wissenschaftliche Mitarbeiterin der IAG *Gentechnologiebericht*, Berlin-Brandenburgische Akademie der Wissenschaften

Dr. Anja Hümpel – Ehemalige wissenschaftliche Mitarbeiterin der IAG *Gentechnologiebericht*, Berlin-Brandenburgische Akademie der Wissenschaften

M.A. Reinhard Heil – Wissenschaftlicher Mitarbeiter des Forschungsbereichs „Innovationsprozesse und Technikfolgen", Institut für Technikfolgenabschätzung und Systemanalyse (ITAS), Karlsruhe

Prof. Dr. Stefan Knapp – Professur am Institut für Pharmazeutische Chemie, Goethe-Universität Frankfurt a. M. sowie Gastprofessur am SGC, University of Oxford

Dr. Vanessa Lux – Psychologin, wissenschaftliche Mitarbeiterin der Arbeitseinheit „Genetic Psychology", Ruhr-Universität Bochum

Dr. Lilian Marx-Stölting – Wissenschaftliche Mitarbeiterin der IAG *Gentechnologiebericht*, Berlin-Brandenburgische Akademie der Wissenschaften

Dr. Susanne Müller – Leiterin der Arbeitsgruppe „Epigenetics and Cellular Biology", Nuffield Department of Clinical Medicine, University of Oxford

Prof. Dr. Christoph Rehmann-Sutter – Professur für Theorie und Ethik der Biowissenschaften, Institut für Medizingeschichte und Wissenschaftsforschung, Universität Lübeck

Dr. K. Viktoria Röntgen – Wissenschaftliche Mitarbeiterin des Instituts für Ethik und Geschichte der Medizin, Universität Tübingen

Prof. Dr. Jörn Walter – Professur für Genetik, Institut für Biowissenschaften, Universität des Saarlandes; Mitglied der IAG *Gentechnologiebericht*

PD Michael Wassenegger – Leiter des Forschungsschwerpunkts „RNA-vermittelte Genregulation", stellvertretender Leiter des AlPlanta-Instituts für Pflanzenforschung, Universität Heidelberg